高等学校计算机及其应用系列

# 网络信息安全

主　编/于莉莉　闫文刚　刘　义
副主编/孟凡波　王　安　丁晓迪
主　审/刘景顺

重点规划教材

HEUP 哈尔滨工程大学出版社
Harbin Engineering University Press

## 内 容 简 介

本书是一本关于网络信息安全的专业书籍，比较全面地介绍了信息安全的基础理论和技术原理。由网络安全的基本概念、网络信息安全模型和标准、网络安全协议、密码技术、防火墙技术、入侵检测技术、数据库系统安全技术、VPN技术、入侵检测技术、无线网络安全、网络信息对抗与入侵技术、网络信息安全测试工具及其应用技术组成。

本书取材广泛，内容系统，理论与实际相结合，不仅可作为高等院校计算机专业本科教材，也适合广大读者自学使用。

**图书在版编目（CIP）数据**

网络信息安全／于莉莉，闫文刚，刘义主编. —哈尔滨：哈尔滨工程大学出版社，2011.3（2019.1 重印）
ISBN 978-7-5661-0041-2

Ⅰ. ①网… Ⅱ. ①于… ②闫… ③刘… Ⅲ. ①计算机网络－安全技术 Ⅳ. ①TP393.08

中国版本图书馆 CIP 数据核字（2011）第 020094 号

---

**出版发行** 哈尔滨工程大学出版社
**社　　址** 哈尔滨市南岗区东大直街 124 号
**邮政编码** 150001
**发行电话** 0451-82519328
**传　　真** 0451-82519699
**经　　销** 新华书店
**印　　刷** 北京中石油彩色印刷有限责任公司
**开　　本** 787mm×1 092mm　1/16
**印　　张** 14.75
**字　　数** 351 千字
**版　　次** 2011 年 3 月第 1 版
**印　　次** 2019 年 1 月第 2 次印刷
**定　　价** 28.00 元
http://www.hrbeupress.com
E-mail:heupress@hrbeu.edu.cn

---

# 前　言

伴随着网络技术的高速发展,网络与信息系统的基础性、全局性作用不断增强,全社会对计算机网络的依赖越来越大。网络系统如果遭到破坏,不仅会带来经济损失,还会引起社会混乱。网络安全已经成为国家安全的重要组成部分。加快网络安全保障体系的建设、培养高素质的网络安全人才队伍,已经成为我国经济社会发展和信息安全体系建设中的一项长期性、全局性和战略性的任务。

网络安全是指网络系统的硬件、软件及其系统中的数据受到保护,不因偶然的或者恶意的原因而遭受到更改、破坏或泄露,保证系统连续可靠地运行,网络服务不中断。网络安全是一门涉及计算机科学、网络技术、通信技术、密码技术、信息安全技术、应用数学、数论、信息论等多种学科的综合性学科。本书共分13章,比较全面地论述了信息安全的基础理论和技术原理。分别介绍了网络安全的基本概念、网络信息安全模型和标准、网络安全协议、密码技术、防火墙技术、入侵检测技术、数据库系统安全技术、数字签名与认证技术、VPN技术、入侵检测技术、无线网络安全、网络信息对抗与入侵技术、网络信息安全测试工具及其应用技术等。

本书由佳木斯大学的于莉莉、闫文刚、刘义任主编,孟凡波、王安、丁晓迪任副主编。由于莉莉编写第4章、第6章、第13章;闫文刚编写第1章、第8章;刘义编写第9章、第10章、第11章;孟凡波编写第2章、第5章、第7章;王安编写第3章;丁晓迪编写第12章。

本书在编写过程中参考并引用了国内外一些专家学者的论著,同时得到了刘景顺教授的指导和审阅,在此表示衷心的感谢,同时也感谢佳木斯大学国际学院广大师生的大力支持。宫祥龙同学在本书的编写过程中付出了宝贵的时间,在此一并致谢。由于编者水平有限,书中定有不当之处,望广大读者提出意见和建议。

编　者

2011年1月

# 目　　录

# 第1章 网络安全概论

21世纪是知识经济时代,信息化、网络化已成为现代社会的一个重要特征。在这个新时代里,网络信息与我们息息相关。网络信息安全是一个涉及网络技术、通信技术、密码技术、信息安全技术、计算机科学、应用数学、信息论等多种学科的边缘性综合学科。网络信息安全在国民经济建设、社会发展、国防和科学研究等领域的作用日益重要,是国家安全的重要基础。实际上,网络的快速普及与发展、用户端软件多媒体化、协同计算、资源共享与开放、远程管理化、电子商务、金融电子化等已成为网络时代必不可少的产物。

网络信息安全至关重要,没有网络信息的安全就谈不上网络信息的应用。当今,计算机互联网络迅速发展和广泛应用,打破了传统的时间与空间的局限性,极大地改变了人们的工作方式和生活方式,成了经济和社会发展的最活跃因素。然而,任何事物的发展都具有两面性,计算机互联网络国际化、社会化、开放化、个性化的特点,使得它在向人们提供网络信息共享、资源共享和技术共享的同时,也带来了不安全的隐患。对互联网络的非法侵入或任何的故意破坏,都会轻而易举地改变互联网络上的应用系统或导致网络瘫痪,给网络用户在军事、经济、政治上带来无法弥补的巨大损失。因此,很早就有人提出了"信息战"的概念,并将信息武器列为继原子武器、生物武器和化学武器之后的第四大武器。

网络信息的泄漏、篡改、假冒和重传,黑客入侵,非法访问,计算机犯罪,计算机病毒传播等对网络信息安全已构成重大威胁。如果这些问题不解决,国家安全就会受到威胁,电子政务、电子商务、网络银行、网络科技、远程教育和远程医疗等都将无法正常开展,个人隐私也得不到保障。因此,网络信息安全是我们亟待解决的问题。

## 1.1 网络安全概念

以Internet为代表的全球性信息化浪潮所带来的影响日益深刻,信息网络技术的应用正日益普及,应用层次正在深入,应用领域从传统的、小型业务系统逐渐向大型的、关键业务系统扩展,典型的如党政部门信息系统、金融业务系统、企业商务系统等。伴随网络的普及,安全日益成为影响网络效能的重要因素,而Internet所具有的开放性、国际性和自由性在增加应用自由度的同时,对安全提出了更高的要求,这主要表现在以下两个方面。

(1)开放性的网络,导致网络的技术是全开放的,任何组织和个人都可能获得,因而网络所面临的破坏和攻击可能是多方面的。例如:任何具有不良企图的黑客可以对物理传输线路实施攻击,也可以对网络通信协议实施攻击;可以对软件实施攻击,也可以对硬件实施攻击。网络的国际化还意味着网络的攻击不仅仅来自本地网络用户,它可以来自Internet上的任何一台主机,也就是说,网络安全所面临的是一个国际化的挑战。

(2)自由性意味着网络最初对用户的使用并没有任何的技术约束,用户可以自由地访问网络,自由地使用和发布各种类型的信息。用户只对自己的行为负责,而不受任何的法律限制。

开放的、自由的、国际化的 Internet 的发展给政府机构、企事业单位带来了革命性的改革和开放,使得人们能够利用 Internet 提高办事效率和市场反应能力,以便更具竞争力,同时人们又要面对网络开放带来的数据安全的新挑战和新危险。如何使内部机密信息不受黑客和间谍的窃取,已成为政府机构、企事业单位信息化健康发展所必须考虑的重要事情之一。

### 1.1.1 网络安全的概念

网络安全包括五个属性:机密性、完整性、可用性、可控性和可审查性。机密性指确保信息不暴露给未授权的实体或进程。完整性则意味着只有得到授权的实体才能修改数据,并且能够判别出数据是否已被篡改。可用性说明得到授权的实体在需要时可访问数据,即攻击者不能占用所有的资源而阻碍授权者的工作。可控性表示可以控制授权范围内的信息流向及行为方式。可审查性指对出现的网络安全问题提供调查的依据和手段。

网络安全的定义从狭义的保护角度来看,是指计算机及其网络系统资源和信息资源不受自然和人为有害因素的威胁和危害,从广义来说,凡是涉及到计算机网络上信息的机密性、完整性、可用性、可控性、可审查性的相关技术和理论都是计算机网络安全的研究领域。

### 1.1.2 网络安全的现状

现在全球普遍存在缺乏网络安全意识的状况。人们在组建一个网络的时候,并没有意识到网络安全的重要性。这导致大多数网络存在着先天性的安全漏洞和安全威胁。

国际上也存在着信息安全管理规范和标准不统一的问题。美国是西方国家中对信息安全着力较多的国家之一,同样存在着规范和标准跟不上技术进步发展的问题。西欧国家则另有一套信息安全标准,虽然在原理和结构上同美国有相同的部分,但是不同的部分也相当多。

在信息安全的发展过程中,企业和政府的要求有一致的地方,也有不一致的地方。企业更注重信息和网络安全的可靠性,政府更注重信息和网络安全的可管性和可控性。由美国政府组织的 KRS 系统,就是由于企业不欢迎而无法推广。发展中国家对信息安全的投入还满足不了信息安全的需求,同时投入也常常被挪用和借用。

但不可忽视的现象是信息安全的技术仍然在发展过程中。

同样在国内,网络安全产品的"假、大、空"现象在一定程度上普遍存在,防火墙变成了网络安全的全部。产生这种情况的原因是重技术、轻管理,以及网络安全知识的普及程度不够。

## 1.2 网络安全所产生的威胁

使用 TCP/IP 协议的网络所提供的网络服务都包含许多不安全的因素,存在着许多漏洞。同时,网络的普及使信息共享达到了一个新的层次,信息被暴露的机会大大增多。特别是Internet网络就是一个不设防的开放大系统。另外,数据处理的可访问性和资源共享的目的性是矛盾的,这些都给网络带来了威胁。

## 1.2.1 网络中存在的威胁

目前网络中存在的威胁主要表现在以下几个方面。

### 1. 非授权访问

没有预先经过同意就使用网络或计算机资源被看作是非授权访问,如有意避开系统访问控制机制,对网络设备及资源进行非正常使用,或擅自扩大权限,越权访问信息。非授权访问主要包括以下几种形式:假冒、身份攻击、非法用户进入网络系统进行违法操作、合法用户以未授权方式进行操作等。

### 2. 泄漏或丢失信息

泄漏或丢失信息指敏感数据被有意泄漏出去或丢失,通常包括:信息在传输中丢失或泄漏(如“黑客”们利用电磁泄漏或搭线窃听等方式可截获机密信息,或通过对信息流向、流量、通信频度和长度等参数的分析,得到用户密码、账号等重要信息),信息在存储介质中丢失或泄漏,敏感信息被隐蔽隧道窃取等。

### 3. 破坏数据完整性

指以非法手段窃得对数据的使用权,删除、修改、插入或重发某些重要信息,以取得有益于攻击者的响应;恶意添加、修改数据,以干扰用户的正常使用等。

### 4. 拒绝服务攻击

通过不断对网络服务系统进行干扰,改变其正常的作业流程,执行无关程序响应来减慢甚至使网络服务瘫痪,影响正常用户的使用,导致合法用户被排斥而不能进入计算机网络系统或不能得到相应的服务等。

### 5. 利用网络传播病毒

通过网络传播计算机病毒,其破坏性大大高于单机系统,而且用户很难防范。

## 1.2.2 主机网络安全

由于主机安全和网络安全的技术手段难以有机地结合,因此容易被入侵者各个击破。并且由于它们在保护计算机和信息的安全上各自为政,因此很难解决系统安全性和使用方便性之间的矛盾。举一个简单的例子,从严密保护主机安全来说应该禁止用户的远程登录,但是这将给用户的使用带来极大的不便,对 Internet 上绝大多数 UNIX 主机来说是不可以接受的。而一旦允许用户远程登录,却无法区分用户的远程登录是合法的还是非法的,也就控制不了非法用户的入侵,并且系统一旦被入侵,入侵者就拥有合法用户的全部权力,危害极大。对于防火墙系统来说也有同样的问题,防火墙可以禁止外部主机对内部主机的访问(安全但不方便),但是一旦允许用户经防火墙授权认证后进入内部主机,就无法控制其在内部主机上的行为

(方便但不安全)。

为了解决这些问题,一种结合主机安全和网络安全的边缘安全技术开始兴起,这就是主机网络安全技术。主机网络安全技术是一种主动防御的安全技术,它结合网络访问的网络特性和操作系统特性来设置安全策略,用户可以根据网络访问的访问者及访问发生的时间、地点和行为来决定是否允许访问继续进行,以使同一用户在不同场所拥有不同的权限,从而保证合法用户的权限不被非法侵占。主机网络安全技术考虑的元素有 IP 地址、端口号、协议、MAC 地址等网络特性,用户、资源权限以及访问时间等操作系统特性,并通过对这些特性的综合考虑,来达到用户网络访问的细粒度控制。

与网络安全采用安全防火墙、安全路由器等在被保护主机之外的技术手段不同,主机网络安全所采用的技术手段通常在被保护的主机内实现,并且一般为软件形式。因为只有在被保护主机之上运行的软件,才能同时获得外部访问的网络特性以及所访问资源的操作系统特性。在当前广泛使用的计算机安全产品中,已经有一些软件在主机网络安全技术方面做了一些探索。

这类产品中,应用最为广泛的当属 Wietse Venema 开发的共享软件 TCP Wrapper。TCP Wrapper 是一种对进入的网络服务请求进行监视与过滤的工具,它可以截获 systat, finger, ftp, telnet, rlogin, rsh, exec, tftp, talk 等网络服务请求,并根据系统管理员设置的服务访问策略来禁止或允许服务请求。一般情况下,其策略主要考虑的是外部主机的域名(或 IP 地址)和请求的服务类型。通过扩充,还可以将请求访问的用户名和访问时间包括进来,即可以制订“在某时间允许/禁止某用户从外部某主机对某服务的访问”这样的策略。

另外,现在一些操作系统厂商已经在操作系统中提供主机网络安全产品,如 IBM 公司在 AIX4.3.1 中引入了强制访问控制、控制访问的多级目录管理,并可内置 Check Point 公司的 Firewall-1/VPN-14.0;SUN 公司的 Solaris 中也引入公共密钥结构(PKI)、基于 IP Security 的虚拟私有网络(VPN)和内置的防火墙。这些措施都极大地改善了主机的网络安全状况。不过它们都是侧重于从访问的网络特性方面考虑,对于访问的操作系统特性考虑不够,因此对于冒充合法用户之类的攻击缺乏有效的办法。

### 1.2.3 主机网络安全系统体系结构

主机网络安全系统是为了解决主机安全性与访问方便性之间的矛盾,将用户访问时表现的网络特性和操作系统特性综合起来考虑,因此,这样的系统必须建立在被保护的主机上,并且贯穿于网络体系结构中的应用层、传输层、网络层之中。在不同的层次中,可以实现不同的安全策略,具体内容如下。

(1)应用层:是网络访问的网络特性和操作系统特性的最佳结合点。通过对主机所提供服务的应用协议的分析,可以知道网络访问的行为,并根据用户设置的策略判断在当前环境下是否允许该行为;另外,还要附加更严格的身份验证。

(2)传输层:是实现加密传输的首选层。对于使用了相同安全系统的主机之间的通信,可以实现透明的加密传输,而对于没有加密措施的通用客户软件之间的通信,仍可以使用不加密方式,并且加密与否对于用户来说是透明的。

(3)网络层:是实现访问控制的首选层。通过对 IP 地址、协议、端口号的识别,能方便地实现包过滤功能。

当然,更复杂的设计可以在更多的层实现更多的安全功能,下面就前面的设想提出一个可行的主机网络安全系统的结构模型,如图 1.1 所示。

在图 1.1 的结构模型中,安全检查承担了防火墙的任务,它对进出的数据包按照系统设置的安全规则进行过滤,另外,在该模块中还可以实现加密/解密。对用户的访问进行细粒度控制是主机网络安全系统最为重要的特点,它包括两个方面:内部资源访问控制和外部资源访问控制。

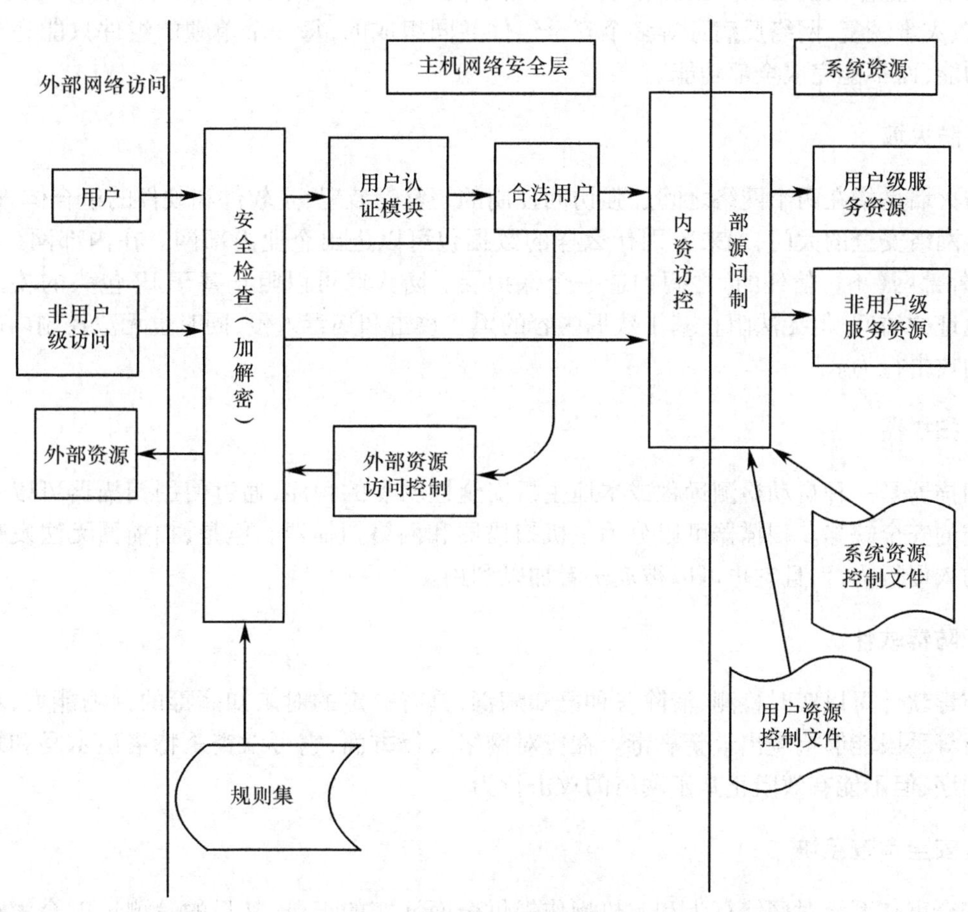


**图 1.1　主机网络安全系统结构模型**

内部资源访问控制主要是对网络用户(不管是合法用户还是入侵者)的权限进行控制,对用户的权限进行细致的分类控制、跟踪,并及时阻止非法行为,防止用户利用系统的安全漏洞进行攻击。内部资源访问控制根据系统资源控制文件(全局作用)和用户资源控制文件(局部作用)来控制用户的行为。如系统资源控制文件可以设置"如果网络用户获取到 ROOT 权限(不管是使用系统命令获得还是利用系统漏洞取得),则切断其连接"这样的规则,从而阻止入侵者获得超级权限严重威胁系统安全。又如用户资源控制文件可以设置"在某某时间某某地点(如日常工作场所)可以远程登录,其他情况下禁止远程登录"这样的规则,使用户既有系统之外的方便性又保证了系统的安全性。

外部资源访问控制是控制用户对系统之外网络资源的访问，如阻止网络用户通过本主机远程登录外部主机，即不允许将本地主机当作跳板（这是黑客最常见的行为）。

## 1.3 网络安全组件

网络的整体安全是由安全操作系统、应用系统、防火墙、网络监控、安全扫描、信息审查、通信加密、灾难恢复、网络反病毒等多个安全组件共同组成的，每一个单独的组件只能完成其中部分功能，而不能完成全部功能。

### 1. 防火墙

防火墙是指在两个网络之间加强访问控制的一整套装置，是软件和硬件的组合体，通常被比喻为网络安全的大门，用来鉴别什么样的数据包可以进出企业内部网。在内部网（可信任的）和外部网（不可信任的）之间构造一个保护层。防火墙可以阻止基于 IP 包头的攻击和非信任地址的访问，但无法阻止基于数据内容的黑客攻击和病毒入侵，同时也无法控制内部网络之间的攻击行为。

### 2. 扫描器

扫描器是一种自动检测远程或本地主机安全性弱点的程序，通过使用扫描器可以自动发现系统的安全缺陷。扫描器可以分为主机扫描器和网络扫描器。但是，扫描器无法发现正在进行的入侵行为，而且它也可以被攻击者加以利用。

### 3. 防毒软件

防毒软件可以实时检测、清除各种已知病毒，具有一定的对未知病毒的预测能力，利用代码分析等手段能够检查出最新病毒。在应对网络入侵方面，它可以查杀特洛伊木马和蠕虫等病毒程序，但不能有效阻止基于网络的攻击行为。

### 4. 安全审查系统

安全审查系统对网络行为和主机操作提供全面详实的记录，其目的是测试安全策略是否完善，证实安全策略的一致性，方便用户分析与审查事故原因，协助攻击的分析，收集证据以用于起诉攻击者。

前 4 种安全组件对正在进行的外部入侵和网络内部攻击缺乏检测和实时响应功能。所有这些在 IDS 上可以得到圆满的解决。

### 5. IDS

防火墙所暴露出来的不足和弱点，引发了人们对 IDS（入侵检测系统）技术的研究和开发。IDS 被认为是防火墙之后的第二道安全闸门，在不影响网络性能的情况下对网络进行监测，从而提供对内部攻击、外部攻击和误操作的实时保护。

综观上述网络安全组件的特点,我们可以得出这样一个结论:由于每个网络安全组件自身的限制,不可能把入侵检测和防护做到一应俱全。所以不能指望通过使用某一种网络安全产品实现绝对的安全。只有根据具体的网络环境,有机整合这些网络安全组件才能最大限度地满足用户的安全需求。

# 1.4　安全策略的制定与实施

安全的基石是社会法律、法规与手段,即通过建立与信息安全相关的法律、法规,使非法分子慑于法律,不敢轻举妄动。先进的安全技术是信息安全的根本保障,用户可对自身面临的威胁进行风险评估,决定其需要的安全服务种类,选择相应的安全机制,然后集成先进的安全技术。各网络使用机构、企业和单位应建立相应的信息安全管理办法,加强内部管理,建立审查和跟踪体系,提高整体信息安全意识。

安全策略是指在某个特定的环境中,为达到一定级别的安全保护需求所必须遵守的诸多规则和条例。安全策略包括三个重要组成部分:安全立法、安全管理、安全技术。安全立法是第一层,有关网络安全的法律法规可以分为社会规范和技术规范;安全管理是第二层,主要指一般的行政管理措施;安全技术是第三层,它是网络安全的物质技术基础。

网络安全策略可以从以下几方面制定和实施。

(1)重要的商务信息和软件的备份应当存储在受保护、限制访问且距离源地点足够远的地方,这样备份数据就能逃脱本地的灾害。因此需要将关键的生产数据安全地存储在相应的位置。

这一策略要求将最新的备份介质存放在距离资料地较远的地方。同样,规定只有被授权的人才有权限访问存放在远程的备份文件。在某些情况下,为了确保只有被授权的人可以访问备份文件中的信息,需要对备份文件进行加密。

(2)需要给网络环境中的系统软件打上最新的补丁。各公司的联网系统应当具备一套可供全体员工使用的方法,以方便定期检查最新的系统软件补丁、漏洞修复程序和升级版本。当需要时,此方法必须能够为连接 Internet 和其他公用网络的计算机迅速安装这些新的补丁、漏洞修复程序和升级版本。

此策略的目的是确保系统管理员和其他用户快速更新、升级连接 Internet 等公用网的计算机系统软件。如果系统软件更新不及时,入侵者可能运用漏洞识别软件判断系统是否存在已知漏洞。这意味着恐怖分子、黑客、工业间谍和其他图谋不轨的人使用计算机识别可以进行破坏的系统。如果与网络连接的系统没有安装带有安全性错误的修复程序、安全补丁和更新的软件,短时间内这些系统的漏洞就会被识别并被渗透。在未来几年,借助一些分布在系统中的自动执行软件,这一方法的执行将逐渐不需要人工干预。

(3)安装入侵检测系统并实施监视。为了让企业能快速响应攻击,所有与 Internet 连接的、设置多用户的计算机必须运行一套信息安全部门认可的入侵检测系统。

入侵检测系统不同于漏洞识别系统,前者在防御措施遭受破坏时向工作人员发出警报,后者是告诉工作人员有哪些漏洞需要修复以支撑防御系统。通常入侵检测系统会通过一个网络管理系统或其他通知手段实时向负责人员报警并采取应对措施。例如,计算机紧急响应小组

(CERT)的成员可根据入侵检测系统的BP机报警采取行动。这一策略的目的是确保内部网络外围设备上的所有系统都具备适当的入侵检测系统。

(4)启动最小级别的系统事件日志。计算机系统在处理一些敏感、有价值或关键的信息时必须可靠地记录下重要的、与安全有关的事件。与安全有关的事件包括:企业猜测密码、使用未经授权的权限、修改应用软件以及系统软件。

此策略可被所有生产系统采用,而不只是那些需要处理敏感的价值高的或关键信息的系统。不管怎样,企业实施此策略可确保此类日志被记录下来,并在一段时期内保存在一个安全的地方。在许多情况下会运用哈希算法或数字签名来判断系统日志记录之后是否被改变过。

# 1.5 计算机网络发展趋势

第一代:Internet,实现了计算机硬件的连通;

第二代:Web,实现了网页的连通;

第三代:Grid,试图实现Internet上所有资源的全面连通,包括计算资源、存储资源、通信资源、软件资源、信息资源和知识资源等。

网格的定义为:用高速的计算机网络集成超级计算机、大型数据库、数据存储设备、先进的显示设备和科学仪器(电子显微镜、雷达阵列、粒子加速器、天文望远镜等),形成了网络虚拟超级计算机或称之为超级计算机(Meta Computer),从而有可能构造各种网格(Grid)。网格的种类包括计算网格、数据网格、对象网格、知识网格、服务网格、信息网格和各种代理网格等。

# 1.6 本章小结

本章讲述了网络安全的定义和基本属性,包括机密性、完整性、可用性、可控性和可审查性;简要介绍了网络威胁的几种类型;介绍了网络安全基本组件,网络安全策略的构成及计算机网络发展趋势。

# 第2章　网络信息安全模型和标准

## 2.1　OSI 概述

### 2.1.1　ISO－OSI 模型

计算机网络是计算机技术和通信技术相结合的产物。自从 1946 年第一台电子计算机 ENIVAC 问世以来,由于计算机网络技术和软件技术的不断发展,人们使用计算机的方式有了根本的改变,由多人通过终端使用一台计算机变为现在一人通过计算机网络使用多台计算机。

计算机网络是由多个独立的计算机通过通信线路和通信设备互连起来的系统,以实现彼此交换信息和共享资源的目的。

计算机网络具有以下功能:

(1)数据通信。网络系统中各相连的计算机能够相互传送数据信息,使相距很远的用户之间能够直接交换数据。

(2)资源共享。网络中的软件、硬件资源,如外部设备、文件系统和数据等可被多个用户所共享。

(3)进行并行和分布式处理。在计算机网络中,用户可根据问题的性质和要求选择网内最合适的资源来处理。对于综合性的大问题,可以采用合适的算法,将任务分散到不同的计算机上进行分布和并行处理。

(4)能提高可靠性。由于控制、数据、软件和硬件的分散性(不存在集中环节),资源冗余以及结构上可动态重组提高了可靠性。

(5)可扩充性好。随着用户需求的增长,包括性能方面和功能方面的增长,只需增加新节点数,而不必替换整个系统。可扩充性可以避免较大的初始投资,另外使用多个微小型机代替一个大型主机,可以获得很好的性能价格比。

随着计算机网络的日益普及,它已经应用在各个领域中,我们在日常生活中常见的采用计算机的服务项目,如银行的提款机、销售点的终端、支票和发票的核实等都依赖于计算机网络。下面是计算机网络应用的一些典型领域。

服务业:通过计算机网络系统进行酒店和航空公司的在线订票、订房,远程购物等。

金融服务业:现在的金融服务都依赖于计算机网络,如外汇汇兑、投资服务、电子资金转账服务等。

企业管理:通过网络信息系统对企业生产、销售、财务等方面进行管理。

制造业:计算机网络在制造业的多个方面包括制造过程本身,都有应用。如计算机辅助设计(CAD)和计算机辅助制造(CAM),这两种业务都允许同时有多个用户在同一个项目上工作。

电子信息传递:最广泛的应用如电子邮件。

信息服务:如电子公告板和 WWW 站点。

实时信息传递:如音频和视频会议,视频点播,远程教学等。

总之,计算机网络的应用已经深入到社会和经济生活的各个方面。随着计算机网络应用的不断推广和普及,网络软件的设计和开发越来越流行,目前绝大多数系统软件(如 UNIX,Linux,Windows 系列等操作系统)和应用软件都是网络版的。掌握网络安全的原理和方法对于设计和开发网络应用程序是十分重要的。

计算机网络要完成数据处理和数据通信两大功能。相应地,网络结构可以分成两大部分:负责数据处理的计算机和终端;负责数据通信的通信控制处理机 CPP(Communication Control Processor)、通信线路。计算机网络从逻辑功能上可以分为两个子网:资源子网和通信子网,其结构如图 2.1 所示。

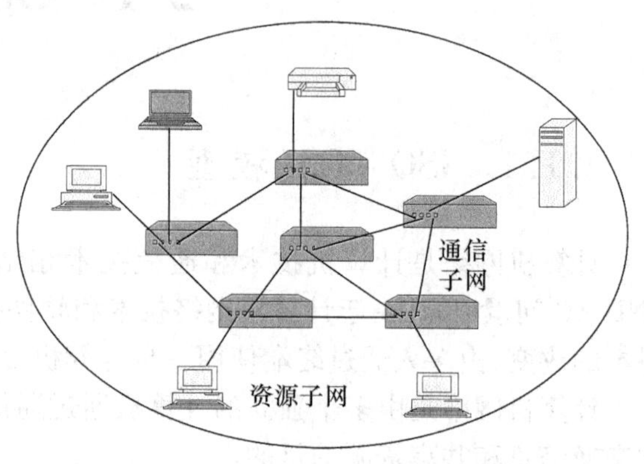


**图 2.1 资源子网和通信子网**

计算机网络由若干个相互连接的节点组成,在这些节点之间要不断地进行数据交换。要进行正确的数据传输,每个节点就必须遵守一些事先约定好的规则,这些规则就是网络协议。网络协议是在主机与主机之间、主机与通信子网之间或子网中各通信节点之间的通信中使用的,是通信双方必须遵守的,事先约定好的规则、标准或约定。

一个网络协议主要由以下三个要素组成。

(1)语法:即数据与控制信息的结构或格式。如数据格式、信号电平等规定。

(2)语义:即需要发出何种控制信息,完成何种动作,以及做出何种应答。包括用于调整和进行差错处理的控制信息。

(3)时序(同步):即事件实现顺序的详细说明,包括速度匹配和顺序。

为了减少网络设计的复杂性,大多数网络在设计上都是分成不同功能的多个层次的。图 2.2 是国际标准化组织 ISO - OSI 网络参考模型,图 2.3 以报文传输的形式演示了图 2.2 中的通信过程。

各层协议是通信双方在通信过程中的约定,规定有关部件在通信过程中的操作以保证正确地进行通信。各层的主要功能如下。

(1)物理层:规定在一个节点内如何把计算机连接到通信介质上,规定了机械的、电气的功能;该层负责建立、保持和拆除物理链路;规定如何在此链路上传送原始比特流;比特如何编码,使用的电平、极性,连接插头插座的插脚如何分配等。所以在物理层数据的传送单位是比特(bit)。

(2)数据链路层:它把相邻两个节点间不可靠的物理链路变成可靠的无差错的逻辑链路,包括把原始比特流分帧、排序、设置检错、确认、重发、流控等功能;数据链路层传输信息的单位是帧(frame),每帧包括一定数量的数据和一些必要的控制信息,在每帧的控制信息中,包括同步信息、地址信息、差错控制信息、流量控制信息等;同物理层相似,数据链路层负责建立、维护

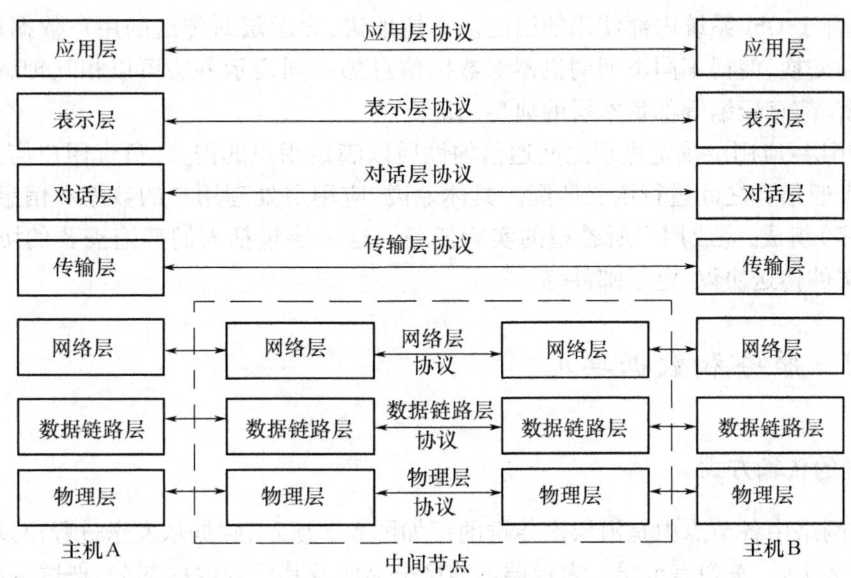


图 2.2　OSI 的参考模型

和释放数据链路。

(3)网络层:它连接网络中任何两个计算机节点,从一个节点上接收数据,正确地传送到另一个节点。在网络层,传送的信息单位是分组或包(packet)。网络层的主要任务是要选择合适的路由和交换节点,透明地向目的站交付发送站所发的分组或包,这里的透明表示收发两端好像是直接连通的。另外网络层还要解决网络互连、拥挤控制和记账等问题。

上述三层组成了所谓的通信子网,用户计算机连接到此子网上。通信子网负责把一个地方的数据可靠地传送到另一个地方,但并未实现两个地方主机上进程之间的通信。通信子网的主要功能是面向通信的。

(4)传输层:真正地实现了端端间通信,把数据可靠地从一方的用户进程或程序送到另一方的用户进程或程序。这一层的控制通常由通信两端的计算机完成,与通信子网无关。从这一层开始的以上各层全部是针对通信的最终的源端——目的端计算机的进程之间的。传输层传送的信息单位是报文(message)。

传输层向上一层提供一个可靠的端端服务,使上一层看不见下面几层的通信细节。正因为如此,传输层成为网络体系结构中最关键的一层。对于传输层的功能,主要在主机内实现。而对于物理层、数据链路层以及网络层的功能均在报文接口机中实现。对于传输层以上的各个层次的功能通常在主机中实现。

(5)对话层:又称会话层。它允许两个计算机上的用户进程建立对话连接,双方相互确认身份,协商对话连接的细节;它可管理对话是双向同时进行的,还是任何时刻只能一个方向进行。在后一种情况下,对话层控制哪一方有权发送数据;对话层还提供同步机制,在数据流中插入同步点机制,在每次网络出现故障后可以仅重传最近一个同步点以后的数据,而不必从头开始。

以上两层为两个计算机上的用户进程或程序之间提供了正确传送数据的手段。

(6)表示层:主要解决用户信息的语法表示问题。表示层将数据从适合于某一系统的语法转变为适合于 OSI 系统内部使用的语法。具体地讲,表示层对传送的用户数据进行翻译或解释、编码和变换,使得不同类型的机器对数据信息的不同表示方法可以相互理解。另外,数据加密、解密、信息压缩等都是本层的典型功能。

(7)应用层:应用层确定进程之间通信的性质以满足用户的需要;负责用户信息的语义表示,并在两个通信者之间进行语义匹配。具体地说,应用层处理用户的数据和信息,由用户程序(应用程序)组成,完成用户所希望的实际任务。这一层包括人们普遍需要的协议,如虚拟终端协议、文件传送协议、电子邮件等。

## 2.1.2 服务和数据单元

**1. 数据的传输方式**

数据在网络中各节点内是沿层次传送的。如图 2.3 所示,数据从发送进程出发,在应用层中加上报头 AH 后,送到表示层。表示层不能区分 AH 及其后的数据部分,把这两部分看作一个整体,作为应用层来的数据,简单地加上表示层的报头 PH 后送到对话层。重复同样的过程,一直传送到物理层。物理层亦不区分来自数据链路层的报文含义,而只简单地看作一系列比特流,然后将其转换成电信号通过介质传送到接收进程所在的节点的物理层。数据链路层与其他层不同的是,在数据链路层不仅要加上报头 DH,还要加上报尾 DT。接收节点上的数据链路层收到物理层送来的比特流后根据数据链路层协议能识别出报头 DH 和报文尾 DT(但不能识别出此数据部分中网络层报头 NH),把 DH 和 DT 去掉后将其余的部分传送到网络层。重复此过程,依次通过以后各层次并去掉相应的报头。最后,应用层把发送进程发来的纯数据部分交给接收进程。

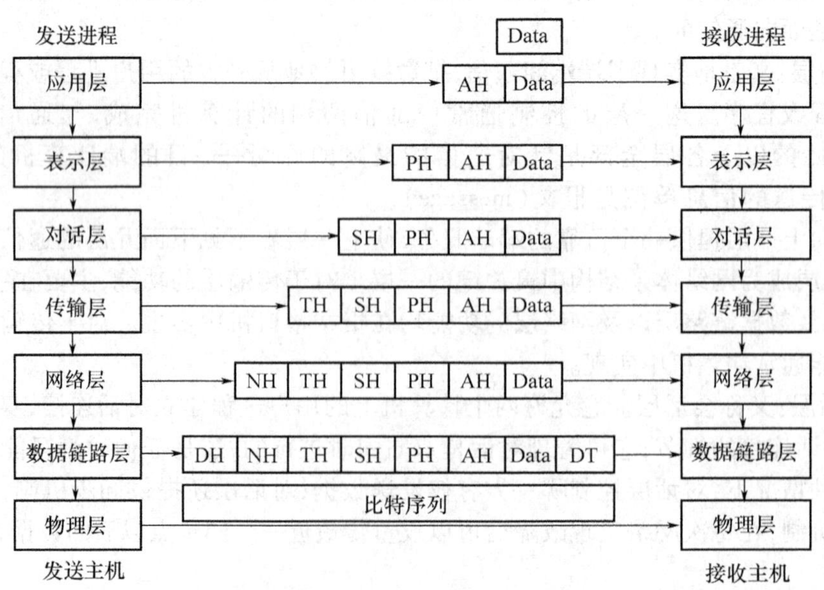


**图 2.3 层间通信与对等层间通信**

**2. 服务、服务访问点和数据单元**

ISO OSI/RM 的每层为其上面各层提供专门的通信服务。也就是说，每层完成的功能是其上各层工作的基础。除了最底层（物理层）外，上面各层都依赖下一层完成其特定的功能。在 ISO OSI/RM 中，设物理层为第 1 层，应用层为第 7 层，在 $N$ 层和 $N+1$ 层的接口处，由 $N$ 层向 $N+1$ 层提供服务。这里 $N$ 层是服务的提供者，而 $N+1$ 层则是该服务的用户。服务是通过一组服务原语来执行的。

层间接口处提供服务的地方称为服务访问点 SAP（Service Access Point），每个服务访问点都有一个唯一的标识地址。例如，一个传输层的服务访问点 TSAP 地址可表示成：

<网络号><主机号><端口号>

相邻层在提供服务的过程中要传递信息，这些信息的单位在 OSI 模型中称为服务数据单元（Service Data Unit—SDU）。在 $N$ 层和 $N-1$ 层间传递的数据单元，记为（$N$）SDU。SDU 在服务访问点处穿过接口时，通常要加上一些辅助信息（如服务原语中的某些参数），这些辅助信息在 OSI 模型中统称为接口控制信息（Interface Control Information—ICI）。SDU 和 ICI 一起构成接口数据单元（Interface Data Unit—IDU）。IDU 在离开接口的 SAP 时去掉 ICI。对等层间交换的信息单位称为协议数据单元（Protocol Data Unit—PDU）。$N$ 层的 PDU 由 $N$ 层的 SDU 加上该层的协议控制信息（Protocol Control Information—PCI）构成。这里的 PCI 就是图 2.3 中各层所加上去的报头。

从图 2.4 中可以看出，（$N+1$）PDU 是通过（$N$）SDU 传递到 $N$ 层，加上（$N$）PCI 后构成（$N$）PDU 的。看上去似乎（$N+1$）PDU 就等同于（$N$）SDU，虽然在许多情况下确实如此，但并不总是这样。有时可以将多个（$N+1$）PDU 拼成一个（$N$）SDU，称为拼接（concatenation）。当然，在发送方若进行了拼接，在接收方的对等层就要进行相反的分割（separation）。另外，一个（$N$）SDU 若太大，也可以分成若干段，分别加上协议控制信息，构成多个（$N$）PDU。这在发送方称为分段（segmenting），而接收方则要进行相反的合段（reassembling）。

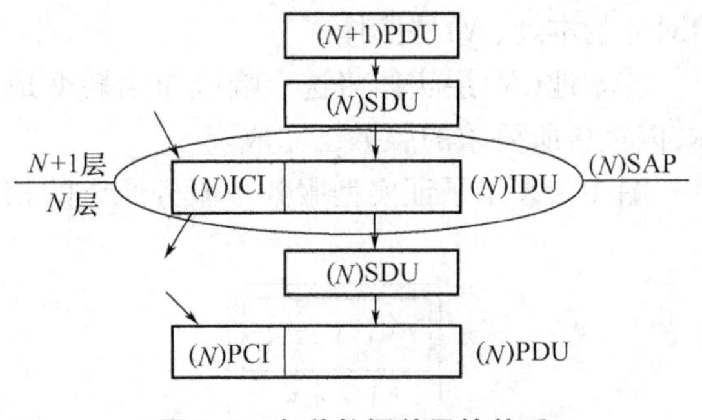


**图 2.4　各种数据单元的关系**

## 2.1.3　服务原语

**1. 服务原语类型**

服务原语是引用服务的工具，（$N+1$）层实体通过使用（$N$）层的服务原语向（$N$）层实体要求某个（$N$）层服务。对一个服务的引用通常是要用多个有关的服务原语来实现。在 OSI 参考模型中定义了四种类型的服务原语。

（1）请求（request）原语，这是由（$N+1$）层实体向（$N$）层实体发出的，要求这个（$N$）层实体向它提供指定的($N$)层服务,如进行一次数据传送。

(2)指示(indication)原语,这是由($N$)层实体向($N+1$)层实体发出的,通知这个($N+1$)层实体,某个特定的($N$)层服务已经开始。

(3)响应(response)原语,这是由($N+1$)层实体向($N$)层实体发出的,表示对这个($N$)层实体送来的指示原语的响应。

(4)证实(confirm)原语,这是由($N$)层实体向($N+1$)层实体发出的,表示它请求的($N$)层服务已经完成。

为了方便起见,服务原语所涉及的服务常常就在原语名中反映出来,如传输层中的数据传送原语名为 T-DATA,而表示层中的数据传送原语名 P-DATA 等。

**2. 服务原语的相互关系**

按在一次服务调用中服务原语的相互作用关系,可将服务分成两类:证实型服务和非证实型服务。

(1)证实型服务。在这种服务中,服务原语的相互作用过程如下。

①首先由发起这次服务调用的本地($N+1$)层实体向本地($N$)层实体发出这个($N$)层服务的请求原语,本地($N$)层实体将这个请求原语送到与其对接的远程($N$)层实体。

②远程($N$)层实体将收到的请求原语转变成指示原语并把它交给远程($N+1$)层实体。

③远程($N+1$)层实体根据原语及其参数的要求作完相应的动作后,就向它下层的($N$)层实体发出一个响应原语以报告有关动作的完成及其结果。该($N$)层实体将这个响应原语发回给对应的本地($N$)层实体。

④本地($N$)层实体将这个响应原语转变成证实原语后再发给其上层的本地($N+1$)层实体,以报告所要求的服务已完成。

图 2.5 表示了证实型服务中服务原语的相互关系。

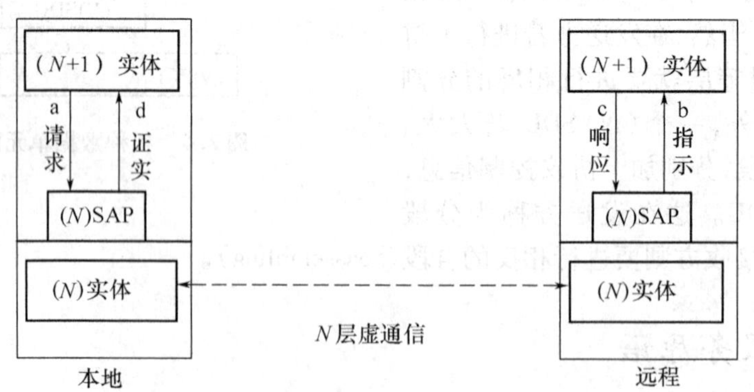


**图 2.5 证实型服务中服务原语的相互关系**

(2)非证实型服务。在这种服务中,仅需单向的原语发送,即只需证实型服务过程的前半部分,服务原语的相互作用过程如下。

①首先由发起这次服务调用的本地($N+1$)层实体向本地($N$)层实体发出这个($N$)层服务的请求原语,本地($N$)层实体将这个请求原语送到与其对接的远程($N$)层实体。

②远程($N$)层实体将收到的请求原语转变成指示原语并将其交给远程($N+1$)层实体。

图 2.6 表示了非证实型服务中服务原语的相互关系。

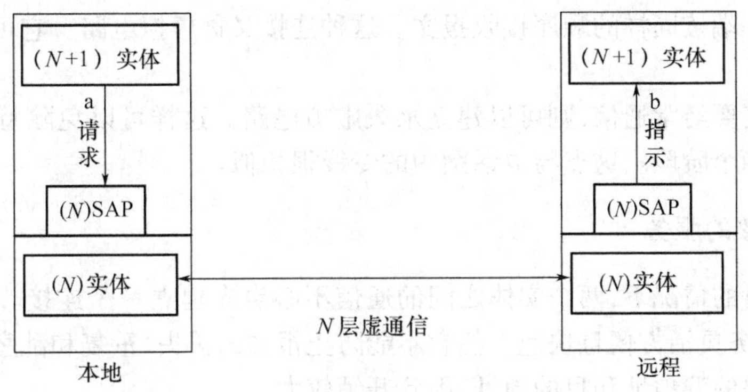


**图 2.6　非证实型服务中服务原语的相互关系**

因此,证实型服务需要在对等实体间进行一次交互,按顺序使用请求、指示、响应和证实这四种原语,需要对等实体间来回通信一次;而使用非证实型服务,对等实体之间只作一次单向通信。

**3. 服务原语的组成**

一个完整的服务原语由三部分组成:原语名字、原语类型和原语参数。原语名字指出是哪一层提供的何种服务。例如,当传输层的用户(即对话实体)要利用传输服务建立传输连接时,它使用请求建立连接的服务原语 T - CONNECT. request,其中 T 是传输层的缩写名。在 OSI 定义的四种原语类型中,原语参数是在标准中预先定义好的,如目的地址、源地址、类型及服务质量等。

## 2.1.4　面向连接的和无连接的服务

从通信的角度来看,在 OSI 参考模型中,下层能向上层提供两种不同形式的服务:面向连接的服务和面向无连接的服务。

**1. 面向连接的服务**

所谓连接,就是两个对等实体为进行数据通信而进行的一种结合。面向连接服务在进行数据交换前,先建立连接。当数据传输结束后,应释放这个连接。因此,采用面向连接的服务进行数据传送要经历三个阶段。

(1)建立连接阶段:在有关的服务原语以及协议数据单元中,必须给出源用户和目的用户的完整地址。同时可以协商服务质量和其他一些选项。

(2)数据交换阶段:在这个阶段,每个报文中不必包含完整的源用户和目的用户的完整地址,而是使用一个连接标识符来代替。由于连接标识符相对于地址信息要短得多,因此使控制信息在报文中所占的比重相对减小,从而可减小系统的额外开销,提高信道的利用率。另外,报文的发送和接收都是按固定顺序的,即发送方先发送的报文,在接收方先收到。

(3)释放连接阶段:通过相应的服务原语完成释放操作。

从面向连接服务的三个阶段来看,连接就像一个管道,发送者在其一端依次发送报文,接收者依次在其另一端按同样的顺序接收报文。这种连接又称虚拟电路。它可以避免报文的丢失、重复和乱序。

若两个用户需要经常通信,则可以建立永久虚拟电路。这样可以免除每次通信时建立连接和释放连接这两个阶段。这点与电话网中的专线很相似。

**2. 面向无连接的服务**

在无连接服务的情况下,两个实体之间的通信不必事先建立一个连接。相对于面向连接的服务,无连接服务灵活方便且快速。但它不能防止报文的丢失、重复和乱序。由于它的每个报文必须包括完整的源地址和目的地址,因此开销较大。

面向无连接服务主要有三种类型。

(1)数据报:它的特点是发完报文就结束,而对方不作任何响应。数据报的服务简单,额外开销少,但可靠性差,它比较适合于数据具有很大的冗余度以及要求有较高实时性的通信场合。

(2)证实交付:又称可靠的数据报。这种服务对每一个报文产生一个证实给发送方,不过这种证实不是来自对应方用户,而是来自提供服务的层。这种证实只能保证报文已经发给目的站了,而不能保证对应方用户正确地收到报文。

(3)请求回答:这种类型服务是接收端用户每收到一个报文,即向发送端用户发送一个应答报文。但是双方发送的报文都有可能丢失。如果接收端发现报文有错误,则回送一个表示有错误的报文。

在 OSI 模型中有两种通信服务方式,究竟选择哪种服务方式进行通信主要看使用的要求。数据报是比较基本的服务方式,若报文到达的次序无关紧要可使用该方式。而面向连接的服务方式主要应用在可靠性要求较高的场合。关于面向连接服务和面向无连接服务的主要差别如表 2.1 所示。

**表 2.1 面向连接和无连接服务的主要差别**

| 项目 | 面向连接 | 面向无连接 |
| --- | --- | --- |
| 初始化设置,状态保持 | 需要 | 不需要 |
| 目的地址 | 仅在建立连接时需要 | 每个包均需要 |
| 包的顺序传送 | 保证 | 不保证 |
| 差错控制 | 提供 | 不提供 |
| 流量控制 | 提供 | 不提供 |
| 任选项协商 | 提供 | 不提供 |
| 连接标识符 | 使用 | 不使用 |
| 路由选择 | 仅在建立连接时需要 | 每个包均需要 |
| 节点失效的影响 | 严重 | 不严重 |
| 网内负载平衡 | 不支持 | 支持 |
| 数据速率 | 低 | 高 |

## 2.2　协议安全分析

### 2.2.1　物理层安全

物理层安全威胁主要指网络周边环境和物理特性引起的网络设备和线路的不可用而造成的网络系统的不可用。如设备老化、设备被盗、意外故障、设备损毁等。由于以太局域网中采用广播方式,因此,在某个广播域中利用嗅探器可以在设定的侦听端口侦听到所有的信息包,并且对信息包进行分析,那么本广播域的信息传递都会暴露无遗,所以需将两个网络从物理上隔断,同时保证两个网络在逻辑上能够连通。

### 2.2.2　网络层安全

网络层的安全威胁主要有两类:IP 欺骗和 ICMP 攻击。

IP 欺骗技术的一种实现方法是把源 IP 地址改成一个错误的 IP 地址,而接收主机不能判断源 IP 地址的正确性,由此形成欺骗。另外一种方法是利用源路由 IP 数据包,让它仅仅被用于一个特殊的路径传输,这种数据包被用于攻击防火墙。

ICMP(Internet 控制信息协议)在 IP 层检查错误和其他条件。ICMP 信息对于判断网络状况非常有用,例如,当 PING 一台主机想看它是否运行时,就产生了一条 ICMP 信息。远程主机将用它自己的 ICMP 信息对 PING 请求作出回应,这种过程在网络中普遍存在。然而,ICMP 信息能够被用于攻击远程网络或主机,利用 ICMP 可消耗带宽从而有效地摧毁站点。

### 2.2.3　传输层安全

具体的传输层安全措施要取决于具体的协议。TLS(传输层安全)协议在 TCP 的顶部提供了如身份验证、完整性检验以及机密性保证这样的安全服务。TLS 需要为一个连接维持相应的场景,它是基于可靠的传输协议 TCP 的。由于安全机制与特定的传输协议有关,所以像密钥管理这样的安全服务可被每种传输协议重复使用。

在 Internet 中提供安全服务的一个最初想法便是强化它的 IPC(广义的进程间通信)界面,具体做法包括双端实体的认证,数据加密密钥的交换等。Netscape 通信公司遵循了这个思路,制订了建立在可靠的传输服务基础上的安全套接层协议(SSL)。SSL 版本 3(SSL v3)主要包含两个协议:SSL 记录协议和 SSL 握手协议。

### 2.2.4　应用层安全

现在,应用层安全已经被分解成网络层、操作系统、数据库的安全,由于应用系统复杂多样,不存在一种安全技术能够完全解决一些特殊应用系统安全问题的情况。但对一些通用的应用程序,如 Web Server 程序、FTP 服务程序、E-mail 服务程序、浏览器、MS Office 办公软件等,可以通过互联网扫描服务和系统扫描服务检查应用程序自身的安全漏洞和由于配置不当造成的安全漏洞,在最大程度上避免安全隐患。

# 2.3 网络安全标准

针对日益严峻的网络安全形势,许多国家和标准化组织纷纷出台了相关的安全标准,我们国家也制定了相应的安全标准,这些标准既有很多相同的部分,也有各自的特点。其中以美国国防部制定的可信计算机安全标准(TCSEC)应用最为广泛。

## 2.3.1 网络安全主要国际标准

国际性的标准化组织主要有国际标准化组织(ISO)、国际电器技术委员会(IEC)及国际电信联盟(ITU)所属的电信标准化组织(ITU-TS)。ISO 是总体标准化组织,而 IEC 在电工与电子技术领域里相当于 ISO 的位置。1987 年,ISO 的 TC97 和 IEC 的 TCs47B/83 合并成为 ISO/IEC 联合技术委员会(JTC1)。ITU-TS 是联合缔约组织。这些组织在安全需求服务分析指导、安全技术研制开发、安全评估标准等方面制订了一些标准草案,但尚未正式执行。另外还有众多的标准化组织,它们也制定了不少安全标准,如 IETF 就有 10 个功能组:认证防火墙测试组(AFT)、公共认证技术组(CAT)、域名安全组(DNSSEC)、IP 安全协议组(IPSEC)、一次性密码认证组(OTP)、公开密钥结构组(PKIX)、安全界面组(SECSH)、简单公开密钥结构组(SPKI)、传输层安全组(TLS)和 Web 安全组(WTS)等,它们都制定了相关的标准。

**1. 美国 TCSEC(橘皮书)**

该标准是美国国防部制定的。它将安全分为四个方面:安全政策、可说明性、安全保障和文档。这四个方面又分为 7 个安全级别,从低到高依次为 D1,C1,C2,B1,B2,B3 和 A1 级。

**2. 欧洲 ITSEC**

ITSEC 与 TCSEC 不同,它并不把保密措施直接与计算机功能相联系,而是只叙述技术安全的要求,把保密作为安全增强功能。另外,TCSEC 把保密作为安全的重点,而 ITSEC 则把完整性、可用性与保密性作为同等重要的因素。ITSEC 定义了从 E0 级(不满足品质)到 E6 级(形式化验证)的 7 个安全等级,对于每个系统,安全功能可分别定义。ITSEC 预定义了 10 种功能,其中前 5 种与橘皮书中的 C1 ~ B3 级非常相似。

**3. 加拿大 CTCPEC**

该标准将安全需求分为四个层次:机密性、完整性、可靠性和可说明性。

**4. 美国联邦准则(FC )**

该标准参照了 CTCPEC 及 TCSEC,其目的是提供 TCSEC 的升级版本,同时保护已有投资。

FC 是一个过渡标准,后来结合 ITSEC 发展为联合公共准则。

**5. 联合通用准则(CC)**

CC 的目的是把已有的安全准则结合成一个统一的标准。该项计划从 1993 年开始执行,1996 年推出第一版,但目前仍未付诸实施。CC 结合了 FC 及 ITSEC 的主要特征,它强调将安全的功能与保障分离,并将功能需求分为 9 类 63 族,将保障分为 7 类 29 族。

**6. ISO 安全体系结构标准**

在安全体系结构方面,ISO 制定了国际标准 ISO7498-2—1989《信息处理系统 · 开放系统互连、基本模型第 2 部分安全体系结构》。该标准为开放系统标准建立了一个框架,其任务是提供安全服务与有关机制的一般描述,确定在参考模型内部可以提供这些服务与机制的位置。

近 20 年来,人们一直在努力发展安全标准,并将安全功能与安全保障分离,制定了复杂而详细的条款。但真正实用、在实践中相对易于掌握的还是 TCSEC 及其改进版本。在现实中,安全技术人员也一直将 TCSEC 的 7 级安全划分当作默认标准。

## 2.3.2　ISO7498-2 安全标准

ISO7498 从体系结构的角度描述了 ISO 基本参考模型之间的安全通信必须提供的安全服务及安全机制,并说明了安全服务及其相应机制在安全体系结构中的关系,从而建立了开放互连系统的安全体系结构框架。

ISO7498-2 提供了以下 5 种可选择的安全服务。

**1. 身份认证**

身份认证是访问控制的基础。身份认证必须做到准确无误地将对方辨别出来,同时还应该提供双向的认证,即互相证明自己的身份。网络环境下的身份认证更加复杂,主要是要考虑到验证身份的双方一般都是通过网络交互而非直接交互,像指纹认证等手段就无法应用。同时大量的黑客随时都可能尝试向网络渗透,截获合法用户密码冒名顶替,因此必须利用高强度的密码技术来进行身份认证,比较著名的有 KERTESOS,PGP 等方法。

**2. 访问控制**

访问控制是控制不同用户对信息资源的访问权限,对访问控制的要求主要有以下几方面。

(1)一致性,也就是对信息资源的控制没有二义性,各种定义之间不冲突。

(2)统一性,对所有信息资源进行集中管理,安全政策统一贯彻。

(3)审查功能,对所有授权有记录并可以核查。

(4)尽可能地提供细粒度的控制。目前很多系统的访问控制实际上还是基于 UNIX 文件系统的模式,不能很好地满足安全需求。

**3. 数据加密**

数据加密是大家所熟知的保证安全通信的手段。由于计算机技术的发展,传统通信加密算法被不断破译,促使更高强度的加密算法问世。目前加密技术主要有两大类:一类是基于对称密钥加密的算法,也称私钥算法;另一类是基于非对称密钥的加密算法,也称公钥算法。这两种加密算法都已经达到一个很高的强度。具体到加密手段,一般分软件加密和硬件加密两种,软件加密成本低而且实用灵活,更换也方便;硬件加密效率高,本身安全性高。用户可以根据不同需要采用不同的方法。密钥管理包括密钥产生、分发、更换等,是数据保密的重要一环。目前如何实现密钥完全自动管理还有待于进一步研究。

**4. 数据完整性**

数据完整性是指信息在存储、传输和使用中不被篡改和泄密。显然,金融信息网络传输的信息对传输、存储和使用的完整性要求很高,需采用相应的安全措施,来保障数据的传输安全,以防被篡改或泄密。

**5. 防止抵赖**

防止抵赖是指接收方要对方保证自己收到的信息是发送方发出的信息而不是被中间人冒名、篡改过的信息。发送方要求对方不能否认已经收到的信息。对金融电子化系统来说,电子签名的主要目的就是防止抵赖,给仲裁提供证据。

### 2.3.3 BS7799(ISO17799:2000)标准

ISO17799 于 2000 年 12 月出版,它适用于所有的组织,目前已成为强制性的安全标准。ISO17799 是一个详细的安全标准,包括安全内容的所有准则,具体由 10 个独立的部分组成,其中每一部分都覆盖不同的主题和区域。

**1. 信息安全方针**

为信息安全提供管理方向和支持。

**2. 组织安全**

建立组织内的信息安全管理体系,以便实施安全管理。

**3. 财产分类和控制**

维护组织资产的适当保护系统。

**4. 人员安全**

减少误操作、入侵、盗用等人为造成的风险。

**5. 物理和环境安全**

防止电子商务和信息的未经许可的介入、损伤和干扰。

**6. 计算机通信和操作管理**

保证通信和操作设备的正确使用和安全维护。

**7. 访问控制**

控制对信息的访问。

**8. 系统开发与维护**

保证在信息系统中建立安全设置。

**9. 商务持续性管理**

防止商务活动中断及保护关键商务过程不受重大失误或灾难事故的影响。

**10. 符合性**

避免任何违反法令、法规、合同约定及其他安全要求的行为。

## 2.4 本章小结

计算机网络的运行机制基于网络协议,本章详细介绍了 OSI(开放互联网交换协议),并简要介绍了网络协议安全,概括总结了网络安全国际标准和规范的要点。

# 第3章　网络安全协议

## 3.1　Internet 常见协议介绍

**1. ARP(Address Resolution Protocol):地址解析协议**

它用于映射计算机的物理地址和临时指定的网络地址。启动时它选择一个协议(网络层)地址,并检查这个地址是否已经被别的计算机使用,如果没有被使用,此节点使用这个地址,如果此地址已经被别的计算机使用,正在使用此地址的计算机会通告这一信息,只有再选另一个地址。

**2. SNMP(Simple Network Management Protocol):网络管理协议**

它是 TCP/IP 协议中的一部分,它为本地和远端的网络设备管理提供了一个标准化途径,是分布式环境中的集中化管理的重要组成部分。

**3. DHCP(Dynamic Host Configuration Protocol):动态主机配置协议**

它是在 TCP/IP 网络上使客户机获得配置信息的协议,它基于 BOOTP 协议,并在 BOOTP 协议的基础上添加了自动分配可用网络地址等功能。这两个协议可以通过一些机制互操作。DHCP 协议在安装 TCP/IP 协议和使用 TCP/IP 协议进行通信时,必须配置 IP 地址、子网掩码、缺省网关三个参数,这三个参数可以手动配置,也可以使用 DHCP 自动配置。

**4. FTP(File Transfer Protocol):文件传输协议**

它是一个标准协议,是在计算机和网络之间交换文件的最简单的方法。和传送可显示文件的 HTTP、电子邮件的 SMTP 一样,FTP 也是应用 TCP/IP 协议的应用协议标准。FTP 通常用于将网页从创作者上传到服务器上供人使用,而从服务器上下传文件也是一种非常普遍的使用方式。用户可以用非常简单的 DOS 界面来使用 FTP,也可以使用由第三方提供的图形界面的 FTP 来更新(删除、重命名、移动和复制)服务器上的文件。现在有许多服务器支持匿名登录,允许用户使用 FTP 和 ANONYMOUS 作为用户名进行登录,通常可使用任何口令或只按回车键。

**5. HDLC(High-Level Data Link Control):高级数据链路控制协议**

它是一组用于在网络节点间传送数据的协议。在 HDLC 中,数据被组成一个个的单元(称为帧)通过网络发送,并由接收方确认收到。HDLC 协议也管理数据流和数据发送的间隔时间。HDLC 是在数据链路层中最广泛最实用的协议之一。现在作为 ISO 的标准,HDLC 是基于 IBM 的 SDLC 协议的,SDLC 被广泛用于 IBM 的大型机环境之中。在 HDLC 中,属于 SDLC 的被称为通常响应模式(NRM)。在通常响应模式中,基站(通常是大型机)发送数据给本地或远程的二级站。不同类型的 HDLC 被用于使用 X. 25 协议的网络和帧中继网络,这种协议可以在局域网或广域网中使用,无论此网是公共的还是私人的。

**6. HTTP1. 1(Hypertext Transfer Protocol Vertion 1. 1):超文本传输协议 - 版本 1. 1**

它用来在 Internet 上传送超文本的传送协议。它是运行在 TCP/IP 协议集之上的 HTTP 应用协议,它可以使浏览器更加高效,使网络传输减少。任何服务器除了包括 HTML 文件以外,还有一个 HTTP 驻留程序,用于响应用户请求。浏览器是 HTTP 客户,向服务器发送请求,当浏览器中输入了一个开始文件或点击了一个超级链接时,浏览器就向服务器发送了 HTTP 请求,此请求被送往由 IP 地址指定的 URL。驻留程序接收到请求,在进行必要的操作后回送所要求的信息。

**7. HTTPS(Hypertext Transfer Protocol over Secure Socket Layer):安全超文本传输协议**

它由 Netscape 开发并内置于其浏览器中,用于对数据进行压缩和解压操作,并返回网络上传送回的结果。HTTPS 实际上应用了 Netscape 的完全套接字层(SSL)作为 HTTP 应用层的子层。(HTTPS 使用端口 443,而不是像 HTTP 那样使用端口 80。)SSL 使用 40 位关键字作为 RC4 流加密算法,这对于商业信息的加密是合适的。HTTPS 和 SSL 支持使用 X. 509 数字认证,如果需要的话用户可以确认发送者是谁。

**8. ICMP(Internet Control Message Protocol):Internet 控制信息协议**

它是一个在主机和网关之间的消息控制和差错报告协议。ICMP 使用 IP 数据报,但消息由 TCP/IP 软件处理,对于应用程序使用者是不可见的。在被称为 Catenet 的系统中,IP 协议被用作主机到主机的数据报服务。网络连接设备称为网关。这些网关通过网关到网关协议(GGP)相互交换用于控制的信息。通常,目的主机将和源主机通信,如报告在数据报过程中的错误。为了这个目的才使用了 ICMP,它使用 IP 作为底层支持,好像它是一个高层协议,而实际上它是 IP 的一部分,必须由其他 IP 模块实现。ICMP 消息在以下几种情况下发送:当数据报不能到达目的地时,当网关已经失去缓存功能时,当网关能够引导主机在更短路由上发送时。IP 并非为绝对可靠设计,这个协议的目的是为了当网络出现问题的时候返回控制信息,而不是使 IP 协议变得绝对可靠,并不保证数据报或控制信息能够返回。一些数据报仍将在没有任何报告的情况下丢失。

**9. IMAP4(Internet Mail Access Protocol Version 4):Internet 邮件访问协议 - 版本 4**

它是从本地服务器上访问电子邮件的标准协议,是一个 C/S 模型协议,用户的电子邮件由服务器负责接收保存。IMAP4 改进了 POP3 的不足,用户可以通过浏览信件头来决定是不是要下载此信,还可以在服务器上创建或更改文件夹或邮箱,删除信件或检索信件的特定部分。在用户访问电子邮件时,IMAP4 需要持续访问服务器。在 POP3 中,信件是保存在服务器上的,当用户阅读信件时,所有内容都会被立刻下载到用户的机器上。有时可以把 IMAP4 看成是一个远程文件服务器,把 POP3 可以看成是一个存储转发服务器。

### 10. NNTP(Network News Transfer Protocol):网络新闻传输协议

NNTP 同 POP3 协议一样,也存在某些局限性。

### 11. IOTP(Internet Open Trading Protocol):Internet 开放贸易协议

Internet 开放贸易协议是一系列的标准,它使电子购买交易在客户、销售商和其他相关部分,无论使用何种付款系统都是一致的。IOTP 适用于很多的付款系统,如 SET、DigiCash、电子支票或借记卡。付款系统中的数据封装在 IOTP 报文中。IOTP 处理的交易可以包括客户、销售商、信用支票、证明、银行等部分。IOTP 使用 XML 语言(Extensible Markup Language)来定义包含在交易中的数据。

### 12. IPv6(Internet Protocol Version 6):Internet 协议 - 版本 6

它是 Internet 协议的最新版本,已作为 IP 的一部分并被许多主要的操作系统所支持。IPv6 也被称为"IPng"(下一代 IP),它对现行的 IP(版本 4)进行了重大的改进。使用 IPv4 和 IPv6 的网络主机和中间节点可以处理 IP 协议中任何一层的包。用户和服务商可以直接安装 IPv6 而不用对系统进行重大的修改。相对于版本 4,新版本的最大改进在于将 IP 地址从 32 位改为 128 位,这一改进是为了适应网络快速的发展对 IP 地址的需求,也从根本上改变了 IP 地址短缺的问题。IPv4 首部字段被删除或者成为可选字段,减少了一般情况下包的处理开销以及 IPv6 首部占用的带宽。IP 首部选项编码方式的修改使传输更加高效,在选项长度方面限制更少,以及将来引入新的选项时适应性更强。加入一个新的能力,可使那些发送者要求特殊处理的属于特别的传输流的包能够贴上标签,比如非缺省质量的服务或者实时服务。为支持认证,数据完整性以及(可选的)数据保密的扩展都在 IPv6 中说明。

### 13. IPX/SPX(Internetwork Packet Exchange/Sequences Packet Exchange):互联网包交换/顺序包交换

它是由 Novell 提出的用于客户/服务器相连的网络协议。使用 IPX/SPX 协议能运行通常需要 NetBEUI 支持的程序,通过 IPX/SPX 协议可以跨过路由器访问其他网络。

### 14. MIME(Multi-Purpose Internet Mail Extensions):多功能 Internet 邮件扩展

MIME 是扩展的 SMTP 协议,是 1991 年 Nathan Borenstein 向 IETF 提出的。在传输字符数据的同时,允许用户传送另外的文件类型,如声音、图像和应用程序,并将其压缩在 MIME 附件中。因此,新的文件类型也被作为新的被支持的 IP 文件类型。

### 15. NetBEUI(NetBIOS Enhanced User Interface):网络基本输入输出系统扩展用户接口

NetBEUI 协议是 IBM 于 1985 年提出的。NetBEUI 主要为 20 到 200 个工作站的小型局域网设计,用于 NetBEUI、Lan 网、Man 网、Windows For Workgroups 及 Windows NT 网。NetBEUI 是一个紧凑、快速的协议,但由于 NetBEUI 没有路由能力,即不能从一个局域网经路由器到另一个局域网,已不能适应较大的网络。如果需要路由到其他局域网,则必须安装 TCP/IP 或 IPX/SPX 协议。

### 16. OSPF(Open Shortest Path First):开放最短路优先

OSPF 是用于大型自主网络中替代路由信息协议的协议标准。像 RIP 一样,OSPF 也是由 IETF 设计用作内部网关协议集中的一个标准。在使用 OSPF 时网络拓扑结构的变化可以立即在路由器上反映出来。不像 RIP,OSPF 不是全部当前节点保存的路由表,而是通过最短路优先算法计算得到最短路,这样可以降低网络通信量。最短路优先算法是一种只关心网络拓扑结构的算法,不关心其他情况,如优先权的问题,OSPF 改变了算法使它根据不同的情况给某些通路以优先权。

### 17. POP3(Post Office Protocol Version 3):邮局协议 - 版本 3

它是一个关于接收电子邮件的客户/服务器协议。电子邮件由服务器接收并保存,在一定时间之后,由客户电子邮件接收程序,检查邮箱并下载邮件。POP3 内置于 IE 和 Netscape 浏览器中。另一个替代协议是 IMAP,使用 IMAP 可以将服务器上的邮件视为本地客户机上的邮件。在本地机上删除的邮件还可以从服务器上找到。E-mail 可以被保存在服务器上,并且可以从服务器上找回。

### 18. PPP(Point to Point Protocol):点对点协议

它是用于串行接口的两台计算机的通信协议,是为通过电话线连接计算机和服务器而制订的协议。网络服务提供商可以提供点对点连接,这样提供商的服务器就可以响应请求,将请求接收并发送到网络上,然后将网络上的响应送回。PPP 使用 IP 协议,有时它被认为是 TCP/IP 协议集的一员。PPP 协议是可用于不同介质上包括双绞线、光纤和卫星传输的全双工协议,它使用 HDLC 进行包的装入。PPP 协议既可以处理同步通信也可以处理异步通信,可以允许多个用户共享一条线路。

### 19. RIP(Routing Information Protocol):路由信息协议

RIP 是最早的路由协议之一,而且现在仍然广泛使用。它从类别上应该属于内部网关协议(IGP)类,是一种距离向量路由协议,这种协议在计算两个节点的距离时只计算经过的路由器的数目,如果到相同目标有两个不等速或带宽不同的路由器,但是经过的路由器的个数一样,RIP 认为两者距离一样,而实际传送数据时,很明显一个快一个慢,这就是 RIP 协议的不足之处,而 OSPF 在 RIP 基础上克服了这一缺点。

### 20. SLIP(Serial Line Internet Protocol):串行线路 Internet 协议

它是 TCP/IP 协议集中的一个协议,用于在两台计算机之间通信。通常计算机与服务器连接的线路是串行线路,而不是如 T1 的多路线路或并行线路。服务器提供商如果可以提供 SLIP 连接,服务器就可以响应相应请求,并将请求发送到网络上,然后将网络返回的结果送至请求方的计算机。SLIP 现已逐渐被功能更好的 PPP 点对点协议所取代。

### 21. SMTP(Simple Mail Transfer Protocol):简单邮件传送协议

它是用来发送电子邮件的 TCP/IP 协议。它的内容由 IETF 的 RFC821 定义。另外一个和 SMTP 有相同功能的协议是 X.400。SMTP 的一个重要特点是它能够接力传送邮件,传送服务提供了进程间通信环境(IPCE),此环境可以包括一个网络、几个网络或一个网络的子网。进程可能直接和其他进程通过已知的 IPCE 通信。邮件是一个应用程序或进程间通信,可以通过连接在不同 IPCE 上的进程跨网络进行传送。更特别的是,邮件可以通过不同网络上的主机接力式传送。

**22. TCP/IP(Transmission Control Protocol/Internet Protocol):传输控制协议/Internet 协议**

TCP/IP 协议起源于美国国防高级研究计划局。提供可靠数据传输的协议称为传输控制协议 TCP,好比货物装箱单,保证数据在传输过程中不会丢失;提供无连接数据报服务的协议称为网络协议 IP,好比收发货人的地址和姓名,保证数据到达指定的地点。TCP/IP 协议是互联网上广泛使用的一种协议,使用 TCP/IP 协议的因特网等网络提供的主要服务有电子邮件、文件传送、远程登录、网络文件系统、电视会议系统和万维网。它是 Internet 的基础,提供了在广域网内的路由功能,而且使 Internet 上的不同主机可以互联。从概念上,它可以映射到四层:网络接口层,这一层负责在线路上传输帧并从线路上接收帧;Internet 层,这一层中包括了 IP 协议,IP 协议生成 Internet 数据报,进行必要的路由算法,IP 协议实际上可以分为 ARP,ICMP,IGMP 和 IP 四部分;再向上就是传输层,这一层负责管理计算机间的会话,这一层包括 TCP 和 UDP 两个协议,因应用程序的要求不同可以使用不同的协议进行通信;最后一层是应用层,就是熟悉的 FTP,DNS,TELNET 等。理解 TCP/IP 是掌握 Internet 的必由之路。

**23. TELNET Protocol:虚拟终端协议**

TELNET 协议的目的是提供一个相对通用的、双向的、面向八位字节的通信方法,它主要的目标是允许接口终端设备的标准方法和面向终端的相互作用,是让用户在远程计算机登录,并使用远程计算机上对外开放的所有资源。

**24. UDP(User Datagram Protocol):用户数据报协议**

它定义用来在互连网络环境中提供包交换的计算机通信的协议,此协议默认 IP 协议是其下层协议。UDP 是 TCP 的另外一种方法,像 TCP 一样,UDP 使用 IP 协议来获得数据单元(叫做数据报),不同于 TCP 的是,它不提供包(数据报)的分组和组装服务。而且,它还不提供对包的排序,这意味着程序必须自己确定信息是否完全地正确地到达目的地。如果网络程序要加快处理速度,使用 UDP 就比 TCP 要好。在 OSI 模式中,UDP 和 TCP 一样处于第四层——传输层。

## 3.2 TCP/IP 协议

所有关于 Internet 网络的正式标准都以 RFC(Request For Comment)文档出版。还有大量的 RFC 文档并不是正式的标准,出版的目的只是为了提供相关的信息。RFC 文档的每一项都用一个数字来标识,例如 RFC983,数字值越大说明 RFC 文档的内容越新。所有的 RFC 文档都可以通过电子邮件或用 FTP 服务从 Internet 网络上免费获得。

和 Internet 网络标准紧密相关的一个组织是 IETF(Internet Engineering Task Force),IETF

是一个由网络设计者、操作员、厂商和研究者联合组成的开放的国际团体，他们关心 Internet 网络体系结构的发展和顺利运行。

Internet 网络标准一般处理协议事务而不是 API。但是仍有两个 RFC 说明 IPv6 的套接口。它们是信息性 RFC 而非标准，它们产生的目的是为了加速部署由多家从事早期 IPv6 工作的厂商所开发的可移植应用程序。

Internet 连接了不同国家与地区无数不同类型的电脑，可能是某个校园网的大型主机，也可能是某个办公室的个人电脑。硬件千差万别，使用的操作系统与软件也各不相同，要保证这些电脑之间能够畅通无阻地交换信息，必须有相通的语言，即统一的通信协议。

Internet 中这个统一的通信协议就是 TCP/IP 协议集。TCP/IP（Transmission Control Protocol/Internet Protocol）是 Internet 运行的基础，是目前应用最广泛的网络通信协议，现在已经成为企业网络的事实标准。许多网络操作系统（NOS），例如 Windows NT 4.0 Server，Windows 2000 Server，UNIX 以及 Novell Netware 5.0 等，都以 TCP/IP 作为缺省的网络协议。

TCP/IP 是一个可以路由的协议栈，可运行在许多不同的软件平台上。TCP/IP 包含了许多成员协议从而构成了实际的 TCP/IP 协议栈。TCP/IP 的出现早于 OSI 模型，因此 TCP/IP 协议栈中的各层不会和 OSI 模型的各层直接对应起来。TCP/IP 由五层构成：物理层、数据链路层、网络层、传输层和应用层。TCP/IP 中的应用层可以等同于 OSI 的会话层、表示层和应用层的结合。

在传输层中，TCP/IP 定义了两个协议：TCP 和 UDP。在网络层，尽管还有其他协议支持数据传输，但 TCP/IP 定义的主要协议是 IP。

在数据链路层和物理层，TCP/IP 没有定义任何特定的协议。它支持下面将要介绍的各种协议。图 3.1 描述了 TCP/IP 和 OSI 模型的对应关系。

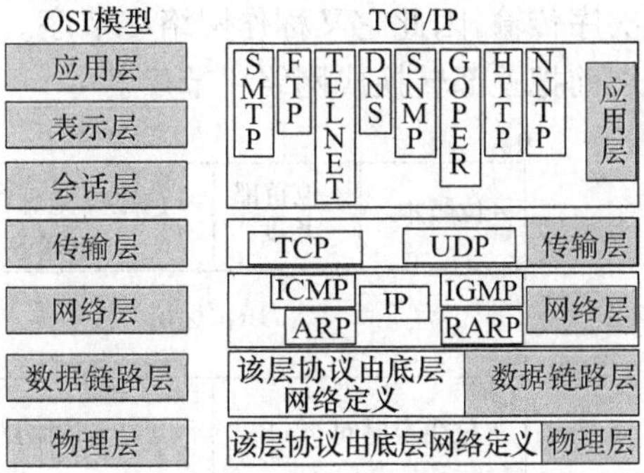

TCP/IP 是一个复杂的协议集，其中有许多协议对用户是透明的。TCP/IP 中各层的主要功能如下。

**图 3.1　TCP/IP 和 OSI 模型**

(1)物理层。这一层定义了基本的网络硬件。它的功能和 OSI/RM 的第一层的功能相对应。

(2)链路层。这一层定义了怎样把数据组织成帧和计算机怎样通过网络传输帧。它的功能和 OSI/RM 的第二层的功能类似。

(3)网络层或 Internet 层。这一层规定了包格式以及包怎样从一个计算机上经过一个或多个路由器到达目的计算机。这一层包含了 IP(Internet Protocol)协议、ICMP(Internet Control Message Protocol)协议和 IGMP(Internet Group Management Protocol)协议。

(4)传输层。这一层大致对应着 OSI/RM 的传输层。这一层有两个协议，即 TCP(Transmission Control Protocol)协议和 UDP(User Datagram Protocol)协议。TCP 通过应答机制提供可靠的传输。UDP 协议提供不可靠的传输，维持可靠性的任务留给高层来完成。但它比 TCP 要高效，常用于实时应用中，在这种情况下，应用程序要考虑可靠性的问题。

(5)应用层。这一层大致对应于 OSI/RM 的上三层，它提供的服务包括：Telnet，FTP(File Transfer Protocol)，SMTP(Simple Mail Transfer Protocol)，NSP(Name Server Protocol)和 SNMP(Simple Network Management Protocol)等。

# 3.3 网络层协议报头结构

网络层协议将数据包封装成 IP 数据报,并运行必要的路由算法,它有四个互联协议。

(1)网际协议(IP):在主机和网络之间进行数据包的路由转发。

(2)地址解析协议(ARP):获得同一物理网络中的硬件主机地址。

(3)网际控制报文协议(ICMP):发送消息,并报告有关数据包的传送错误。

(4)互联组管理协议(IGMP):IP 主机向本地多路广播路由器报告主机组成员。

## 3.3.1 IP 数据报结构

IP 协议面向无连接,主要负责在主机间寻址并为数据包设定路由,在交换数据前它并不建立会话,因为它不保证正确传递;另一方面,数据在被收到时,IP 不需要收到确认,所以它是不可靠的。

IP 数据报的格式如图 3.2 所示。IP 数据报的首部最高位在左边,记为 0 位;最低位在右边,记为 31 位。4 个字节的 32 位值以下面的次序传输:首先是 0 ~ 7 位,其次是 8 ~ 15 位,然后是 16 ~ 23 位,最后是 24 ~ 31 位。由于 TCP/IP 首部中所有的二进制整数在网络中都要求以这种次序传输,因此它又称作网络字节序。以其他形式存储二进制整数的机器则必须在传输数据之前把首部转换成网络字节序。

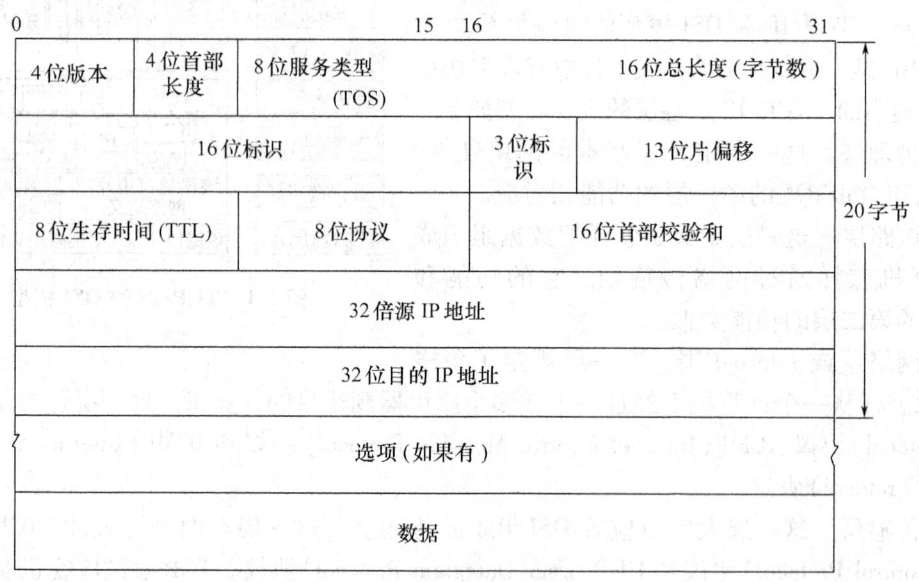


图 3.2 IP 数据报格式

由于目前的协议版本号是 4,因此 IP 有时也被称作 IPv4。

首部长度指的是首部占 32 位字的数目,包括选项。由于它是一个 4 个字节字段,因此首部最长为 60 个字节。普通 IP 数据报(没有选项)字段的值是 5。

服务类型(TOS)字段包括一个3位的优先权子字段,4位的TOS子字段和1位未用位但必须置0。4位的TOS分别代表:最小时延、最大吞吐量、最高可靠性和最小费用。4位中只能置其中1位。如果所有4位均为0,那么就意味着是一般服务。

表3.1列出了对不同应用建议的TOS值。

**表3.1　服务类型字段推荐值**

| 应用程序 | 最小时延 | 最大吞吐量 | 最高可靠性 | 最小费用 | 16进制值 |
|---|---|---|---|---|---|
| Telnet/rlogin | 1 | 0 | 0 | 0 | 0x10 |
| FTP | | | | | |
| 控制 | 1 | 0 | 0 | 0 | 0x10 |
| 数据 | 0 | 1 | 0 | 0 | 0x08 |
| 任意块数据 | 0 | 1 | 0 | 0 | 0x08 |
| TFTP | 1 | 0 | 0 | 0 | 0x10 |
| SMTP | | | | | |
| 命令阶段 | 1 | 0 | 0 | 0 | 0x10 |
| 数据阶段 | 0 | 1 | 0 | 0 | 0x08 |
| DNS | | | | | |
| UDP查询 | 1 | 0 | 0 | 0 | 0x10 |
| TCP查询 | 0 | 1 | 0 | 0 | 0x00 |
| 区域传输 | 0 | 1 | 0 | 0 | 0x08 |
| ICMP | | | | | |
| 差错 | 0 | 0 | 0 | 0 | 0x00 |
| 查询 | 0 | 0 | 0 | 0 | 0x00 |
| 任何IGP | 0 | 0 | 1 | 0 | 0x04 |
| SNMP | 0 | 0 | 1 | 0 | 0x04 |
| BOOTP | 0 | 0 | 0 | 0 | 0x00 |
| NNTP | 0 | 0 | 0 | 1 | 0x02 |

总长度字段是指整个IP数据报的长度,以字节为单位。利用首部长度字段和总长度字段,就可以知道IP数据报中数据内容的起始位置和长度。由于该字段为16字节,所以IP数据报最长可达65 535字节。当数据报被分片时,该字段的值也随着变化。

总长度字段是IP首部中是必不可少的,因为一些数据帧需要填充一些数据以达到最小长度。尽管以太网的最小帧长为46字节,但是IP数据可能会更短。如果没有总长度字段,IP层就不知道46字节中有多少是IP数据报的内容。

标识字段唯一地标识主机发送的每一份数据报,通常每发送一份报文,它的值就会加1。

TTL(生存时间)字段设置了数据报可以经过的最多路由器数,它指定了数据报的生存时间。TTL的初始值由源主机设置(通常为32或64),一旦经过一个处理它的路由器,它的值就减去1。当该字段的值为0时,数据报就被丢弃,并发送ICMP报文通知源主机。

首部检验和字段是根据IP首部计算的检验和码。它不对首部后面的数据进行计算。

最后一个字段是选项,是数据报中的一个可变长的可选信息。目前,这些选项定义的内容如下。

(1)安全和处理限制。

(2)记录路径。

(3)时间戳。

(4)宽松的源站选路。

(5)严格的源站选路(与宽松的源站选路类似,但是要求只能经过指定的这些地址,不能经过其他地址)。

选项很少被使用,而且并非所有的主机和路由器都支持这些选项。

选项字段以32位作为界限,在必要的时候插入值为0的填充字节。这样就保证IP首部始终是32位的整数倍。

## 3.3.2 ARP

ARP(地址解析协议)用于获得在同一物理网络中的主机的硬件地址。要在网络上通信必须知道对方主机的硬件地址,地址解析就是将主机IP地址映射为硬件地址的过程。

本地IP地址解析为硬件地址的过程描述如下。

(1)当一台主机要与别的主机通信时,初始化ARP请求。当该IP断定IP地址是本地时,源主机在ARP缓存中查找目标主机的硬件地址。

(2)如果找不到映射,ARP建立一个请求,源主机IP地址和硬件地址会被包括在请求中,该请求通过广播,使所有本地主机均能被接收并处理。

(3)该网段上的每台主机都收到广播并寻找相符的IP地址。

(4)当目标主机断定请求中的IP地址与自己的相符时,直接发送一个ARP答复,将自己的硬件地址传给源主机。源主机更新它的ARP缓存,收到回答后便建立起了通信。

目标IP地址是一个远程网络主机的话,ARP将广播一个路由器的地址。远程IP地址解析为硬件地址的过程描述如下。

(1)初始化通信请求时,得知目标IP地址为远程地址。源主机在本地路由表中查找,若无,源主机认为是默认网关的IP地址,在ARP缓存中查找符合该网关记录的MAC地址。

(2)若没找到该网关的记录,ARP将广播请求网关地址而不是目标主机的地址。路由器用自己的硬件地址响应源主机的ARP请求。源主机则将数据包发送到路由器,以便转发到目标主机所在的网络,并最终到达目标主机。

(3)在路由器上,由IP决定目标IP地址是本地还是远程。如果是本地,路由器用ARP(缓存或广播)获得硬件地址。如果是远程,路由器在其路由表中查找该网关,然后运用ARP获得此网关的硬件地址。数据包被直接发送到下一个目标主机。

(4)目标主机收到请求后,形成ICMP响应。因源主机在远程网上,将在本地路由表中查找源主机网的网关。找到网关后,ARP即获取它的硬件地址。

(5)如果此网关的硬件地址不在ARP缓存中,则通过ARP广播获得。一旦它获得硬件地址,ICMP响应就送到路由器上,然后传到源主机。

ARP包的结构如图3.3所示。

<table>
<tr><td colspan="2">硬件类型</td><td>协议类型</td></tr>
<tr><td>硬件地址长度</td><td>协议地址长度</td><td>操作请求1,回答2</td></tr>
<tr><td colspan="3">发送站硬件地址<br>(例如,以太网是6字节)</td></tr>
<tr><td colspan="3">发送站协议地址<br>(例如,对IP是4字节)</td></tr>
<tr><td colspan="3">目标硬件地址<br>(例如,以太网是6字节)</td></tr>
<tr><td colspan="3">目标协议地址<br>(例如,对IP是4字节)</td></tr>
</table>

**图3.3 ARP包结构**

### 3.3.3 ICMP

ICMP(Internet控制报文协议)用于报告错误并对消息进行控制。ICMP是IP层的一个组成部分,它负责传递差错报文及其他需要注意的信息。

ICMP报文通常被IP层或更高层协议(TCP或UDP)使用,一些ICMP报文把差错报文返回给用户进程。

ICMP报文在IP数据报内部传输,如图3.4所示。

图3.4 IP数据报

ICMP数据包结构如图3.5所示。

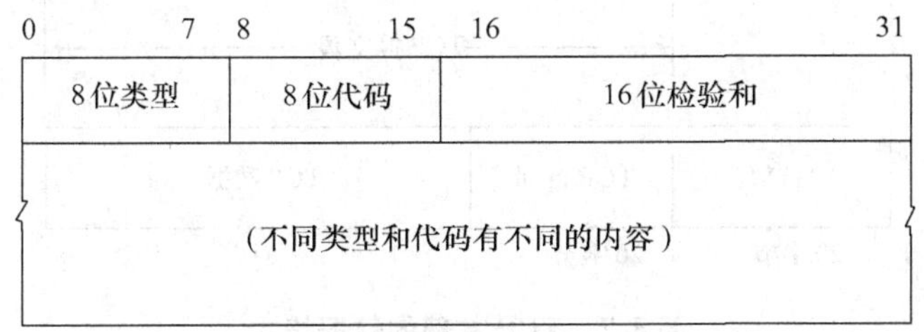

图3.5 ICMP数据包结构

类型:8位类型字段,表示ICMP数据包类型。

代码:8位代码域,表示指定类型中的一个功能。

检验和:数据包中ICMP上的一个16位检验和。

### 3.3.4 IGMP

IGMP(互联组管理协议)把信息传给别的路由器,以使每个支持多路广播的路由器获知哪个主机组处于哪个网络中。

正如ICMP一样,IGMP也被当作IP层的一部分。IGMP报文通过IP数据报进行传输,有固定的报文长度,没有可选数据项。图3.6显示了IGMP报文是如何封装在IP数据报中的。

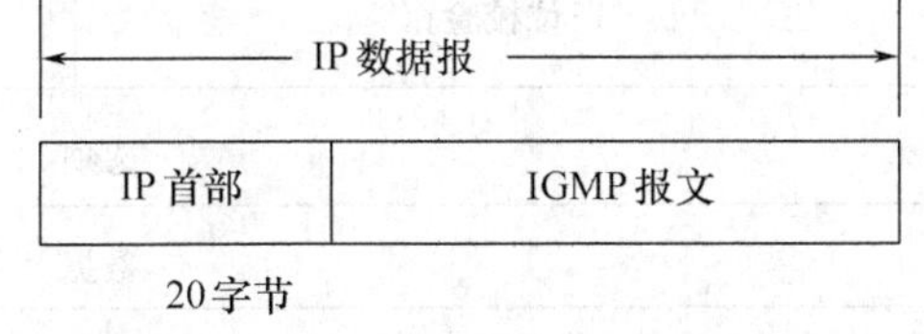

图3.6 IGMP报文封装在IP数据报中

## 3.4 传输层协议报头结构

传输协议在计算机之间提供通信会话。传输协议的选择根据数据传输方式而定。常用的两个传输协议如下。

(1)传输控制协议(TCP):提供了面向连接的通信,为应用程序提供可靠的通信连接。适合于一次传输大批数据的情况,并适用于要求得到响应的应用程序。

(2)用户数据报协议(UDP):提供了无连接通信,且不对传送包进行可靠的保证,适合于一次传输小量数据的情况,可靠性由应用层负责。

### 3.4.1 TCP

TCP 提供一种面向连接的、可靠的字节流服务。面向连接意味着两个使用 TCP 的应用在彼此交换数据之前必须先建立一个 TCP 连接。

TCP 数据被封装在一个 IP 数据报中,如图 3.7 所示。

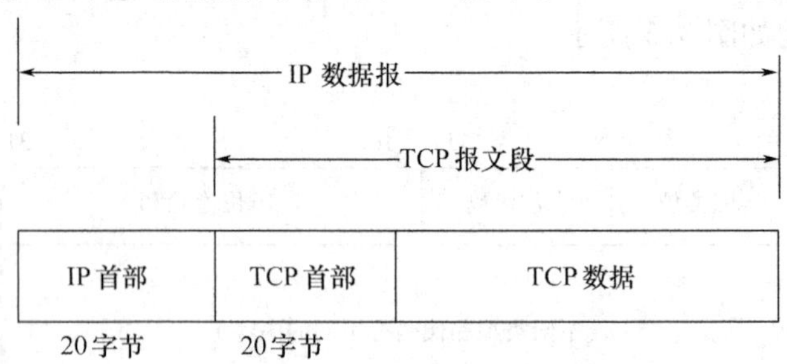


**图 3.7 TCP 首部的数据格式**

如果不计任选字段,它通常是 20 个字节。TCP 数据报结构如图 3.8 所示。

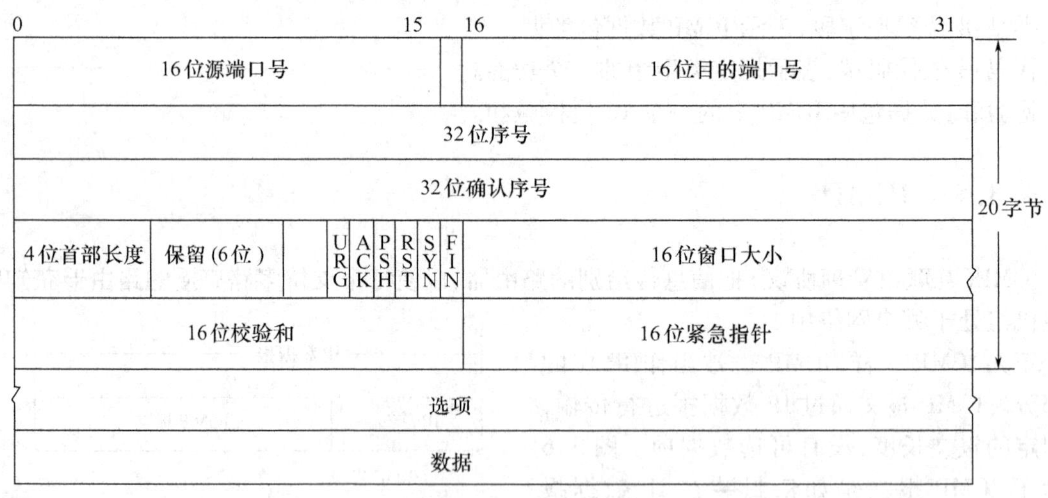


**图 3.8 TCP 数据报结构**

每个 TCP 段都包含源端和目的端的端口号,用于寻找发送端和接收端应用进程。这两个值加上 IP 首部中的源端 IP 地址和目的端 IP 地址就可以唯一确定一个 TCP 连接。

序号用来标识从 TCP 发送端向 TCP 接收端发送的数据字节流,它表示在这个报文段中的第一个数据字节。如果将字节流看作在两个应用程序间的单向流动,则 TCP 用序号对每个字节进行计数。

当建立一个新的连接时,SYN 标识变为 1。序号字段包含由这个主机选择的该连接的初始序号(ISN,Initial Sequence Number)。该主机要发送数据的第一个字节序号为这个 ISN 加 1,因为 SYN 标识消耗了一个序号。

既然每个传输的字节都被计数,因此要确认序号是发送确认的一端所期望收到的下一个序号,确认序号应当是上次已成功收到的数据字节序号加 1。只有 ACK 标识为 1 时,确认序号字段才有效。发送 ACK 无须任何代价,因为 32 位的确认序号字段和 ACK 标识一样,总是 TCP 首部的一部分。因此,可以看到一旦一个连接建立起来,这个字段总是被设置,ACK 标识也总是被设置为 1。

TCP 为应用层提供全双工服务,这意味数据能在两个方向上独立地进行传输。因此,连接的每一端必须保持每个方向上的传输数据序号。

首部长度给出首部中 32 位的数目。需要这个值是因为任选字段的长度是可变的。这个字段占 4 位,因此 TCP 最多有 60 字节的首部。然而,没有任选字段,正常的长度是 20 字节。

TCP 的流量控制由连接的两端通过声明的窗口大小来提供。窗口大小为字节数,起始于确认序号字段指明的值,这个值是接收端正期望接收的字节。窗口大小是一个 16 位字段,因而窗口大小最大为 65 535 字节。

检验和覆盖了整个的 TCP 报文段:TCP 首部和 TCP 数据。这是一个强制性的字段,必须由发送端计算和存储,由接收端进行验证。

可选字段是最长报文大小(Maximum Segment Size,MSS)。两个连接方通常都在通信的第一个报文段(为建立连接而设置 SYN 标志的那个段)中指明这个选项。它指明本端所能接收的最大长度的报文段。

## 3.4.2　UDP

UDP 是一个简单的面向数据报的运输层协议,进程的每个输出操作都正好产生一个 UDP 数据报,并组装成一份待发送的 IP 数据报。这与面向流字符的协议不同(如 TCP),应用程序产生的全体数据与真正发送的单个 IP 数据报可能没有什么联系。

UDP 数据报封装成一份 IP 数据报的格式如图 3.9 所示。UDP 不提供可靠性,它把应用程序传给 IP 层的数据发送出去,但是并不保证它们能到达目的地。

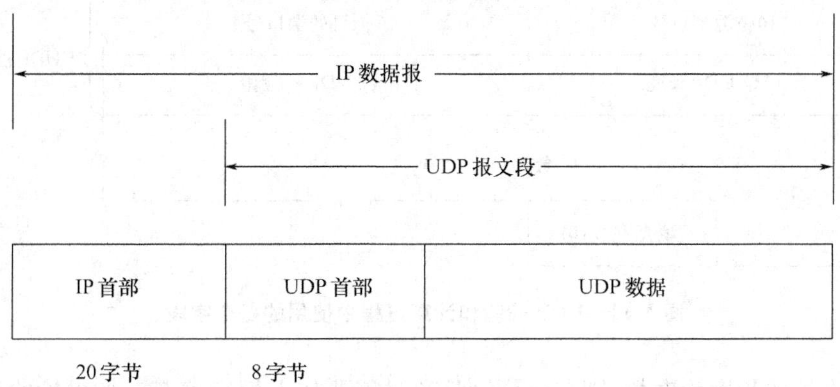


**图 3.9　UDP 数据报**

UDP 首部的各字段如图 3.10 所示。

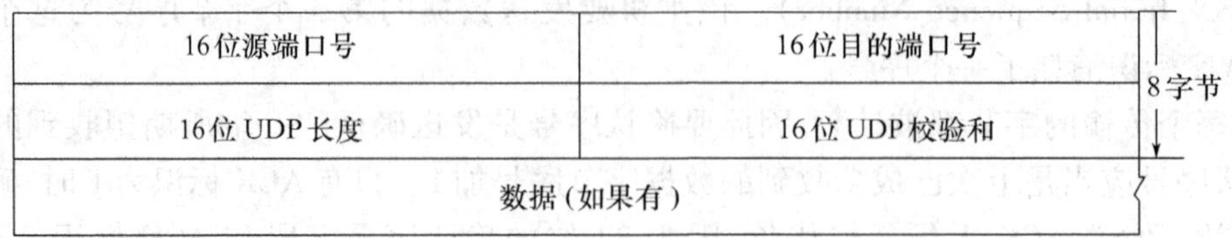


图 3.10 UDP 首部

端口号表示发送进程和接收进程。由于 IP 层已经把 IP 数据报分配给 TCP 或 UDP,因此 TCP 端口号由 TCP 查看,而 UDP 端口号由 UDP 查看。TCP 端口号与 UDP 端口号是相互独立的。

尽管相互独立,但如果 TCP 和 UDP 同时提供某种知名服务,两个协议通常选择相同的端口号。这纯粹是为了使用方便,而不是协议本身的要求。

UDP 长度字段指的是 UDP 首部和 UDP 数据的字节长度,该字段的最小值为 8 字节。IP 数据报长度指的是数据报全长,因此 UDP 数据报长度是全长减去 IP 首部的长度。

UDP 检验和覆盖 UDP 首部和 UDP 数据。而 IP 首部的检验和只覆盖 IP 的首部,并不覆盖 IP 数据报中的任何数据。

UDP 和 TCP 在首部中都有覆盖它们首部和数据的检验和。UDP 的检验和是可选的,而 TCP 的检验和是必需的。

UDP 检验和的基本计算方法与 IP 首部检验和计算方法之间存在许多不同的地方。首先,UDP 数据报的长度可以为奇数字节,但是检验和算法是把若干个 16 位字相加。其次,UDP 数据报和 TCP 段都包含一个 12 字节长的伪首部,它是为了计算检验和而设置的。伪首部包含 IP 首部的一些字段。其目的是让 UDP 两次检查数据是否已经正确到达目的地,UDP 数据报中的伪首部格式如图 3.11 所示。

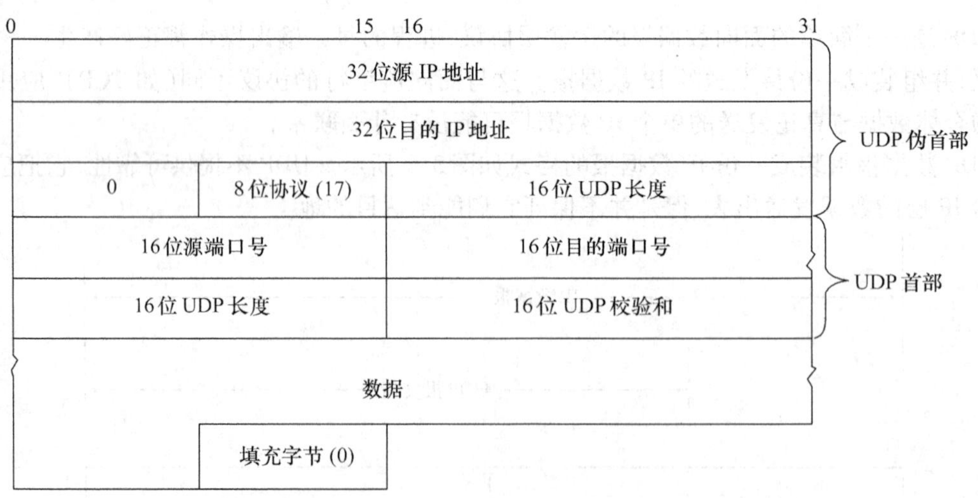


图 3.11 UDP 检验和计算过程中使用的各个字段

如果数据报的长度为奇数,则在计算检验和时需要加上填充字节。如果检验和的计算结果为 0,则存入的值为全 1(65535),这在二进制反码计算中是等效的。如果传送的检验和为

0,说明发送端没有计算检验和。

如果发送端没有计算检验和而接收端检测到检验和有差错,那么 UDP 数据报就要被丢弃,而且不产生任何差错报文。

UDP 检验和是一个端到端的检验和。它由发送端计算,然后由接收端验证。其目的是发现 UDP 首部和数据在发送端到接收端之间发生的一切改动。

## 3.5 TCP 会话安全

TCP 协议面向连接,收发双方在发送数据之前必须建立一条连接。

TCP 连接包括:连接建立、数据传输和连接终止。TCP 用三次握手建立一个连接。

### 1. 连接建立(三次握手)

一对终端同时初始化一个它们之间的连接,但通常是由一端打开一个套接字,然后监听来自另一方的连接,这就是通常所指的被动打开。被动打开的一端就是服务器端。客户端通过向服务器端发送一个 SYN 来建立一个主动打开,作为三次握手的一部分。服务器端为一个合法的 SYN 回送一个 SYN/ACK。最后,客户端再发送一个 ACK。这样就完成了三次握手,并进入了连接建立状态。

### 2. 数据传输

很多重要的机制在 TCP 的数据传送状态保证了 TCP 的可靠性和强壮性。它们包括:使用序号对收到的 TCP 报文段进行排序以及检测重复的数据;使用校验和来检测报文段的错误;使用确认和计时器来检测和纠正丢包或延时。

在三次握手过程中,两个主机的 TCP 层间要交换初始序号。这些序号用于标识字节流中的数据,并且还是对应用层的数据字节进行记数的整数。通常在每个 TCP 报文段中都有一对序号和确认号。TCP 报文发送者认为自己的字节编号为序号,接收者的字节编号为确认号。TCP 报文的接收者为了确保可靠性,在接收到一定数量的连续字节流后才发送确认。这是对 TCP 的一种扩展,通常称为选择确认(SACK)。选择确认使得 TCP 接收者可以对乱序到达的数据块进行确认。

### 3. 连接终止

连接终止使用了四次握手,每个终端的连接在此过程中都能独立地被终止。因此,一个典型的拆接过程需要每个终端都提供一对 FIN 和 ACK。

## 3.4 本 章 小 结

本章介绍了分析网络数据必须了解的 TCP/IP 协议数据报结构等基础知识,对其中网络层协议和传输层协议的报头结构作了详细介绍。

# 第4章　密码技术

## 4.1　密码技术概述

密码学是研究通信安全的一门学科，是一门既古老又新兴的学科，它自古以来就在军事和外交舞台上担当重要角色。长期以来，密码技术作为一种保密的手段，本身也处于秘密状态，只被少数人或组织掌握。互联网的普及使人类步入了信息时代，信息的产生、存储、处理、传递与人们生活息息相关，信息的安全涉及到每个人的切身利益，密码技术在商业和社会其他领域得到了广泛地应用，变成了为普通民众服务的科学。

密码学的发展大致可分以下几个阶段。

第一阶段从古代到1949年，这一时期，密码学家往往凭直觉设计密码，缺少严格的推理证明。这一阶段设计的密码称为古典密码。

第二阶段从1949年到1975年，这一时期发生了两个比较大的事件，1949年信息论大师Shannon发表了“保密系统的信息理论”一文，为密码学奠定了理论基础，使密码学成为一门真正的科学。1970年由IBM研究的密码算法DES被美国国家标准局宣布为数据加密标准，这打破了对密码学研究和应用的限制，极大地推动了现代密码学的发展。

第三阶段从1976年至今。1976年，Diffie和Hellman发表的“密码学的新方向”一文，开创了公钥密码学的新纪元，在密码学的发展史上具有里程碑的意义。

### 4.1.1　密码学的基本概念

经典的密码系统模型如图4.1所示，模型涉及到几个密码学常用的概念。

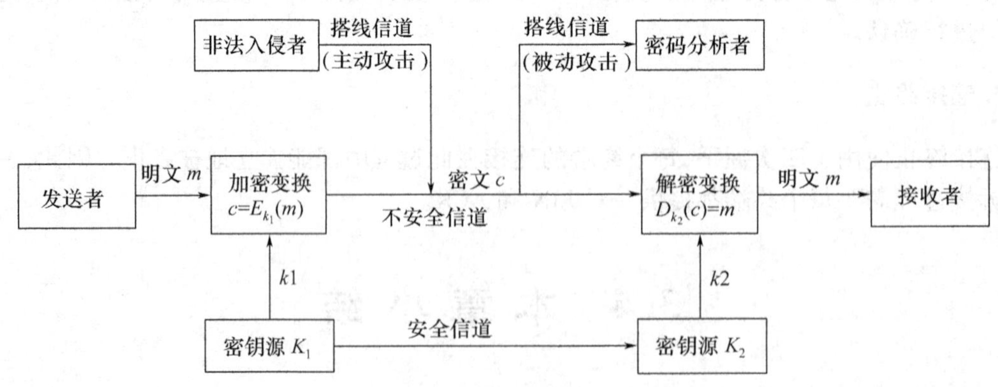


图4.1　密码系统模型图

(1)明文(plaintext):需要保密的信息原文。

(2)密文(cIPhertext):与明文对应的不容易理解的信息。

(3)加密(encryption):将明文变换成密文的过程。

(4)解密(decryption):将密文变换成明文的过程。

(5)密码算法(algrithm):实现加密和解密的方法,通常是数学函数。

(6)密钥(key):控制加密变换和解密变换的参数,分别叫做加密密钥和解密密钥。

(7)明文空间P:所有可能的明文的全体,例如,明文是由长度为10的英文字母组成的字符串,那么明文空间是长度为10的所有字符串,共有$10^{26}$个。

(8)密文空间C:所有可能的密文的全体。

(9)密钥空间K:所有可能的密钥的全体。

(10)对称密码系统:加密密钥和解密密钥相同或一致的密码系统。

(11)公钥密码系统:加密密钥和解密密钥不一致的密码系统,并且两者不能互相推导。又叫非对称密码系统。

(12)分组密码系统:对比特分组进行加解密的密码系统。比特分组的长度一般为64 bits,128 bits。

(13)流密码系统:对比特进行加解密的密码系统。

对密码系统的攻击主要有两种情况。

(1)被动攻击:攻击者通过窃听对截获密文进行破译以获取明文或密钥,又叫密码分析。

(2)主动攻击:攻击者通过假冒发送者向系统注入采用篡改、删除、增添、重放等手段伪造的虚假信息欺骗接收者,或使接收者丧失功能。

加密和破译是密码学的两个分支,两者相辅相成、互相促进、共同发展。如果仅仅依据密文就可以推算出明文或密钥,这样的密码系统就是可破译的。如果密码分析者不知道密码系统的细节,那么破译的难度就比较大,但是密码系统的安全性不应该建立在密码系统保密的前提下,密码系统的安全应该仅仅依赖密钥的保密,这称为Kerckhoff原则。在分析密码系统的安全性时,总是假设密码分析者知道密码系统的细节。

根据密码分析者对明文、密文掌握的程度,攻击分为以下几种。

(1)唯密文攻击:密码分析者仅掌握截获的密文,通过对截获的密文进行分析获取明文或密钥。

(2)已知明文攻击:除截获的密文,密码分析者还掌握某些明文和与这些明文相对应的密文(加密密钥与截获的密文的加密密钥相同)。线性密码分析是这类攻击的主要方法。

(3)选择明文攻击:除截获的密文,密码分析者还掌握任何明文和与这些明文相对应的密文(加密密钥与截获的密文的加密密钥相同)。差分密码分析是这类攻击的主要方法。

以上三种攻击中唯密文攻击最弱,选择明文攻击最强。一个安全的密码系统必须能够抵抗这三种攻击,一般能够抵抗第三种攻击必然能够抵抗前两种攻击。

## 4.2 IDEA加密算法

由于设计细节没有公开,DES自从发表以来备受非议,各种替代算法不断被提出,这一节重点介绍由华人学者来学嘉和瑞士密码学家 James Massey 提出的国际数据加密算法 IDEA，IDEA取得了巨大的成功和各种专利，专利由 Ascom-Tech AG 拥有。IDEA 属于分组密码体制，明文分组 64 比特，密钥长度 128 比特。

### 4.2.1 IDEA 加密过程

IDEA 的加密过程如图 4.2 所示。

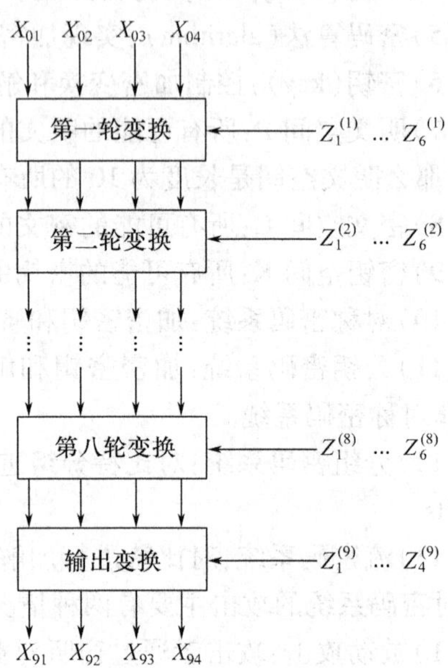


图 4.2 IDEA 加密过程图

IDEA 共有 8 轮变换和一个输出变换，每轮变换需要 6 个叫做子密钥的控制参数，子密钥的长度是 16 比特，输出变换需要 4 个子密钥，这样共需要 52 个子密钥，分别记作：$Z_1^{(1)}$，$Z_2^{(1)}$，$Z_3^{(1)}$，$Z_4^{(1)}$，$Z_5^{(1)}$，$Z_6^{(1)}$，…，$Z_1^{(9)}$，$Z_2^{(9)}$，$Z_3^{(9)}$，$Z_4^{(9)}$，这 52 个子密钥是由用户密钥（主密钥）通过密钥调度算法产生的。64 比特的明文分组分成 4 个 16 比特长的块，分别记作：$X_{01}$，$X_{02}$，$X_{03}$，$X_{04}$作为第一轮的输入，产生的 4 个 16 比特长的块的输出作为下一轮的输入，输出变换的 4 个 16 比特长的块的输出 $X_{91}$，$X_{92}$，$X_{93}$，$X_{94}$ 就是密文。八轮变换的结构是完全一样的，区别之处在于控制参数不同即子密钥不同，这样做可以减少实现的成本。每轮变换如图 4.3 所示。

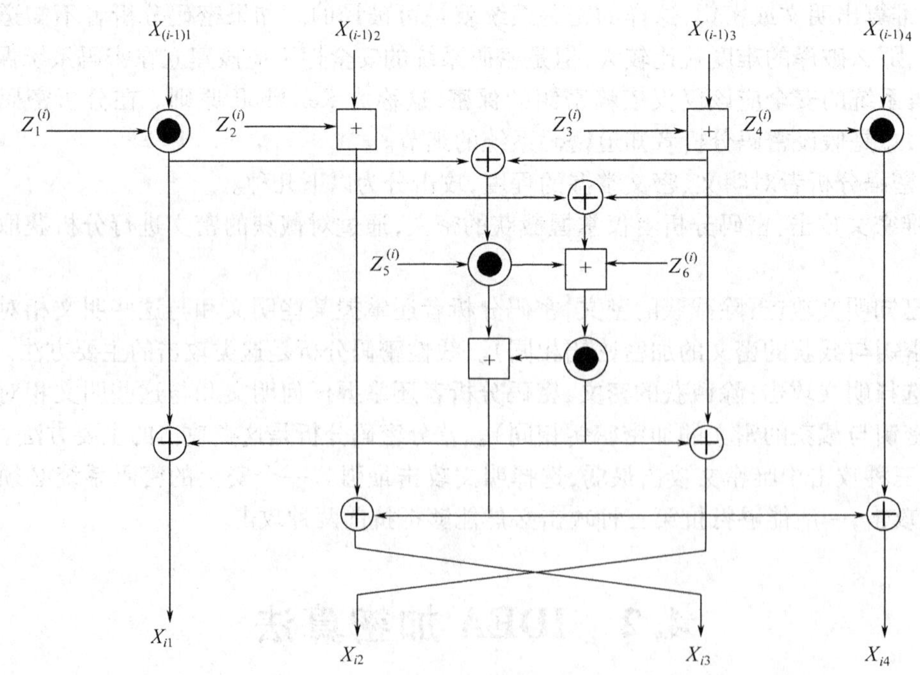


图 4.3 IDEA 轮变换图

$\oplus$表示:16 比特块逐比特模 2 加(异或运算)。

比如:(1010101010101011)$\oplus$(1111111111111111) = (0101010101010100)

$\odot$表示:16 比特无符号整数模($2^{16}+1$)乘,其中把 0 当作 $2^{16}$。

比如: $2^{16}\times 2^{16}$

$= 2^{16}\times(2^{16}+1)-2^{16}$

$=(2^{16}-1)\times(2^{16}+1)+2^{16}+1-2^{16}$

$=(2^{16}-1)\times(2^{16}+1)+1$

即:$2^{16}\times 2^{16}\bmod(2^{16}+1)=1$

因而:(0000000000000000)$\odot$(0000000000000000) = (0000000000000001)

比如:$(2^3+1)\times(2^{15}+1)$

$=2^{18}+2^{15}+2^3+1$

$=2^2\times 2^{16}+2^{15}+2^3+1$

$=2^2\times(2^{16}+1)+2^{15}+2^3-2^2+1$

即:$(2^3+1)\times(2^{15}+1)\bmod(2^{16}+1)=2^{15}+2^3-2^2+1$

因而:(0000000000001001)$\odot$(1000000000000001) = (1000000000000101)

$\boxplus$表示:16 比特无符号整数模 $2^{16}$加。

比如:$(2^{15}+1)+(2^{16}-2)=2^{16}+2^{15}-1$

即:$(2^{15}+1)+(2^{16}-2)\bmod 2^{16}=2^{15}-1$

因而:(1000000000000001)$\boxplus$(1111111111111110) = (0111111111111111)

实际上这三种运算分别是 $F_2$ 上的加法群,$Z_2^{16}$ 上的加法群,$Z_2^{16}+1$ 上的乘法群($2^{16}+1$ 是素数)上的运算。

输出变换如图 4.4 所示。

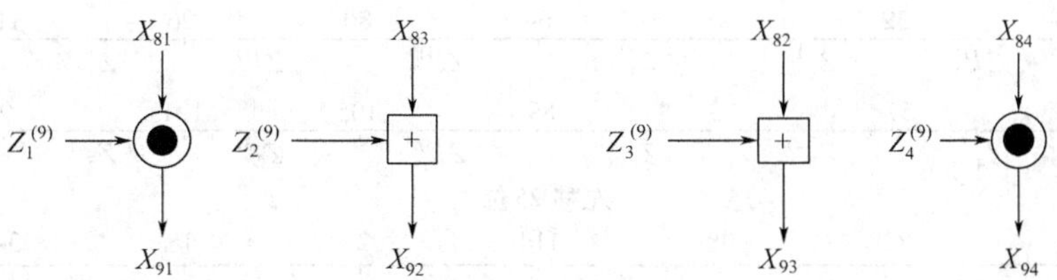


**图 4.4 输出变换图**

## 4.2.2 IDEA 解密过程

解密过程与加密过程的结构完全一样,但是解密过程的子密钥与加密过程的子密钥不同,解密过程的子密钥通过加密过程的子密钥求得,其关系如表 4.1 所示。

**表 4.1 IDEA 解密过程子密钥与加密过程子密钥关系表**

| 变换 | 加密过程子密钥 | 解密过程子密钥 |
|---|---|---|
| 第 1 轮变换 | $Z_1^{(1)}\ Z_2^{(1)}\ Z_3^{(1)}\ Z_4^{(1)}\ Z_5^{(1)}\ Z_6^{(1)}$ | $(Z_1^{(9)})^{-1}\ -Z_2^{(9)}\ -Z_3^{(9)}\ (Z_4^{(9)})^{-1}\ Z_5^{(8)}\ Z_6^{(8)}$ |

表 4.1(续)

| 变换 | 加密过程子密钥 | 解密过程子密钥 |
|---|---|---|
| 第 2 轮变换 | $Z_1^{(2)}\ Z_2^{(2)}\ Z_3^{(2)}\ Z_4^{(2)}\ Z_5^{(2)}\ Z_6^{(2)}$ | $(Z_1^{(8)})^{-1}\ -Z_3^{(8)}\ -Z_2^{(8)}\ (Z_4^{(8)})^{-1}\ Z_5^{(7)}\ Z_6^{(7)}$ |
| 第 3 轮变换 | $Z_1^{(3)}\ Z_2^{(3)}\ Z_3^{(3)}\ Z_4^{(3)}\ Z_5^{(3)}\ Z_6^{(3)}$ | $(Z_1^{(7)})^{-1}\ -Z_3^{(7)}\ -Z_2^{(7)}\ (Z_4^{(7)})^{-1}\ Z_5^{(6)}\ Z_6^{(6)}$ |
| 第 4 轮变换 | $Z_1^{(4)}\ Z_2^{(4)}\ Z_3^{(4)}\ Z_4^{(4)}\ Z_5^{(4)}\ Z_6^{(4)}$ | $(Z_1^{(6)})^{-1}\ -Z_3^{(6)}\ -Z_2^{(6)}\ (Z_4^{(6)})^{-1}\ Z_5^{(5)}\ Z_6^{(5)}$ |
| 第 5 轮变换 | $Z_1^{(5)}\ Z_2^{(5)}\ Z_3^{(5)}\ Z_4^{(5)}\ Z_5^{(5)}\ Z_6^{(5)}$ | $(Z_1^{(5)})^{-1}\ -Z_3^{(5)}\ -Z_2^{(5)}\ (Z_4^{(5)})^{-1}\ Z_5^{(4)}\ Z_6^{(4)}$ |
| 第 6 轮变换 | $Z_1^{(6)}\ Z_2^{(6)}\ Z_3^{(6)}\ Z_4^{(6)}\ Z_5^{(6)}\ Z_6^{(6)}$ | $(Z_1^{(4)})^{-1}\ -Z_3^{(4)}\ -Z_2^{(4)}\ (Z_4^{(4)})^{-1}\ Z_5^{(3)}\ Z_6^{(3)}$ |
| 第 7 轮变换 | $Z_1^{(7)}\ Z_2^{(7)}\ Z_3^{(7)}\ Z_4^{(7)}\ Z_5^{(7)}\ Z_6^{(7)}$ | $(Z_1^{(3)})^{-1}\ -Z_3^{(3)}\ -Z_2^{(3)}\ (Z_4^{(3)})^{-1}\ Z_5^{(2)}\ Z_6^{(2)}$ |
| 第 8 轮变换 | $Z_1^{(8)}\ Z_2^{(8)}\ Z_3^{(8)}\ Z_4^{(8)}\ Z_5^{(8)}\ Z_6^{(8)}$ | $(Z_1^{(2)})^{-1}\ -Z_3^{(2)}\ -Z_2^{(2)}\ (Z_4^{(2)})^{-1}\ Z_5^{(1)}\ Z_6^{(1)}$ |
| 输出变换 | $Z_1^{(9)}\ Z_2^{(9)}\ Z_3^{(9)}\ Z_4^{(9)}$ | $(Z_1^{(1)})^{-1}\ -Z_2^{(1)}\ -Z_3^{(1)}\ (Z_4^{(1)})^{-1}$ |

表中：$-Z$ 表示 $Z$ 模 $2^{16}$ 加法逆元，即 $-Z+Z\equiv 0 \bmod 2^{16}$。$Z^{-1}$ 表示 $Z$ 模 $2^{16}+1$ 乘法逆元，即 $Z^{-1}\times Z\equiv 1 \bmod 2^{16}+1$。

解密过程在解密子密钥的控制下是加密过程的逆过程，即密文可以解密变成明文。

## 4.2.3 IDEA 密钥调度算法

利用主密钥(用户密钥)产生子密钥的算法称为密钥调度算法。IDEA 主密钥的长度是 128 比特，IDEA 的 52 个加密子密钥(每个子密钥的长度是 16 比特)是由主密钥通过密钥调度算法产生的，如图 4.5 所示。

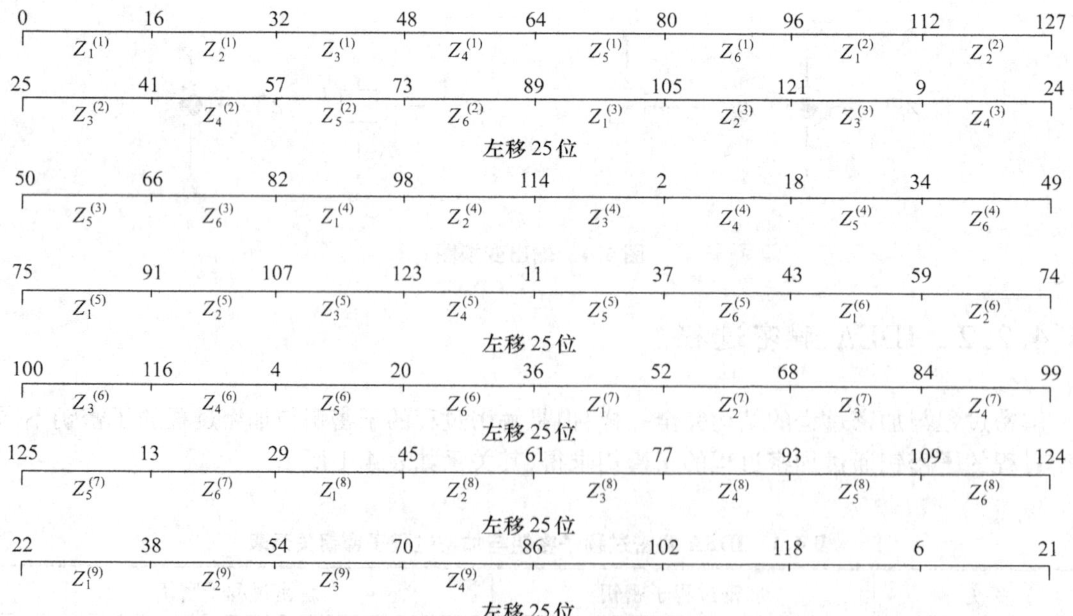


图 4.5 IDEA 子密钥生成图

首先，将 128 比特主密钥分成 8 组，每组 16 比特，作为 8 个子密钥 $Z_1^{(1)}$ $Z_2^{(1)}$ $Z_3^{(1)}$ $Z_4^{(1)}$ $Z_5^{(1)}$ $Z_6^{(1)}$ $Z_1^{(2)}$ $Z_2^{(2)}$；其次，将 128 比特主密钥循环左移 25 位后分成 8 组，每组 16 比特作为 8 个子密钥 $Z_3^{(2)}$ $Z_4^{(2)}$ $Z_5^{(2)}$ $Z_6^{(2)}$ $Z_1^{(3)}$ $Z_2^{(3)}$ $Z_3^{(3)}$ $Z_4^{(3)}$；将循环左移后的 128 比特块再循环左移 25 位，分成 8 组得到 8 个子密钥 $Z_5^{(3)}$ $Z_6^{(3)}$ $Z_1^{(4)}$ $Z_2^{(4)}$ $Z_3^{(4)}$ $Z_4^{(4)}$ $Z_5^{(4)}$ $Z_6^{(4)}$；以此类推不断进行直到产生所有的加密子密钥。

### 4.2.4　IDEA 的实现

IDEA 共有 3 种运算，模 2 加法实际上就是异或运算，模 $2^{16}$ 加法实际上就是 16 位整数无进位加法运算，这两种运算相对容易，模 $(2^{16}+1)$ 乘法则比较费时，但是利用下面的结论可以不利用除法作模 $2^{16}+1$ 运算。

根据带余除法对 32 位整数 $a$，存在 $q$，$r$ 使得

$$a = q \times 2^{16} + r$$

显然：$q$ 就是 $a$ 的高 16 位，$r$ 就是 $a$ 的低 16 位。

另外：当 $r \geqslant q$ 时　$a = q \times (2^{16}+1) + r - q$

　　当 $r < q$ 时　$a = (q-1) \times (2^{16}+1) + (r - q + 2^{16}) + 1$

$$= (q-1) \times (2^{16}+1) + (r-q)_{补} + 1$$

即：当 $r \geqslant q$ 时，$a \bmod (2^{16}+1)$ 等于 $a$ 的低 16 位减去 $a$ 的高 16 位；当 $r < q$ 时，$a \bmod (2^{16}+1)$ 等于 $a$ 的低 16 位减去 $a$ 的高 16 位的差的补码加上 1，可见模运算转化成加减法运算，可以明显提高模运算的速度。

显然，两个 16 位整数的乘法运算至多需要 16 次移位加法运算。

**例 4.1**　求 $3\,000 \times 3\,001 \bmod (2^{16}+1)$。

$3\,000 = (101110111000)_2$　　$3\,001 = (101110111001)_2$

```
                 101110111000
               ×101110111001
   ----------------------------
                 101110111000
              101110111000
             101110111000
            101110111000
           101110111000
          101110111000
         101110111000
        101110111000
   ----------------------------
   10001001010111111111111000
```

低16位：0101111111111000

－高16位：0000000010001001

0101111101101111

$3\,000 \times 3\,001 \bmod (2^{16}+1) = (0101111101101111)_2 = 24\,431$

**例 4.2** 求 $3\,000 \times 32\,768 \bmod (2^{16}+1)$。

```
                    ×101110111000
                 1000000000000000
---------------------------------
 1011101110000000000000000000
```

```
          低16位：0000000000000000
       - 高16位：0000010111011100
       -----------------------------
                 1111101000100100
```

1111010001001000 + 1 = 1111101000100101

$3\,000 \times 32\,768 \bmod (2^{16}+1) = (1111101000100101)_2 = 64\,037$

求解密子密钥时,需要求模 $2^{16}$ 加法逆元和模 $2^{16}+1$ 乘法逆元。0 的模 $2^{16}$ 加法逆元是 0,16 位整数 $a$ 的模 $2^{16}$ 加法逆元是 $(-a)$ 的补码,可见模 $2^{16}$ 加法逆元可以很容易求得;模 $2^{16}+1$ 乘法逆元可以用第 2 章的扩展欧几里得算法求得。

IDEA 的 C 代码(32 位平台)

```
/*  idea.h  */
#ifndef _IDEA_DOT_H
#define _IDEA_DOT_H                                            //防止重复包含 idea.h
#define word16 unsigned short
#define word32 unsigned int
#define ROUNDS 8                                               //轮数
#define KEYLEN (6*ROUNDS+4)
#define low16(x) ((x) & 0xffff)                                //取低 16 位
typedef word16 IDEAkey[KEYLEN];
/* IDEA Algorithm functions */
void en_key_idea(word16 userkey[8],IDEAkey Z);                 //生成加密子密钥
void de_key_idea(IDEAkey Z, IDEAkey DK);                       //生成解密子密钥
void cIPher_idea(word16 in[4],word16 out[4],IDEAkey Z);        //加密算法
word16 inv(word16 x);                                          //求模 2^16 +1 乘法逆元
word16 mul(word16 a,word16 b);                                 //模 2^16 +1 乘法
#end if                                                        //idea.h 结束
/*  idea.c  */
#include "idea.h"
static word16  inv(word16 x)
{
  word16 d0,d1;
  word16 q,y;
  if (x <= 1)
      return x;                                                //1 的乘法逆元是 1,2^16 的乘法逆元是 2^16
  d1 = (word16)(0x10001/x);                                    //利用大衍求一术中的 d_k 求乘法逆元
  y = (word16)(0x10001%x);
```

```
    if (y = =1)
        return low16(1 - d1);
    d0 =1;
    do{
      q = x/y;
      x = x% y;
      d0 + =q * d1;
      if (x = =1)
        return d0;
      q = y/x;
      y = y% x;
      d1 + =q * d0;
    } while (y!  =1);
    return low16(1 - d1);
}
void en_key_idea(word16  * userkey, word16  * Z)
{
    int i,j;
    /*  shifts  */
    for (j =0;j <8;j ++)
        Z[j] = * userkey ++;
    for (i =0;j < KEYLEN;j ++){
        i ++;
        Z[i +7] =((Z[i&7]  << 9) | (Z[(i +1) & 7]  >> 7));
        Z + =i&8;
        i& =7;
    }
}
void de_key_idea(word16  * Z,word16  * DK)
{
    int j;
    word16 t1,t2,t3;
    DK + =52;
    t1 =inv( * Z ++);
    t2 = - * Z ++;
    t3 = - * Z ++;
    * --DK =inv( * Z ++);
    * --DK =t3;
    * --DK =t2;
    * --DK =t1;
    for (j =1;j < ROUNDS;j ++){
      t1 = * Z ++;
      * --DK = * Z ++;
```

```
        * --DK = t1;
        t1 = inv( *Z++ );
        t2 = - *Z++;
        t3 = - *Z++;
        * --DK = inv( *Z++ );
        * --DK = t2;
        * --DK = t3;
        * --DK = t1;
    }
    t1 = *Z++;
    * -DK = *Z++;
    * -DK = t1;
    t1 = inv( *Z++ );
    t2 = - *Z++;
    t3 = - *Z++;
    * --DK = inv( *Z++ );
    * --DK = t3;
    * --DK = t2;
    * --DK = t1;
}
word16 mul(word16 a, word16 b)
{
    word32 p;
    if (a){
        if (b){
        p = (word32)a * b;
        b = (word16)(low16(p));                              //低 16 位
        a = (word16)(p> >16);                                //高 16 位
        return b - a + (b < a);
        }
    else
        return 1 - a;
    }
    else
        return 1 - b;
}
#define MUL(x,y) (x = mul(x,y))
static void cIPher_idea(word16 in[4],word16 out[4],IDEAkey Z)
{
    word16 x1,x2,x3,x4,s2,s3,r = ROUNDS;
    x1 = *in++; x2 = *in++;
    x3 = *in++; x4 = *in;
    do{
```

```
        MUL(x1, *Z++);
        x2 += *Z++;
        x3 += *Z++;
        MUL(x4, *Z++);
        s3 = x3;
        x3 ^= x1;
        MUL(x3, *Z++);
        s2 = x2;
        x2 ^= x4;
        x2 += x3;
        MUL(x2, *Z++);
        x3 += x2;
        x1 ^= x2;
        x4 ^= x3;
        x2 ^= s3;
        x3 ^= s2;
    } while (--r);                                    //8 轮变换
    MUL(x1, *Z++);                                    //输出变换
    *out++ = x1;
    *out++ = (x3 + *Z++);
    *out++ = (x2 + *Z++);
    MUL(x4, *Z);
    *out = x4;
}                                                     //idea.c 结束
/*   test.c   */
void main()
{
    int i;
    word16 in[4] = {0x4944,0x4541,0x4445,0x4D4F}, out[4];
    word16 userkey[8] = {0x7363,0x686F,0x6F6C,0x6F66,0x636F,0x6D70,0x7574,0x6572};
    IDEAkey Z,DK;
    en_key_idea(userkey, Z);
        printf("encryption keys:\n");
    for (i=0;i<52;i++)
    printf("0x%04x\n",Z[i]);
    de_key_idea(Z,DK);
    printf("decryption keys:\n");
        for(i=0;i<52;i++)
        printf("0x%04x\n",DK[i]);
    /*encrypt*/
    cIPher_idea( in,out, Z);
```

```
    printf("cIPhertext:\n");
    for (i=0;i<4;i++)
        printf("\n0x%04x\n",out[i]);
    /* decrypt */
        cIPher_idea( out,in, DK);
        printf("plaintext:\n");
    for (i=0;i<4;i++)
        printf("\n0x%04x\n",in[i]);
}
```

## 4.2.5 IDEA 演示

明文信息是 IDEADEMO,其 ASCII 编码是 0x4944454144454d4f,分成 4 个 16 比特块:0x4944,0x4541,0x4445,0x4d4f;主密钥是 schoolofcomputer,其 ASCII 编码是 0x7363686f6f6c6f66636f6d7075746572。

### 1. 加密过程

52 个加密子密钥分别是

0x7363,0x686f,0x6f6c,0x6f66,0x636f,0x6d70,0x7574,0x6572,0xdede,0xd8de,0xccc6,0xdeda,0xe0ea,0xe8ca,0xe4e6,0xc6d0,0xbd99,0x8dbd,0xb5c1,0xd5d1,0x95c9,0xcd8d,0xa1bd,0xbdb1,0x7b6b,0x83ab,0xa32b,0x939b,0x1b43,0x7b7b,0x637b,0x331b,0x5746,0x5727,0x3636,0x86f6,0xf6c6,0xf666,0x36f6,0xd707,0x4e6c,0x6d0d,0xeded,0x8dec,0xcc6d,0xedae,0x0eae,0x8cae,0x1bdb,0xdb1b,0xd998,0xdbdb。

加密过程的输入、8 轮变换、输出变换分别为

输入:0x4944,0x4541,0x4445,0x4d4f

0100100101000100,0100010101000001,0100010001000101,0100110101001111

第一轮:0x2876,0x5b80,0x8961,0xc806

0010100001110110,0101101110000000,1000100101100001,1100100000000110

明文与第一轮的异或:

0110000100110010,0001111011000001,1100110100100100,1000010101001001

可见:第一轮变换有 26 比特发生变化

第二轮:0x7eb2,0x2665,0xd167,0xca56

0111111010110010,0010011001100101,1101000101100111,1100101001010110

明文与第二轮的异或:

0011011111110110,0110001100100100,1001010100100010,1000011100011001

可见:第二轮变换有 30 比特发生变化

第三轮:0x9fad,0x3685,0xab46,0xe8d7

1001111110101101,0011011010000101,1010101101000110,1110100011010111

明文与第三轮的异或:

1101011011101001,0111001111000100,1110111100000011,1010010110011000

可见:第三轮变换有 32 比特发生变化

第四轮:0x5231,0x522e,0xa4a7,0x0689

0101001000110001,0101001000101110,1010010010100111,0000011010001001

明文与第四轮的异或:

0001101101110101,0001011101101111,1110000011100010,0100101111000110

可见:第四轮变换有 34 比特发生变化

第五轮:0x5627,0xac29,0x68dc,0x212a

0101011000100111,1010110000101001,0110100011011100,0010000100101010

明文与第五轮的异或:

0001111101100011,1110100101101000,0010110010011001,0110110001100101

可见:第五轮变换有 32 比特发生变化

第六轮:0x551e,0xcd7f,0x58cb,0xcf93

0101010100011110,1100110101111111,0101100011001011,1100111110010011

明文与第六轮的异或:

0001110001011010,1000100000111110,0001110010001110,1000001011011100

可见:第六轮变换有 28 比特发生变化

第七轮:0xce7f,0x1696,0x14d4,0xa49d

1100111001111111,0001011010010110,0001010011010100,1010010010011101

明文与第七轮的异或:

1000011100111011,0101001111010111,0101000010010001,1110100111010010

可见:第七轮变换有 33 比特发生变化

第八轮:0xf6e6,0xe90d,0x36b0,0x30d0

1111011011100110,1110100100001101,0011011010110000,0011000011010000

明文与第八轮的异或:

1011111110100010,1010110001001100,0111001011110101,0111110110011111

可见:第八轮变换有 39 比特发生变化

输出轮:0x5de5,0x11cb,0xc2a5,0x8805

0101110111100101,0001000111001011,1100001010100101,1000100000000101

得到密文是:0x5de511cbc2a58805

明文与密文的异或:

0001010010100001,0101010010001010,1000011011100000,1100010101001010

可见:输出变换有 24 比特发生变化

经过如此变换,明文密文之间的关系会相当复杂。

**2. 解密过程**

52 个解密子密钥分别是 0x2acb,0x24e5,0x2668,0xf73c,0x0eae,0x8cae,0x0b57,0x3393,0x7214,0x64e8,0x4e6c,0x6d0d,0xbead,0xc90a,0x099a,0xdf60,0x3636,0x86f6,0xc8e3,

0xa8ba, 0xcce5, 0xc292, 0x1b43, 0x7b7b, 0x19be, 0x5cd5, 0x7c55, 0xe8b1, 0xa1bd, 0xbdb1, 0x1d52, 0x6a37, 0x2a2f, 0x24a6, 0xbd99, 0x8dbd, 0xd6f6, 0x1b1a, 0x1736, 0x6431, 0xccc6, 0xdeda,0x693a,0x2122,0x9a8e,0xa460,0x636f,0x6d70,0x1516,0x9791,0x9094,0x5e97。

解密过程的 8 轮变换及输出变换分别为

第一轮:0xfeaa,0xe141,0xa482,0xa2e2

第二轮:0x5728,0x8fc1,0xc3e5,0x73ac

第三轮:0x5843,0xc022,0xdf44,0x481c

第四轮:0xbddc,0x47d2,0xd5d9,0x9c2f

第五轮:0x4110,0x410f,0x0c56,0xae78

第六轮:0x1f65,0xb64d,0x0f2f,0x4cbe

第七轮:0x30e8,0x683f,0xc0f2,0xdbc3

第八轮:0xc047,0xb3b1,0xadb0,0xecd7

输出轮:0x4944,0x4541,0x4445,0x4d4f

恢复明文:0x4944454144454d4f

**3. 雪崩效应**

1. 主密钥不变,只改变明文的一个比特,不妨改变最后一个比特,新的明文为

0100100101000100,0100010101000001,0100010001000101,0100110101001110

新的密文为

0110011101111110,0111101100110001,0010110110100110,0111111000110101

原来的密文与新密文的异或为

0011101010011011,0110101011111010,1110111000000011,1111011000110000

两者有 35 比特的差异。

2. 明文不变,只改变主密钥的一个比特,不妨改变最后一个比特,新的主密钥为

0x7363686f6f6c6f66636f6d7075746573

新的密文为

0011111001011100,1000100110101001,1111100101010011,0101100001010110

原来的密文与新密文的异或为

0110001110111001,1001100001100010,0011101111110110,1101000001010011

两者有 33 比特的差异。

可以看出仅仅改变明文或主密钥的一个比特将引起密文几乎一半以上的比特发生变化,密文对明文和主密钥是非常敏感的,一般把这种敏感性叫做雪崩效应。

## 4.2.6 IDEA 的安全性

IDEA 的密钥长度是 128 比特,密钥穷搜索攻击在计算上不可行,IDEA 对线性密码分析和差分密码分析是免疫的。IDEA 存在一些不好的密钥,但只要随机选取密钥,选取这些不好的密钥的概率很小。

# 4.3　高级加密标准 AES

2001 年,美国国家标准技术局(NIST)公布了高级加密标准 AES,用来取代超期使用的 DES。AES 是一种对称密码体制,其明文分组和密钥分组可以是 128 比特、192 比特、256 比特,分别记作 AES-128,AES-192,AES-256。AES 由比利时密码学家 Joan Daemen 和 Vincent Rijmen 设计,没有专利限制。由于 AES-128 较常用,所以本节只介绍 AES-128。

## 4.3.1　加密过程

AES 的加密过程如图 4.6 所示。

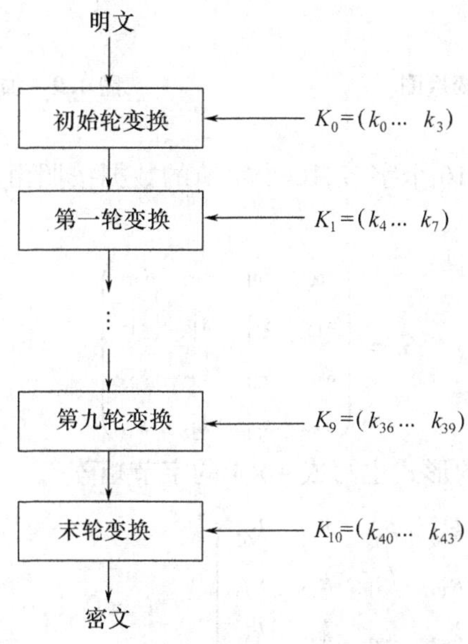


**图 4.6　AES 加密过程图**

明文经过初始轮变换、9 个轮变换及末轮变换转换成密文,每一轮变换的输入和输出都是 16 个字节。另外,每一轮变换需要 4 个加密子密钥(子密钥的长度为 4 个字节),总共需要 44 个加密子密钥,分别用 $k_0,k_1,\cdots,k_{43}$ 表示。

初始轮变换如图 4.7 所示,第 1 至第 9 轮的变换如图 4.8 所示,末轮变换如图 4.9 所示。

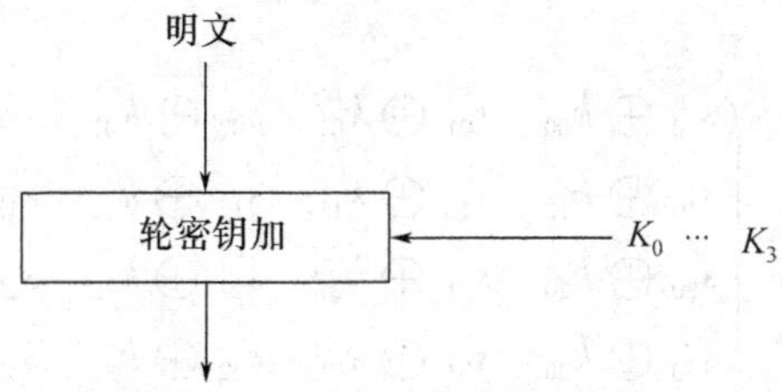


**图 4.7　加密过程初始轮变换图**

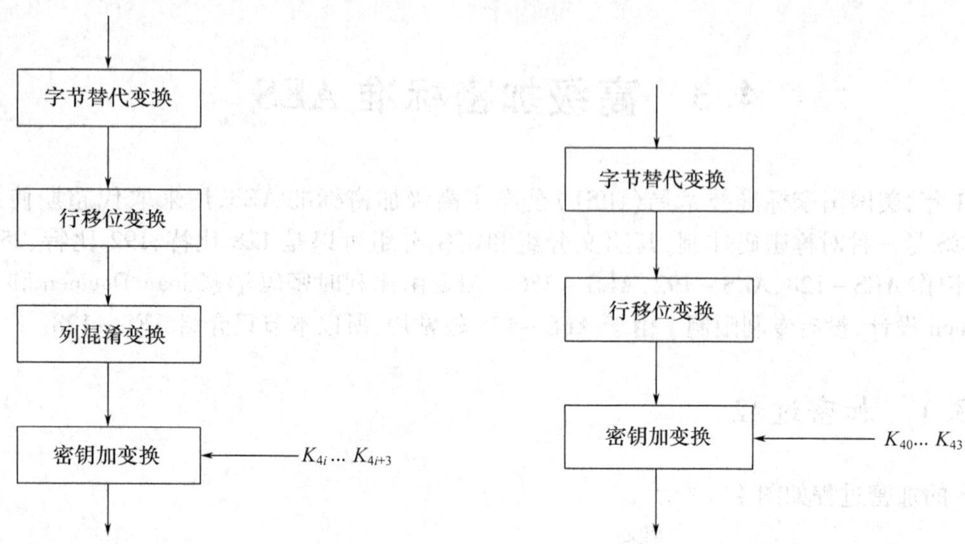


**图 4.8 加密过程第 *i* 轮变换图**

**图 4.9 加密过程末轮变换图**

各个变换的输入输出都是 16 个字节,16 个字节的数据按照由上至下,从左到右的排列方式写成 4 ×4 的字节矩阵

$$\boldsymbol{S} = \begin{pmatrix} s_{00} & s_{01} & s_{02} & s_{03} \\ s_{10} & s_{11} & s_{12} & s_{13} \\ s_{20} & s_{21} & s_{22} & s_{23} \\ s_{30} & s_{31} & s_{32} & s_{33} \end{pmatrix}$$

4 个加密子密钥以列向量的形式也写成 4 ×4 的字节矩阵

$$\boldsymbol{K}_i = \begin{pmatrix} k_{00} & k_{01} & k_{02} & k_{03} \\ k_{10} & k_{11} & k_{12} & k_{13} \\ k_{20} & k_{21} & k_{22} & k_{23} \\ k_{30} & k_{31} & k_{32} & k_{33} \end{pmatrix} \qquad i = 0,1,\cdots,10$$

AES 在 4 ×4 的字节矩阵上实施密钥加变换、行移位变换、字节替代变换及列混淆变换。

**1. 密钥加变换 *A***

把 $s_{ij}$, $k_{ij}$ 看作是 GF($2^8$)上的元素,$i,j = 0,1,2,3$,密钥加变换是 GF($2^8$)上的矩阵加法运算。

$$\boldsymbol{S} \oplus \boldsymbol{K}_\mathrm{i} = \begin{pmatrix} s_{00} \oplus k_{00} & s_{01} \oplus k_{01} & s_{02} \oplus k_{02} & s_{03} \oplus k_{03} \\ s_{10} \oplus k_{10} & s_{11} \oplus k_{11} & s_{12} \oplus k_{12} & s_{13} \oplus k_{13} \\ s_{20} \oplus k_{20} & s_{21} \oplus k_{21} & s_{22} \oplus k_{22} & s_{23} \oplus k_{23} \\ s_{30} \oplus k_{30} & s_{31} \oplus k_{31} & s_{32} \oplus k_{32} & s_{33} \oplus k_{33} \end{pmatrix}$$

显然:密钥加变换的逆变换是密钥加变换自身。

### 2. 行移位变换 ShiftRow

行移位变换作用在 $S$ 的行上（$i=1,2,\cdots,10$），第 0 行不变，第 1 行循环左移 1 个字节，第 2 行循环左移 2 个字节，第 3 行循环左移 3 个字节。即

$$\begin{pmatrix} s_{00} & s_{01} & s_{02} & s_{03} \\ s_{10} & s_{11} & s_{12} & s_{13} \\ s_{20} & s_{21} & s_{22} & s_{23} \\ s_{30} & s_{31} & s_{32} & s_{33} \end{pmatrix} \rightarrow \begin{pmatrix} s_{00} & s_{01} & s_{02} & s_{03} \\ s_{11} & s_{12} & s_{13} & s_{10} \\ s_{22} & s_{23} & s_{20} & s_{21} \\ s_{33} & s_{30} & s_{31} & s_{32} \end{pmatrix}$$

行移位变换逆变换与行移位变换相反，第 0 行不变，第 1 行循环右移 1 个字节，第 2 行循环右移 2 个字节，第 3 行循环右移 3 个字节。

### 3. 字节替代变换 S

字节替代变换又叫 $S$ 盒变换，作用在 $S$ 的元素 $s_{ij}$ 上，是由下面的两个变换复合而成。

（1）倒数变换 $T$

把字节看作是有限域 $F_2[x]_{p(x)}$（$p(x)=x^8+x^4+x^3+x+1$，$p(x)$ 是 $F_2$ 上的不可约多项式）中的元素在基 $x^7,x^6,x^5,x^4,x^3,x^2,x,1$ 下的坐标。字节 $s_{ij}=(b_7b_6b_5b_4b_3b_2b_1b_0)_2$ 的多项式表示记作 $s_{ij}(x)=b_7x^7+b_6x^6+b_5x^5+b_4x^4+b_3x^3+b_2x^2+b_1x^1+b_0$。

倒数变换 $T$：
$$T(s_{ij}(x))=\begin{cases} 0 & s_{ij}=0 \\ s_{ij}^{-1}(x) & s_{ij}\neq 0 \end{cases}$$

注意：求逆运算是 $F_2[x]_{p(x)}$ 上的运算，可以利用扩展欧几里得算法求得。

如果 $T(s_{ij}(x))=b'_7x^7+b'_6x^6+b'_5x^5+b'_4x^4+b'_3x^3+b'_2x^2+b'_1x^1+b'_0$，那么倒数变换后的字节为 $s'_{ij}=(b'_7b'_6b'_5b'_4b'_3b'_2b'_1b'_0)_2$

例如：
$$\begin{aligned} p(x) &= x^8+x^4+x^3+x+1 \\ &= (x^7+x^3+x^2+1)\,x+1 \end{aligned}$$
$$p(x)+(x^7+x^3+x^2+1)x=1$$

得到 $x^{-1}=(x^7+x^3+x^2+1)\bmod p(x)$

即 $T(0\text{x}02)=0\text{x}8\text{d}$

倒数变换 $T$ 的逆变换仍然是 $T$。

（2）仿射变换 $L$

把字节看作是有限环 $F_2[x]_{q(x)}$（$q(x)=x^8+1$，$q(x)$ 是 $F_2$ 上的可约多项式）中的元素在基 $x^7,x^6,x^5,x^4,x^3,x^2,x,1$ 下的坐标。

仿射变换 $L$：
$$L(s_{ij}(x))=u(x)\,s_{ij}(x)+v(x)\bmod x^8+1$$

其中
$$u(x)=x^4+x^3+x^2+x+1$$
$$v(x)=x^6+x^5+x+1$$

注意：系数运算是 $F_2$ 上的运算。

如果 $L(s_{ij}(x))=b'_7x^7+b'_6x^6+b'_5x^5+b'_4x^4+b'_3x^3+b'_2x^2+b'_1x^1+b'_0$，那么仿射变换后的字节为 $s'_{ij}=(b'_7b'_6b'_5b'_4b'_3b'_2b'_1b'_0)_2$，仿射变换的矩阵形式如下：

$$\begin{bmatrix} b_0' \\ b_1' \\ b_2' \\ b_3' \\ b_4' \\ b_5' \\ b_6' \\ b_7' \end{bmatrix} = \begin{bmatrix} 1 & 0 & 0 & 0 & 1 & 1 & 1 & 1 \\ 1 & 1 & 0 & 0 & 0 & 1 & 1 & 1 \\ 1 & 1 & 1 & 0 & 0 & 0 & 1 & 1 \\ 1 & 1 & 1 & 1 & 0 & 0 & 0 & 1 \\ 1 & 1 & 1 & 1 & 1 & 0 & 0 & 0 \\ 0 & 1 & 1 & 1 & 1 & 1 & 0 & 0 \\ 0 & 0 & 1 & 1 & 1 & 1 & 1 & 0 \\ 0 & 0 & 0 & 1 & 1 & 1 & 1 & 1 \end{bmatrix} \begin{bmatrix} b_0 \\ b_1 \\ b_2 \\ b_3 \\ b_4 \\ b_5 \\ b_6 \\ b_7 \end{bmatrix} + \begin{bmatrix} 1 \\ 1 \\ 0 \\ 0 \\ 0 \\ 1 \\ 1 \\ 0 \end{bmatrix}$$

仿射变换的逆变换 $L^{-1}$：$L^{-1}(s_{ij}(x)) = u^{-1}(x)(s_{ij}(x) + v(x)) \bmod (x^8 + 1)$

仿射变换的逆变换的矩阵形式如下：

$$\begin{bmatrix} b_0' \\ b_1' \\ b_2' \\ b_3' \\ b_4' \\ b_5' \\ b_6' \\ b_7' \end{bmatrix} = \begin{bmatrix} 0 & 0 & 1 & 0 & 0 & 1 & 0 & 1 \\ 1 & 0 & 0 & 1 & 0 & 0 & 1 & 0 \\ 0 & 1 & 0 & 0 & 1 & 0 & 0 & 1 \\ 1 & 0 & 1 & 0 & 0 & 1 & 0 & 0 \\ 0 & 1 & 0 & 1 & 0 & 0 & 1 & 0 \\ 0 & 0 & 1 & 0 & 1 & 0 & 0 & 1 \\ 1 & 0 & 0 & 1 & 0 & 1 & 0 & 0 \\ 0 & 1 & 0 & 0 & 1 & 0 & 1 & 0 \end{bmatrix} \begin{bmatrix} b_0 \\ b_1 \\ b_2 \\ b_3 \\ b_4 \\ b_5 \\ b_6 \\ b_7 \end{bmatrix} + \begin{bmatrix} 1 \\ 0 \\ 1 \\ 0 \\ 0 \\ 0 \\ 0 \\ 0 \end{bmatrix}$$

字节替代变换 $S$：　　　　$S(s_{ij}(x)) = L \cdot T(s_{ij}(x))$

字节替代变换的逆变换 $S^{-1}$：　$S^{-1}(s_{ij}(x)) = T \cdot L^{-1}(s_{ij}(x))$

一般把字节替代变换及其逆变换事先计算好做成变换表（如表 4.2，表 4.3 所示），通过查变换表来提高字节替代变换的运算速度。

**表 4.2　AES 字节替代变换表**

| x \ y | 0 | 1 | 2 | 3 | 4 | 5 | 6 | 7 | 8 | 9 | A | B | C | D | E | F |
|---|---|---|---|---|---|---|---|---|---|---|---|---|---|---|---|---|
| 0 | 63 | 7C | 77 | 7B | F2 | 6B | 6F | C5 | 30 | 01 | 67 | 2B | FE | D7 | AB | 76 |
| 1 | CA | 82 | C9 | 7D | FA | 59 | 47 | F0 | AD | D4 | A2 | AF | 9C | A4 | 72 | C0 |
| 2 | B7 | FD | 93 | 26 | 36 | 3F | F7 | CC | 34 | A5 | E5 | F1 | 71 | D8 | 31 | 15 |
| 3 | 04 | C7 | 23 | C3 | 18 | 96 | 05 | 9A | 07 | 12 | 80 | E2 | EB | 27 | B2 | 75 |
| 4 | 09 | 83 | 2C | 1A | 1B | 6E | 5A | A0 | 52 | 3B | D6 | B3 | 29 | E3 | 2F | 84 |
| 5 | 53 | D1 | 00 | ED | 20 | FC | B1 | 5B | 6A | CB | BE | 39 | 4A | 4C | 58 | CF |
| 6 | D0 | EF | AA | FB | 43 | 4D | 33 | 85 | 45 | F9 | 02 | 7F | 50 | 3C | 9F | A8 |
| 7 | 51 | A3 | 40 | 8F | 92 | 9D | 38 | F5 | BC | B6 | DA | 21 | 10 | FF | F3 | D2 |
| 8 | CD | 0C | 13 | EC | 5F | 97 | 44 | 17 | C4 | A7 | 7E | 3D | 64 | 5D | 19 | 73 |
| 9 | 60 | 81 | 4F | DC | 22 | 2A | 90 | 88 | 46 | EE | B8 | 14 | DE | 5E | 0B | DB |
| A | E0 | 32 | 3A | 0A | 49 | 06 | 24 | 5C | C2 | D3 | AC | 62 | 91 | 95 | E4 | 79 |
| B | E7 | C8 | 37 | 6D | 8D | D5 | 4E | A9 | 6C | 56 | F4 | EA | 65 | 7A | AE | 08 |

表 4.2(续)

| y / x | 0 | 1 | 2 | 3 | 4 | 5 | 6 | 7 | 8 | 9 | A | B | C | D | E | F |
|---|---|---|---|---|---|---|---|---|---|---|---|---|---|---|---|---|
| C | BA | 78 | 25 | 2E | 1C | A6 | B4 | C6 | E8 | DD | 74 | 1F | 4B | BD | 8B | 8A |
| D | 70 | 3E | B5 | 66 | 48 | 03 | F6 | 0E | 61 | 35 | 57 | B9 | 86 | C1 | 1D | 9E |
| E | E1 | F8 | 98 | 11 | 69 | D9 | 8E | 94 | 9B | 1E | 87 | E9 | CE | 55 | 28 | DF |
| F | 8C | A1 | 89 | 0D | BF | E6 | 42 | 68 | 41 | 99 | 2D | 0F | B0 | 54 | BB | 16 |

**表 4.3　AES 逆字节替代变换表**

| y / x | 0 | 1 | 2 | 3 | 4 | 5 | 6 | 7 | 8 | 9 | A | B | C | D | E | F |
|---|---|---|---|---|---|---|---|---|---|---|---|---|---|---|---|---|
| 0 | 52 | 09 | 6A | D5 | 30 | 36 | A5 | 38 | BF | 40 | A3 | 9E | 81 | F3 | D7 | FB |
| 1 | 7C | E3 | 39 | 82 | 9B | 2F | FF | 87 | 34 | 8E | 43 | 44 | C4 | DE | E9 | CB |
| 2 | 54 | 7B | 94 | 32 | A6 | C2 | 23 | 3D | EE | 4C | 95 | 0B | 42 | FA | C3 | 4E |
| 3 | 08 | 2E | A1 | 66 | 28 | D9 | 23 | B2 | 76 | 5B | A2 | 49 | 6D | 8B | D1 | 25 |
| 4 | 72 | F8 | F6 | 64 | 86 | 68 | 98 | 16 | D4 | A4 | 5C | CC | 5D | 65 | B6 | 92 |
| 5 | 6C | 70 | 48 | 50 | FD | ED | B9 | DA | 5E | 15 | 46 | 57 | A7 | 8D | 9D | 84 |
| 6 | 90 | D8 | AB | 00 | 8C | BC | D3 | 0A | F7 | E4 | 58 | 05 | B8 | B3 | 45 | 06 |
| 7 | D0 | 2C | 1E | 8F | CA | 3F | 0F | 02 | C1 | AF | BD | 03 | 01 | 13 | 8A | 6B |
| 8 | 3A | 91 | 11 | 41 | 4F | 67 | DC | EA | 97 | F2 | CF | CE | F0 | B4 | E6 | 73 |
| 9 | 96 | AC | 74 | 22 | E7 | AD | 35 | 85 | E2 | F9 | 37 | E8 | 1C | 75 | DF | 6E |
| A | 47 | F1 | 1A | 71 | 1D | 29 | C5 | 89 | 6F | B7 | 62 | 0E | AA | 18 | BE | 1B |
| B | FC | 56 | 3E | 4B | C6 | D2 | 79 | 20 | 9A | DB | C0 | FE | 78 | CD | 5A | F4 |
| C | 1F | DD | A8 | 33 | 88 | 07 | C7 | 31 | B1 | 12 | 10 | 59 | 27 | 80 | EC | 5F |
| D | 60 | 51 | 7F | A9 | 19 | B5 | 4A | 0D | 2D | E5 | 7A | 9F | 93 | C9 | 9C | EF |
| E | A0 | E0 | 3B | 4D | AE | 2A | F5 | B0 | C8 | EB | BB | 3C | 83 | 53 | 99 | 61 |
| F | 17 | 2B | 04 | 7E | BA | 77 | D6 | 26 | E1 | 69 | 14 | 63 | 55 | 21 | 0C | 7D |

### 4. 列混淆变换 $M$

列混淆变换作用在 **S** 的列上,把列的 4 个字节看作是有限环 $F_8[x]_{r(x)}$($r(x)=x^4+1$,$r(x)$ 是 $F_2$ 上的可约多项式)中的元素在基 $x^3,x^2,x,1$ 下的坐标。如果 **S** 的列的 4 个字节分别记作 $s_0,s_1,s_2,s_3$ 则其多项式表示形式 $s(x)=s_3x^3+s_2x^2+s_1x^1+s_0$

列混淆变换 $M$:$M(s(x))=a(x)s(x)\bmod x^4+1$

其中 $a(x)=\{0x03\}x^3+\{0x01\}x^2+\{0x01\}x^1+\{0x02\}$

注意:系数运算是有限域 $F_2[x]_{p(x)}$ 上的运算。

如果 $M(s(x))=t_3x^3+t_2x^2+t_1x^1+t_0$,那么列混淆变换的的矩阵形式如下:

$$\begin{bmatrix} t_0 \\ t_1 \\ t_2 \\ t_3 \end{bmatrix}=\begin{bmatrix} 0x02 & 0x03 & 0x01 & 0x01 \\ 0x01 & 0x02 & 0x03 & 0x01 \\ 0x01 & 0x01 & 0x02 & 0x03 \\ 0x03 & 0x01 & 0x01 & 0x02 \end{bmatrix}\begin{bmatrix} s_0 \\ s_1 \\ s_2 \\ s_3 \end{bmatrix}$$

列混淆变换的逆变换 $M^{-1}$:$M^{-1}(s(x)) = a^{-1}(x)s(x) \bmod x^4+1$,其矩阵形式如下:

$$\begin{bmatrix} t_0 \\ t_1 \\ t_2 \\ t_3 \end{bmatrix} = \begin{bmatrix} 0x0E & 0x0B & 0x0D & 0x09 \\ 0x09 & 0x0E & 0x0B & 0x0D \\ 0x0D & 0x09 & 0x0E & 0x0B \\ 0x0B & 0x0D & 0x09 & 0x0E \end{bmatrix} \begin{bmatrix} s_0 \\ s_1 \\ s_2 \\ s_3 \end{bmatrix}$$

## 4.3.2 解密过程

解密过程的结构与加密过程的结构基本一样,也要经过一次初始轮变换、9 个轮变换及末轮变换。解密过程的初始轮变换如图 4.10 所示,第 1 至第 9 轮的变换如图 4.11 所示,末轮变换如图 4.12 所示。

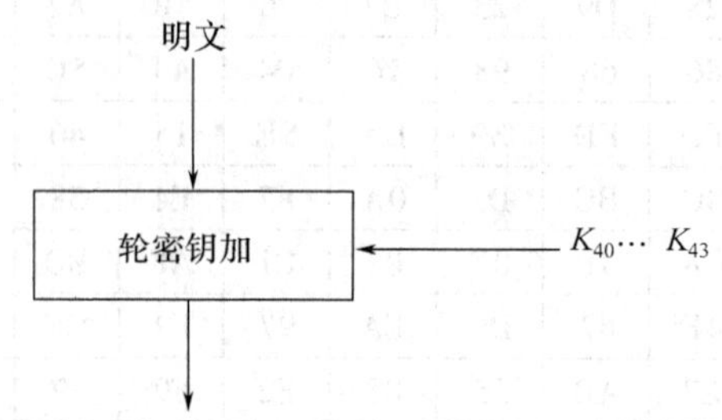


**图 4.10 解密过程初始轮变换图**

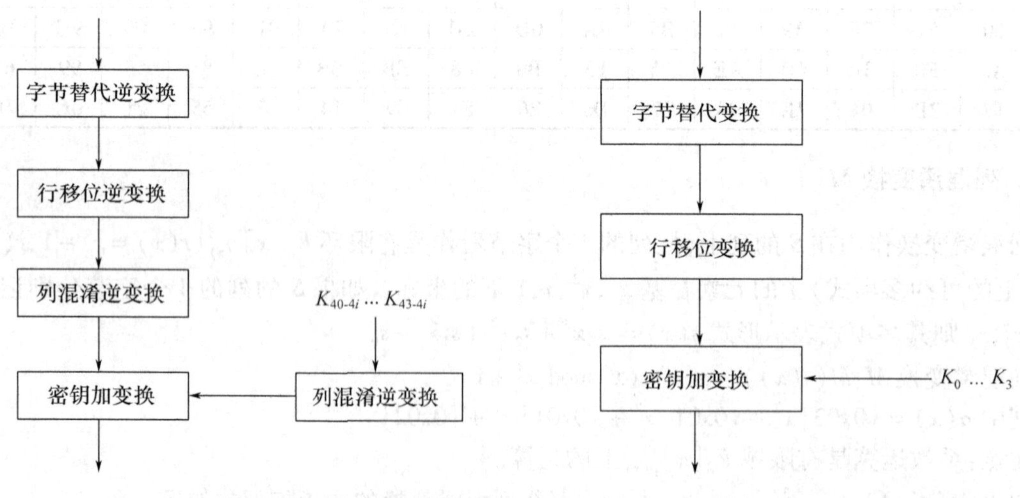


**图 4.11 解密过程第 *i* 轮变换图**

**图 4.12 解密过程末轮变换图**

解密过程使用字节替代逆变换、行移位逆变换、列混淆逆变换及密钥加逆变换,解密过程的子密钥轮顺序与加密过程的子密钥轮顺序相反,并且第 1 至 9 轮的子密钥还要作列混淆逆变换。显然解密过程是加密过程的逆过程。

### 4.3.3　密钥调度算法

AES 的 44 个子密钥是利用 128 比特的主密钥生成的，首先，把主密钥分成 4 组：$K[0]$，$K[1]$，$K[2]$，$K[3]$，其他 40 个子密钥利用如图 4.13 所示的算法生成。

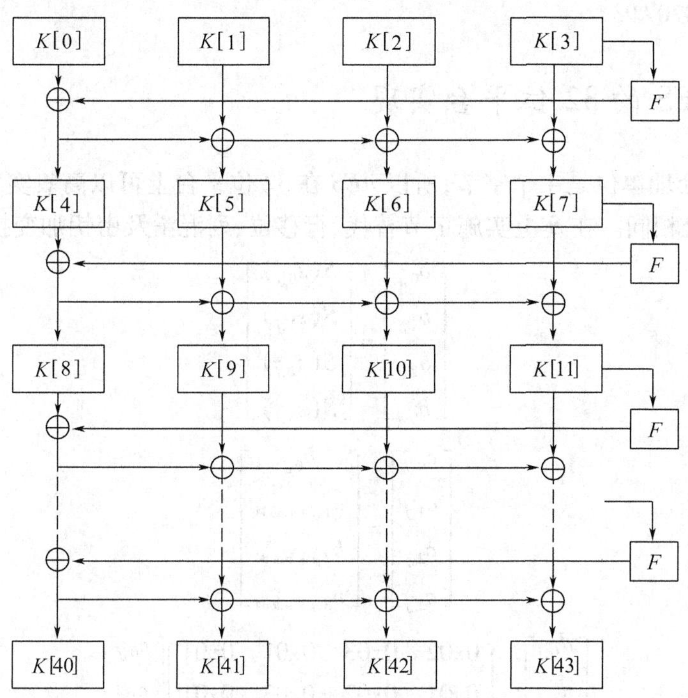


**图 4.13　AES 密钥调度算法**

变换 $F$ 由以下 3 个变换复合而成。

(1)首先将 32 比特循环左移一个字节，即 $\text{RotByte}(a,b,c,d)=(b,c,d,a)$。

(2)其次对 4 个字节分别进行字节替代变换 $S$。

(3)最后与轮常量 $\text{Rcon}[j]\ (j=1,2,\cdots,10)$ 相异或。$\text{Rcon}[1]=(\text{RC}[j],0\text{x}00,0\text{x}00,0\text{x}00)$，

$\text{RC}[1]=1$，$\text{RC}[j]=0\text{x}02\cdot\text{RC}[j-1]$，"·"是有限域 $F_2[x]_{p(x)}$ 上的乘法，$\text{RC}[j]$ 的值如表 4.4 所示。

**表 4.4　RC[j]的值**

| j | 1 | 2 | 3 | 4 | 5 | 6 | 7 | 8 | 9 | 10 |
|---|---|---|---|---|---|---|---|---|---|---|
| RC[j] | 0x01 | 0x02 | 0x04 | 0x08 | 0x10 | 0x20 | 0x40 | 0x80 | 0x1B | 0x36 |

即 $F(a,b,c,d)=(S(b),S(c),S(d),S(a))\oplus\text{Rcon}[j]$

例如：主密钥为 0x00001111　0x11110000　0x01010101　0x11223344

$K[4]=K[0]\oplus F[0\text{x}11223344]$

$$= K[0] \oplus S[0x22]S[0x33]S[0x44]S[0x11] \oplus 0x01000000$$
$$= 0x00001111 \oplus 0x93C31B82 \oplus 0x01000000$$
$$= 0x92C30A93$$
$$K[5] = K[4] \oplus K[1]$$
$$= 0x92C30A93 \oplus 0x11110000$$
$$= 0x83D20A93$$

## 4.3.4 AES的32位平台实现

由于*AES*的处理单位是4个字节,所以*AES*在32位平台上可以高效实现。加密过程第1至9轮的结构完全相同。在$\boldsymbol{S}$上实施字节替代、行移位、列混淆及密钥加变换。

字节替代:
$$\begin{bmatrix} b_{0,j} \\ b_{1,j} \\ b_{2,j} \\ b_{3,j} \end{bmatrix} = \begin{bmatrix} S(s_{0,j}) \\ S(s_{1,j}) \\ S(s_{2,j}) \\ S(s_{3,j}) \end{bmatrix}$$

行移位:
$$\begin{bmatrix} c_{0,j} \\ c_{1,j} \\ c_{2,j} \\ c_{3,j} \end{bmatrix} = \begin{bmatrix} b_{0,j} \\ b_{1,j+1\text{mod}4} \\ b_{2,j+2\text{mod}4} \\ b_{3,j+3\text{mod}4} \end{bmatrix}$$

列混淆:
$$\begin{bmatrix} d_{0,j} \\ d_{1,j} \\ d_{2,j} \\ d_{3,j} \end{bmatrix} = \begin{bmatrix} 0x02 & 0x03 & 0x01 & 0x01 \\ 0x01 & 0x02 & 0x03 & 0x01 \\ 0x01 & 0x01 & 0x02 & 0x03 \\ 0x03 & 0x01 & 0x01 & 0x02 \end{bmatrix} \begin{bmatrix} c_{0,j} \\ c_{1,j} \\ c_{2,j} \\ c_{3,j} \end{bmatrix}$$

密钥加:
$$\begin{bmatrix} e_{0,j} \\ e_{1,j} \\ e_{2,j} \\ e_{3,j} \end{bmatrix} = \begin{bmatrix} d_{0,j} \\ d_{1,j} \\ d_{2,j} \\ d_{3,j} \end{bmatrix} \oplus \begin{bmatrix} k_{0j} \\ k_{1j} \\ k_{2j} \\ k_{3j} \end{bmatrix}$$

显然:
$$\begin{bmatrix} e_{0,j} \\ e_{1,j} \\ e_{2,j} \\ e_{3,j} \end{bmatrix} = \begin{bmatrix} 0x02 \\ 0x01 \\ 0x01 \\ 0x03 \end{bmatrix} \cdot S(s_{0,j}) \oplus \begin{bmatrix} 0x03 \\ 0x02 \\ 0x01 \\ 0x01 \end{bmatrix} \cdot S(s_{1,j+1\text{mod}4}) \oplus \begin{bmatrix} 0x01 \\ 0x03 \\ 0x02 \\ 0x01 \end{bmatrix} \cdot S(s_{2,j+2\text{mod}4}) \oplus$$
$$\begin{bmatrix} 0x01 \\ 0x01 \\ 0x03 \\ 0x02 \end{bmatrix} \cdot S(s_{3,j+3\text{mod}4}) \oplus \begin{bmatrix} k_{0j} \\ k_{1j} \\ k_{2j} \\ k_{3j} \end{bmatrix}$$

可以事先计算好如下的变换表(见 C 代码头文件 aes. h)。

$$TE_0(x)=\begin{bmatrix}0x02\\0x01\\0x01\\0x03\end{bmatrix}\cdot S(x)\qquad TE_1(x)=\begin{bmatrix}0x03\\0x02\\0x01\\0x01\end{bmatrix}\cdot S(x)$$

$$TE_2(x)=\begin{bmatrix}0x01\\0x03\\0x02\\0x01\end{bmatrix}\cdot S(x)\qquad TE_3(x)=\begin{bmatrix}0x01\\0x01\\0x03\\0x02\end{bmatrix}\cdot S(x)$$

$$\begin{bmatrix}e_{0,j}\\e_{1,j}\\e_{2,j}\\e_{3,j}\end{bmatrix}=TE_0(s_{0,j})\oplus TE_1(s_{1,j+1\bmod 4})\oplus TE_2(s_{2,j+2\bmod 4})\oplus TE_3(s_{3,j+3\bmod 4})\oplus\begin{bmatrix}k_{0,j}\\k_{1,j}\\k_{2,j}\\k_{3,j}\end{bmatrix}$$

计算每轮变换的一列只需要查 4 个表做 4 次异或运算,运算效率比较高,当然需要 4K 的空间存储这 4 个表。

解密过程第 1 至 9 轮的结构完全相同。在 **S** 上实施逆字节替代、逆行移位、逆列混淆及逆密钥加变换(与解密子密钥)。

逆字节替代:
$$\begin{bmatrix}b_{0,j}\\b_{1,j}\\b_{2,j}\\b_{3,j}\end{bmatrix}=\begin{bmatrix}S^{-1}(s_{0,j})\\S^{-1}(s_{1,j})\\S^{-1}(s_{2,j})\\S^{-1}(s_{3,j})\end{bmatrix}$$

逆行移位:
$$\begin{bmatrix}c_{0,j}\\c_{1,j}\\c_{2,j}\\c_{3,j}\end{bmatrix}=\begin{bmatrix}b_{0,j}\\b_{1,j-1\bmod 4}\\b_{2,j-2\bmod 4}\\b_{3,j-3\bmod 4}\end{bmatrix}$$

逆列混淆:
$$\begin{bmatrix}d_{0,j}\\d_{1,j}\\d_{2,j}\\d_{3,j}\end{bmatrix}=\begin{bmatrix}0x0E & 0x0B & 0x0D & 0x09\\0x09 & 0x0E & 0x0B & 0x0D\\0x0D & 0x09 & 0x0E & 0x0B\\0x0B & 0x0D & 0x09 & 0x0E\end{bmatrix}\begin{bmatrix}c_{0,j}\\c_{1,j}\\c_{2,j}\\c_{3,j}\end{bmatrix}$$

逆密钥加:
$$\begin{bmatrix}e_{0,j}\\e_{1,j}\\e_{2,j}\\e_{3,j}\end{bmatrix}=\begin{bmatrix}d_{0,j}\\d_{1,j}\\d_{2,j}\\d_{3,j}\end{bmatrix}\oplus\begin{bmatrix}k_{0j}\\k_{1j}\\k_{2j}\\k_{3j}\end{bmatrix}$$

显然:

$$\begin{bmatrix} e_{0,j} \\ e_{1,j} \\ e_{2,j} \\ e_{3,j} \end{bmatrix} = \begin{bmatrix} 0x0E \\ 0x09 \\ 0x0D \\ 0x0B \end{bmatrix} \cdot S^{-1}(s_{0,j}) \oplus \begin{bmatrix} 0x0B \\ 0x0E \\ 0x09 \\ 0x0D \end{bmatrix} \cdot S^{-1}(s_{1,j-1\bmod 4}) \oplus \begin{bmatrix} 0x0D \\ 0x0B \\ 0x0E \\ 0x09 \end{bmatrix} \cdot S^{-1}(s_{2,j-2\bmod 4})$$

$$\oplus \begin{bmatrix} 0x09 \\ 0x0D \\ 0x0B \\ 0x0E \end{bmatrix} \cdot S^{-1}(s_{3,j-3\bmod 4}) \oplus \begin{bmatrix} k_{0j} \\ k_{1j} \\ k_{2j} \\ k_{3j} \end{bmatrix}$$

可以事先计算好如下的变换表(见 C 代码头文件 aes.h)。

$$TD_0(x) = \begin{bmatrix} 0x0E \\ 0x09 \\ 0x0D \\ 0x0B \end{bmatrix} \cdot S^{-1}(x) \qquad TD_1(x) = \begin{bmatrix} 0x0B \\ 0x0E \\ 0x09 \\ 0x0D \end{bmatrix} \cdot S^{-1}(x)$$

$$TD_2(x) = \begin{bmatrix} 0x0D \\ 0x0B \\ 0x0E \\ 0x09 \end{bmatrix} \cdot S^{-1}(x) \qquad TD_3(x) = \begin{bmatrix} 0x09 \\ 0x0D \\ 0x0B \\ 0x0E \end{bmatrix} \cdot S^{-1}(x)$$

$$\begin{bmatrix} e_{0,j} \\ e_{1,j} \\ e_{2,j} \\ e_{3,j} \end{bmatrix} = TD_0(s_{0,j}) \oplus TD_1(s_{1,j-1\bmod 4}) \oplus TD_2(s_{2,j-2\bmod 4}) \oplus TD_3(s_{3,j-3\bmod 4}) \oplus \begin{bmatrix} k_{0,j} \\ k_{1,j} \\ k_{2,j} \\ k_{3,j} \end{bmatrix}$$

为了减少计算量,采用简化版 AES 举例说明 AES 的加解密过程,简化版 AES 有初始轮变换、一个轮变换及末轮变换,需要 12 个子密钥。

**例 4.3** 举例说明 AES 的 32 位实现的加解密过程。

明文信息:0x414553414c474f524954484d44454d4f。

主密钥:0x7363686f6f6c6f66636f6d7075746572。

**1. 加密过程**

$$\boldsymbol{S} = \begin{bmatrix} 41 & 4c & 49 & 44 \\ 45 & 47 & 54 & 45 \\ 53 & 4f & 48 & 4d \\ 41 & 52 & 4d & 4f \end{bmatrix} \qquad \boldsymbol{K}_0 = \begin{bmatrix} 73 & 6f & 63 & 75 \\ 63 & 6c & 6f & 74 \\ 68 & 6f & 6d & 65 \\ 6f & 66 & 70 & 72 \end{bmatrix}$$

初始轮变换: $\boldsymbol{S} \oplus \boldsymbol{K}_0 = \begin{bmatrix} 41\oplus 73 & 4c\oplus 6f & 49\oplus 63 & 44\oplus 75 \\ 45\oplus 63 & 47\oplus 6c & 54\oplus 6f & 45\oplus 74 \\ 53\oplus 68 & 4f\oplus 6f & 48\oplus 6d & 4d\oplus 65 \\ 41\oplus 6f & 52\oplus 66 & 4d\oplus 70 & 4f\oplus 72 \end{bmatrix} = \begin{bmatrix} 32 & 23 & 2a & 31 \\ 26 & 2b & 3b & 31 \\ 3b & 20 & 25 & 28 \\ 2e & 34 & 3d & 3d \end{bmatrix}$

轮变换:

$$K_1 = \begin{bmatrix} \text{e0} & \text{8f} & \text{ec} & 99 \\ \text{2e} & 42 & \text{2d} & 59 \\ 28 & 47 & \text{2a} & \text{4f} \\ \text{f2} & 94 & \text{e4} & 96 \end{bmatrix}$$

$$\begin{bmatrix} e_{0,0} \\ e_{1,0} \\ e_{2,0} \\ e_{3,0} \end{bmatrix} = TE_0(s_{0,0}) \oplus TE_1(s_{1,1}) \oplus TE_2(s_{2,2}) \oplus TE_3(s_{3,3}) \oplus \begin{bmatrix} k_{0,0} \\ k_{1,0} \\ k_{2,0} \\ k_{3,0} \end{bmatrix}$$

$$= TE_0(32) \oplus TE_1(\text{2b}) \oplus TE_2(25) \oplus TE_3(\text{3d}) \oplus \begin{bmatrix} \text{e0} \\ \text{2e} \\ 28 \\ \text{f2} \end{bmatrix}$$

$$= \begin{bmatrix} 46 \\ 23 \\ 23 \\ 65 \end{bmatrix} \oplus \begin{bmatrix} 08 \\ \text{f9} \\ \text{f1} \\ \text{f1} \end{bmatrix} \oplus \begin{bmatrix} \text{3f} \\ 41 \\ \text{7e} \\ \text{3f} \end{bmatrix} \oplus \begin{bmatrix} 27 \\ 27 \\ 69 \\ \text{4e} \end{bmatrix} \oplus \begin{bmatrix} \text{e0} \\ \text{2e} \\ 28 \\ \text{f2} \end{bmatrix} = \begin{bmatrix} \text{b6} \\ 92 \\ \text{ed} \\ 17 \end{bmatrix}$$

$$\begin{bmatrix} e_{0,1} \\ e_{1,1} \\ e_{2,1} \\ e_{3,1} \end{bmatrix} = TE_0(s_{0,1}) \oplus TE_1(s_{1,2}) \oplus TE_2(s_{2,3}) \oplus TE_3(s_{3,0}) \oplus \begin{bmatrix} k_{0,1} \\ k_{1,1} \\ k_{2,1} \\ k_{3,1} \end{bmatrix}$$

$$= TE_0(23) \oplus TE_1(\text{3b}) \oplus TE_2(28) \oplus TE_3(\text{2e}) \oplus \begin{bmatrix} \text{8f} \\ 42 \\ 47 \\ 94 \end{bmatrix}$$

$$= \begin{bmatrix} \text{4c} \\ 26 \\ 26 \\ \text{6a} \end{bmatrix} \oplus \begin{bmatrix} \text{3d} \\ \text{df} \\ \text{e2} \\ \text{e2} \end{bmatrix} \oplus \begin{bmatrix} 34 \\ \text{5c} \\ 68 \\ 34 \end{bmatrix} \oplus \begin{bmatrix} 31 \\ 31 \\ 53 \\ 62 \end{bmatrix} \oplus \begin{bmatrix} \text{8f} \\ 42 \\ 47 \\ 94 \end{bmatrix} = \begin{bmatrix} \text{fb} \\ \text{d6} \\ \text{b8} \\ \text{4a} \end{bmatrix}$$

$$\begin{bmatrix} e_{0,2} \\ e_{1,2} \\ e_{2,2} \\ e_{3,2} \end{bmatrix} = TE_0(s_{0,2}) \oplus TE_1(s_{1,3}) \oplus TE_2(s_{2,0}) \oplus TE_3(s_{3,1}) \oplus \begin{bmatrix} k_{0,2} \\ k_{1,2} \\ k_{2,2} \\ k_{3,2} \end{bmatrix}$$

$$= TE_0(\text{2a}) \oplus TE_1(31) \oplus TE_2(\text{3b}) \oplus TE_3(34) \oplus \begin{bmatrix} \text{ec} \\ \text{2d} \\ \text{2a} \\ \text{e4} \end{bmatrix}$$

$$= \begin{bmatrix} \text{d1} \\ \text{e5} \\ \text{e5} \\ 34 \end{bmatrix} \oplus \begin{bmatrix} 52 \\ 95 \\ \text{c7} \\ \text{c7} \end{bmatrix} \oplus \begin{bmatrix} \text{e2} \\ \text{3d} \\ \text{df} \\ \text{e2} \end{bmatrix} \oplus \begin{bmatrix} 18 \\ 18 \\ 28 \\ 30 \end{bmatrix} \oplus \begin{bmatrix} \text{ec} \\ \text{2d} \\ \text{2a} \\ \text{e4} \end{bmatrix} = \begin{bmatrix} 95 \\ 78 \\ \text{ff} \\ \text{c5} \end{bmatrix}$$

$$\begin{bmatrix} e_{0,3} \\ e_{1,3} \\ e_{2,3} \\ e_{3,3} \end{bmatrix} = TE_0(s_{0,3}) \oplus TE_1(s_{1,0}) \oplus TE_2(s_{2,1}) \oplus TE_3(s_{3,2}) \oplus \begin{bmatrix} k_{0,3} \\ k_{1,3} \\ k_{2,3} \\ k_{3,3} \end{bmatrix}$$

$$= TE_0(31) \oplus TE_1(26) \oplus TE_2(20) \oplus TE_3(3\mathrm{d}) \oplus \begin{bmatrix} 99 \\ 59 \\ 4\mathrm{f} \\ 96 \end{bmatrix}$$

$$= \begin{bmatrix} 95 \\ \mathrm{c}7 \\ \mathrm{c}7 \\ 52 \end{bmatrix} \oplus \begin{bmatrix} 02 \\ \mathrm{f}5 \\ \mathrm{f}7 \\ \mathrm{f}7 \end{bmatrix} \oplus \begin{bmatrix} \mathrm{b}7 \\ \mathrm{c}2 \\ 75 \\ \mathrm{b}7 \end{bmatrix} \oplus \begin{bmatrix} 27 \\ 27 \\ 69 \\ 4\mathrm{e} \end{bmatrix} \oplus \begin{bmatrix} 99 \\ 59 \\ 4\mathrm{f} \\ 96 \end{bmatrix} = \begin{bmatrix} 9\mathrm{e} \\ 8\mathrm{e} \\ 63 \\ \mathrm{ca} \end{bmatrix}$$

轮变换的结果:

$$\begin{bmatrix} \mathrm{b}6 & \mathrm{fb} & 95 & 9\mathrm{e} \\ 92 & \mathrm{d}6 & 78 & 8\mathrm{e} \\ \mathrm{ed} & \mathrm{b}8 & \mathrm{ff} & 63 \\ 17 & 4\mathrm{a} & \mathrm{c}5 & \mathrm{ca} \end{bmatrix}$$

末轮变换:

$$\boldsymbol{K}_2 = \begin{bmatrix} 29 & \mathrm{a}6 & 4\mathrm{a} & \mathrm{d}3 \\ \mathrm{aa} & \mathrm{e}8 & \mathrm{c}5 & 9\mathrm{c} \\ \mathrm{b}8 & \mathrm{ff} & \mathrm{d}5 & 9\mathrm{a} \\ 1\mathrm{c} & 88 & 6\mathrm{c} & \mathrm{fa} \end{bmatrix}$$

$$\boldsymbol{T} = \begin{bmatrix} S(e_{00}) & S(e_{01}) & S(e_{02}) & S(e_{03}) \\ S(e_{11}) & S(e_{12}) & S(e_{13}) & S(e_{10}) \\ S(e_{22}) & S(e_{23}) & S(e_{20}) & S(e_{21}) \\ S(e_{33}) & S(e_{30}) & S(e_{31}) & S(e_{32}) \end{bmatrix} = \begin{bmatrix} S(\mathrm{b}6) & S(\mathrm{fb}) & S(95) & S(9\mathrm{e}) \\ S(\mathrm{d}6) & S(78) & S(8\mathrm{e}) & S(92) \\ S(\mathrm{ff}) & S(63) & S(\mathrm{ed}) & S(\mathrm{b}8) \\ S(\mathrm{ca}) & S(17) & S(4\mathrm{a}) & S(\mathrm{c}5) \end{bmatrix} = \begin{bmatrix} 4\mathrm{e} & 0\mathrm{f} & 2\mathrm{a} & 0\mathrm{b} \\ \mathrm{f}6 & \mathrm{bc} & 19 & 4\mathrm{f} \\ 16 & \mathrm{fb} & 55 & 6\mathrm{c} \\ 74 & \mathrm{f}0 & \mathrm{d}6 & \mathrm{a}6 \end{bmatrix}$$

末轮变换结果:

$$\boldsymbol{T} \oplus \boldsymbol{K}_2 = \begin{bmatrix} 4\mathrm{e} \oplus 29 & 0\mathrm{f} \oplus \mathrm{a}6 & 2\mathrm{a} \oplus 4\mathrm{a} & 0\mathrm{b} \oplus \mathrm{d}3 \\ \mathrm{f}6 \oplus \mathrm{aa} & \mathrm{bc} \oplus \mathrm{e}8 & 19 \oplus \mathrm{c}5 & 4\mathrm{f} \oplus 9\mathrm{c} \\ 16 \oplus \mathrm{b}8 & \mathrm{fb} \oplus \mathrm{ff} & 55 \oplus \mathrm{d}5 & 6\mathrm{c} \oplus 9\mathrm{a} \\ 74 \oplus 1\mathrm{c} & \mathrm{f}0 \oplus 88 & \mathrm{d}6 \oplus 6\mathrm{c} & \mathrm{a}6 \oplus \mathrm{fa} \end{bmatrix} = \begin{bmatrix} 67 & \mathrm{a}9 & 60 & \mathrm{d}8 \\ 5\mathrm{c} & 54 & \mathrm{dc} & \mathrm{d}3 \\ \mathrm{ae} & 04 & 80 & \mathrm{f}6 \\ 68 & 78 & \mathrm{ba} & 5\mathrm{c} \end{bmatrix}$$

**2. 解密过程**

$$\boldsymbol{S} = \begin{bmatrix} 67 & \mathrm{a}9 & 60 & \mathrm{d}8 \\ 5\mathrm{c} & 54 & \mathrm{dc} & \mathrm{d}3 \\ \mathrm{ae} & 04 & 80 & \mathrm{f}6 \\ 68 & 78 & \mathrm{ba} & 5\mathrm{c} \end{bmatrix} \qquad \boldsymbol{K}_0 = \begin{bmatrix} 29 & \mathrm{a}6 & 4\mathrm{a} & \mathrm{d}3 \\ \mathrm{aa} & \mathrm{e}8 & \mathrm{c}5 & 9\mathrm{c} \\ \mathrm{b}8 & \mathrm{ff} & \mathrm{d}5 & 9\mathrm{a} \\ 1\mathrm{c} & 88 & 6\mathrm{c} & \mathrm{fa} \end{bmatrix}$$

初始轮变换：$S \oplus K_0 = \begin{bmatrix} 67\oplus 29 & a9\oplus a6 & 60\oplus 4a & d8\oplus d3 \\ 5c\oplus aa & 54\oplus e8 & dc\oplus c5 & d3\oplus 9c \\ ae\oplus b8 & 04\oplus ff & 80\oplus d5 & f6\oplus 9a \\ 68\oplus 1c & 78\oplus 88 & ba\oplus 6c & 5c\oplus fa \end{bmatrix} = \begin{bmatrix} 4e & 0f & 2a & 0b \\ f6 & bc & 19 & 4f \\ 16 & fb & 55 & 6c \\ 74 & f0 & d6 & a6 \end{bmatrix}$

轮变换：$K_1 = \begin{bmatrix} de & ed & 37 & a6 \\ cb & d3 & 5d & b5 \\ 3e & 19 & ef & 42 \\ 3f & 39 & 8a & 48 \end{bmatrix}$

$$\begin{bmatrix} e_{0,0} \\ e_{1,0} \\ e_{2,0} \\ e_{3,0} \end{bmatrix} = TD_0(s_{0,0}) \oplus TD_1(s_{1,3}) \oplus TD_2(s_{2,2}) \oplus TD_3(s_{3,1}) \oplus \begin{bmatrix} k_{0,0} \\ k_{1,0} \\ k_{2,0} \\ k_{3,0} \end{bmatrix}$$

$$= TD_0(4e) \oplus TD_1(4f) \oplus TD_2(55) \oplus TD_3(f0) \oplus \begin{bmatrix} de \\ cb \\ 3e \\ 3f \end{bmatrix}$$

$$= \begin{bmatrix} 5e \\ 71 \\ 9f \\ 06 \end{bmatrix} \oplus \begin{bmatrix} 51 \\ bd \\ 6e \\ 10 \end{bmatrix} \oplus \begin{bmatrix} 5d \\ 05 \\ 71 \\ c4 \end{bmatrix} \oplus \begin{bmatrix} af \\ f3 \\ 81 \\ ca \end{bmatrix} \oplus \begin{bmatrix} de \\ cb \\ 3e \\ 3f \end{bmatrix} = \begin{bmatrix} 23 \\ f1 \\ 3f \\ 27 \end{bmatrix}$$

$$\begin{bmatrix} e_{0,1} \\ e_{1,1} \\ e_{2,1} \\ e_{3,1} \end{bmatrix} = TD_0(s_{0,1}) \oplus TD_1(s_{1,0}) \oplus TD_2(s_{2,3}) \oplus TD_3(s_{3,2}) \oplus \begin{bmatrix} k_{0,1} \\ k_{1,1} \\ k_{2,1} \\ k_{3,1} \end{bmatrix}$$

$$= TD_0(0f) \oplus TD_1(f6) \oplus TD_2(6c) \oplus TD_3(d6) \oplus \begin{bmatrix} ed \\ d3 \\ 19 \\ 39 \end{bmatrix}$$

$$= \begin{bmatrix} b5 \\ 62 \\ a3 \\ 8f \end{bmatrix} \oplus \begin{bmatrix} 8b \\ 28 \\ 3c \\ 49 \end{bmatrix} \oplus \begin{bmatrix} d9 \\ 64 \\ 09 \\ 0f \end{bmatrix} \oplus \begin{bmatrix} 2c \\ 1f \\ b8 \\ c1 \end{bmatrix} \oplus \begin{bmatrix} ed \\ d3 \\ 19 \\ 39 \end{bmatrix} = \begin{bmatrix} 26 \\ e2 \\ 34 \\ 31 \end{bmatrix}$$

$$\begin{bmatrix} e_{0,2} \\ e_{1,2} \\ e_{2,2} \\ e_{3,2} \end{bmatrix} = TD_0(s_{0,2}) \oplus TD_1(s_{1,1}) \oplus TD_2(s_{2,0}) \oplus TD_3(s_{3,3}) \oplus \begin{bmatrix} k_{0,2} \\ k_{1,2} \\ k_{2,2} \\ k_{3,2} \end{bmatrix}$$

$$= TD_0(2a) \oplus TD_1(bc) \oplus TD_2(16) \oplus TD_3(a6) \oplus \begin{bmatrix} 37 \\ 5d \\ ef \\ 8a \end{bmatrix}$$

$$= \begin{bmatrix} 97 \\ 51 \\ 33 \\ 60 \end{bmatrix} \oplus \begin{bmatrix} 65 \\ e6 \\ 95 \\ 6e \end{bmatrix} \oplus \begin{bmatrix} 97 \\ a3 \\ 8d \\ 46 \end{bmatrix} \oplus \begin{bmatrix} 67 \\ 8e \\ 26 \\ d9 \end{bmatrix} \oplus \begin{bmatrix} 37 \\ 5d \\ ef \\ 8a \end{bmatrix} = \begin{bmatrix} e5 \\ c7 \\ e2 \\ 18 \end{bmatrix}$$

$$\begin{bmatrix} e_{0,3} \\ e_{1,3} \\ e_{2,3} \\ e_{3,3} \end{bmatrix} = TD_0(s_{0,3}) \oplus TD_1(s_{1,2}) \oplus TD_2(s_{2,1}) \oplus TD_3(s_{3,0}) \oplus \begin{bmatrix} k_{0,3} \\ k_{1,3} \\ k_{2,3} \\ k_{3,3} \end{bmatrix}$$

$$= TE_0(0b) \oplus TE_1(19) \oplus TE_2(fb) \oplus TE_3(74) \oplus \begin{bmatrix} 96 \\ b5 \\ 42 \\ 48 \end{bmatrix}$$

$$= \begin{bmatrix} f5 \\ 02 \\ 4c \\ 25 \end{bmatrix} \oplus \begin{bmatrix} 95 \\ 15 \\ 92 \\ 9c \end{bmatrix} \oplus \begin{bmatrix} c1 \\ 90 \\ 64 \\ 56 \end{bmatrix} \oplus \begin{bmatrix} c0 \\ c5 \\ 4f \\ 80 \end{bmatrix} \oplus \begin{bmatrix} 96 \\ b5 \\ 42 \\ 48 \end{bmatrix} = \begin{bmatrix} c7 \\ f7 \\ b7 \\ 27 \end{bmatrix}$$

轮变换的结果：

$$\begin{bmatrix} 23 & 26 & e5 & c7 \\ f1 & e2 & c7 & f7 \\ 3f & 34 & e2 & b7 \\ 27 & 31 & 18 & 27 \end{bmatrix}$$

末轮变换：

$$\boldsymbol{K}_2 = \begin{bmatrix} 73 & 6f & 63 & 75 \\ 63 & 6c & 6f & 74 \\ 68 & 6f & 6d & 65 \\ 6f & 66 & 70 & 72 \end{bmatrix}$$

$$\boldsymbol{T} = \begin{bmatrix} S^{-1}(e_{00}) & S^{-1}(e_{01}) & S^{-1}(e_{02}) & S^{-1}(e_{03}) \\ S^{-1}(e_{13}) & S^{-1}(e_{10}) & S^{-1}(e_{11}) & S^{-1}(e_{12}) \\ S^{-1}(e_{22}) & S^{-1}(e_{23}) & S^{-1}(e_{20}) & S^{-1}(e_{21}) \\ S^{-1}(e_{31}) & S^{-1}(e_{32}) & S^{-1}(e_{33}) & S^{-1}(e_{30}) \end{bmatrix}$$

$$= \begin{bmatrix} S^{-1}(23) & S^{-1}(26) & S^{-1}(e5) & S^{-1}(c7) \\ S^{-1}(f7) & S^{-1}(f1) & S^{-1}(e2) & S^{-1}(c7) \\ S^{-1}(e2) & S^{-1}(b7) & S^{-1}(3f) & S^{-1}(34) \\ S^{-1}(31) & S^{-1}(18) & S^{-1}(27) & S^{-1}(27) \end{bmatrix} = \begin{bmatrix} 32 & 23 & 2a & 31 \\ 26 & 2b & 3b & 31 \\ 3b & 20 & 25 & 28 \\ 2e & 34 & 3d & 3d \end{bmatrix}$$

$$末轮变换结果:\boldsymbol{T}\oplus\boldsymbol{K}_2=\begin{bmatrix}32\oplus73 & 23\oplus6f & 2a\oplus63 & 31\oplus75\\26\oplus63 & 2b\oplus6c & 3b\oplus6f & 31\oplus74\\3b\oplus68 & 20\oplus6f & 25\oplus6d & 28\oplus65\\2e\oplus6f & 34\oplus66 & 3d\oplus70 & 3d\oplus72\end{bmatrix}=\begin{bmatrix}41 & 4c & 49 & 44\\45 & 47 & 54 & 45\\53 & 4f & 48 & 4d\\41 & 52 & 4d & 4f\end{bmatrix}$$

## 4.3.5　AES－128 演示

假设输入的明文信息是 AESALGORITHMDEMO，其 ASCII 编码是 0x414553414c474f524954484d44454d4f；主密钥是 schoolofcomputer，其 ASCII 编码是 0x7363686f6f6c6f66636f6d7075746572。

### 1. 加密过程

44 个加密子密钥分别是 0x7363686f，0x6f6c6f66，0x636f6d70，0x75746572，0xe02e28f2，0x8f424794，0xec2d2ae4，0x99594f96，0x29aab81c，0xa6e8ff88，0x4ac5d56c，0xd39c9afa，0xf312957a，0x55fa6af2，0x1f3fbf9e，0xcca32564，0xf12dd631，0xa4d7bcc3，0xbbe8035d，0x774b2639，0x52dac4c4，0xf60d7807，0x4de57b5a，0x3aae5d63，0x96963f44，0x609b4743，0x2d7e3c19，0x17d0617a，0xa679e5b4，0xc6e2a2f7，0xeb9c9eee，0xfc4cff94，0x0f6fc704，0xc98d65f3，0x2211fb1d，0xde5d0489，0x589d6019，0x911005ea，0xb301fef7，0x6d5cfa7e，0x24b09325，0xb5a096cf，0x06a16838，0x6bfd9246。

加密过程的初始轮变换、第 1 至 9 轮变换、末轮变换分别为
输入：0x414553414c474f524954484d44454d4f
初始轮变换：0x32263b2e232b20342a3b253d3131283d
明文与初始轮变换的异或：0x7363686f6f6c6f66636f6d7075746572
可见：初始轮变换有 73 比特发生变化
第一轮：0xb692ed17fbd6b84a9578ffc59e8e63ca
明文与第一轮的异或：0xf7d7be56b791f718dc2cb788dacb2e85
可见：第一轮变换有 74 比特发生变化
第二轮：0xd65db0c66c62aa25b6f42de9de1bf793
明文与第二轮的异或：0x9718e3872025e577ffa065a49a5ebadc
可见：第二轮变换有 67 比特发生变化
第三轮：0xe5041daaf3c392a6b139ca7a90d7159f
明文与第三轮的异或：0xa4414eebbf84ddf4f86d8237d49258d0
可见：第三轮变换有 65 比特发生变化
第四轮：0x85efbfb67db9fedca2effafc2fdf5f8b
明文与第四轮的异或：0xc4aaecf731feb18eebbbb2b16b9a12c4
可见：第四轮变换有 71 比特发生变化
第五轮：0x8dab1867e8530f910e665e9561783143
明文与第五轮的异或：0xccee4b26a41440c3473216d8253d7c0c
可见：第五轮变换有 56 比特发生变化

第六轮:0x42f811225ab1ee1093dbf2f7284b7e10
明文与第六轮的异或:0x03bd426316f6a142da8fbaba6c0e335f
可见:第六轮变换有 65 比特发生变化
第七轮:0xfe944d0e11a8f659ce6aab2f17ea6271
明文与第七轮的异或:0xbfd11e4f5defb90b873ee36253af2f3e
可见:第七轮变换有 77 比特发生变化
第八轮:0xfe4e842fd1454c8b957a6c72143a6dc8
明文与第八轮的异或:0xbf0bd76e9d0203d9dc2e243f507f2087
可见:第八轮变换有 65 比特发生变化
第九轮:0x3fe2363ab1d0a6641eecad2c9ac3bded
明文与第九轮的异或:0x7ea7657bfd97e93657b8e561de86f0a2
可见:第九轮变换有 75 比特发生变化
末轮变换:0x51c006707d6eec4f748f6d7bd365b637
得到密文是:0x51c006707d6eec4f748f6d7bd365b637
明文与密文的异或:0x108555313129a31d3ddb25369720fb78
可见:末轮变换有 60 比特发生变化
经过如此变换,明文密文之间的关系会相当复杂。

**2. 解密过程**

44 个解密子密钥分别是 0x24b09325,0xb5a096cf,0x06a16838,0x6bfd9246,0x02715996,0xddcc95ea,0xf705d79e,0x0fe9e9ba,0x0e5f9b69,0xdfbdcc7c,0x2ac94274,0xf8ec3e24,0x86d1c21b,0xd1e25715,0xf5748e08,0xd2257c50,0x8a34d510,0x5733950e,0x2496d91d,0x2751f258,0x933a0e2f,0xdd07401e,0x73a54c13,0x03c72b45,0x36486722,0x4e3d4e31,0xaea20c0d,0x70626756,0xd7c2adb6,0x78752913,0xe09f423c,0xdec06b5b,0x42649d9c,0xafb784a5,0x98ea6b2f,0x3e5f2967,0xdecb3e3f,0xedd31939,0x375def8a,0xa6b54248,0x7363686f,0x6f6c6f66,0x636f6d70,0x75746572。

解密过程的初始轮变换、第 1 至 9 轮变换、末轮变换分别为
初始轮变换:0x75709555c8ce7a80722e0543b8982471
第一轮:0xbb6e50e83eda3c152a805f3dfa2f2940
第二轮:0xbbc262a38202aaab8b87e3cbf0224215
第三轮:0x2cc889cabeb9f393dcb382ca34412868
第四轮:0x5ded581a9b33c785abbcad81ef62762a
第五轮:0x97562d3dffdfcf4e3a9e088615dfbbb0
第六轮:0xd92e74db0d1259acc80ea42460f24fda
第七轮:0xf6aad8dc50bf68b44eafe73f1d4cac1e
第八轮:0x4ef616740fbcfbf02a1955d60b4f6ca6
第九轮:0x23f13f2726e23431e5c7e218c7f7b727
末　轮:0x414553414c474f524954484d44454d4f

恢复明文:0x414553414c474f524954484d44454d4f

**3. 雪崩效应**

(1)主密钥不变,只改变明文的一个比特,不妨改变最后一个比特:

新的明文为　0x414553414c474f524954484d44454d4e

新的密文为　0x4cafc6bba1ed0e1062185d8fc2a3d4fa

原来的密文与新密文的异或为　0x1d6fc0cbdc83e25f169730f411c662cd

两者有 64 比特的差异。

(2)明文不变,只改变主密钥的一个比特,不妨改变最后一个比特:

新的主密钥为　0x7363686f6f6c6f66636f6d7075746573

新的密文为　0x20a63e895baca449a2e3afda45d99c23

原来的密文与新密文的异或为　0x716638f926c24806d66cc2a196bc2a14

两者有 56 比特的差异。

可以看出仅仅改变明文或主密钥的一个比特将引起密文几乎一半以上的比特发生变化。

### 4.3.6　AES 的安全性

AES 的密钥长度是 128,192,256 比特,密钥穷搜索攻击在计算上不可行,AES 对线性密码分析和差分密码分析是免疫的。

## 4.4　分组密码的工作模式

在分组密码的实际应用中,需要根据使用的目的和环境,采用不同的工作模式。目前,已经提出了多种分组密码的工作模式:电码本模式(ECB),分组链接模式(CBC),密码反馈模式(CFB),输出反馈模式(OFB),计数器模式(CTR)等。本节假定分组密码的分组长度为 $N$ 比特。

### 4.4.1　电码本模式(ECB)

ECB(Electronic Code Book)是分组密码最简单的工作模式,明文信息分成若干个 $N$ 比特分组,每个分组采用相同的密钥独立地加解密,如图 4.14 所示。

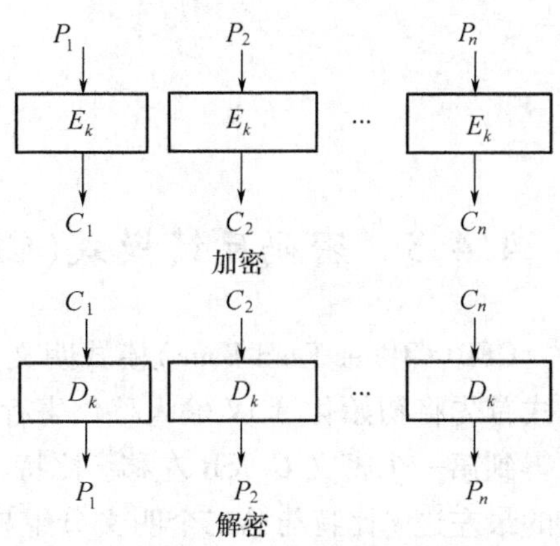


**图 4.14　ECB 模式**

ECB 模式的特征是相同的明文分组产生相同的密文分组,相同的密文分组对应着相同的明文分组;一个密文分组的传输错误不会影响其他分组,容易同步。如果明文信息有大量的重复内容,攻击者就可以得到明文的结构模式,尤其是在网络应用中,数据包都有固定的头部,攻击者可以获得大量的明密文对已知明文进行攻击;攻击者还可以进行插入、删除、重放等主动攻击;ECB 模式对传输中比特的丢失或增加比较敏感,这些都是 ECB 的缺点。ECB 特别适合短信息的加密,一般 ECB 模式用来加密用户主密钥。

## 4.4.2 分组链接模式(CBC)

CBC(CIPher Block Chaining)模式将第一个分组与一个初始化量 IV 异或后加密得到第一个密文,后续明文与前一个密文异或后加密得到相应的密文,……,所有的加密密钥相同,解密过程正好相反,用公式表示如下。

加密: $C_1 = P_1 \oplus \text{IV}, C_i = E_k(P_i \oplus C_{i-1}) \quad i \geqq 2$

解密: $P_1 = C_1 \oplus \text{IV}, P_i = D_k(C_i) \oplus C_{i-1} \quad i \geqq 2$

如图 4.15 所示,CBC 模式的特征是通信的双方需要共享初始化量 IV(需要保密),相同的明文分组产生不同的密文分组,可以隐藏明文的结构模式,攻击者不能进行插入、删除、重放等主动攻击。一个密文分组的传输错误会影响两个分组;像 ECB 一样,对传输中比特的丢失或增加比较敏感,这些都是 CBC 的缺点。CBC 特别适合长信息的加密。

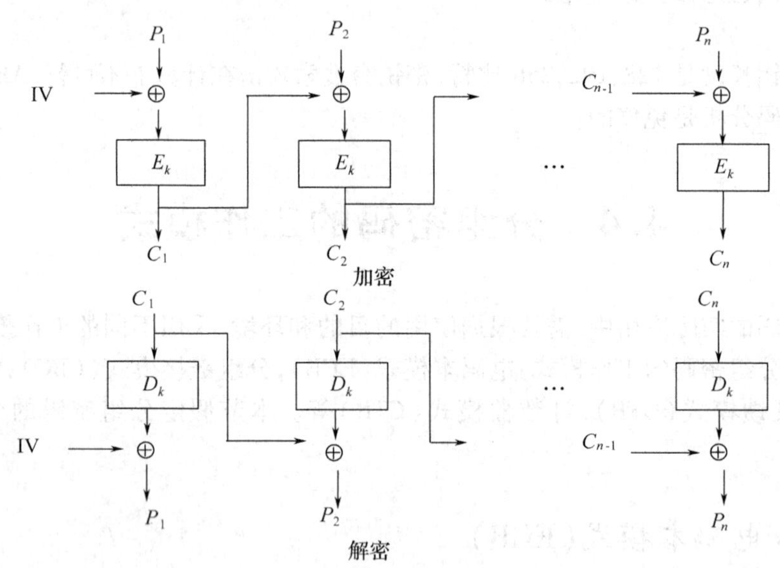


**图 4.15 CBC 模式**

## 4.4.3 密码反馈模式(CFB)

CFB(CIPher Feed Back)模式明文分组长度可以比 $N$ 小,假设明文分组长度是 $s$ 比特,CFB 模式首先将初始化量 IV 输入移位寄存器 SR,加密 SR 用输出的最左边 $s$ 比特与第一个分组异或得到第一个密文 $C_1$,SR 左移 $s$ 比特,用 $C_1$ 填入 SR 左移后右边空出的 $s$ 比特,加密 SR 用输出的最左边 $s$ 比特与第二个明文分组异或得到第二个密文 $C_2$……所有的加密密钥相同,用公式表示如下。

加密：$SR_1 = IV \quad SR_i = (SR_{i-1} \ll s) \oplus C_{i-1} \quad C_i = P_i \oplus LF_s(E_k(SR_i)) \quad i \geqq 2$

解密：$SR_1 = IV \quad SR_i = (SR_{i-1} \ll s) \oplus C_{i-1} \quad P_i = C_i \oplus LF_s(E_k(SR_i)) \quad i \geqq 2$

如图4.16所示，CFB模式的特征是通信的双方需要共享初始化量IV（可以不保密但每条消息必须不同），相同的明文分组产生不同的密文分组，可以隐藏明文的结构模式，攻击者不能进行插入、删除、重放等主动攻击，CFB模式只使用加密算法，从而不必生成解密子密钥。一个密文分组的传输错误会影响所有后续分组；对传输中比特的丢失或增加比较敏感，这些都是CFB的缺点。CFB模式明文分组长度可以小于$N$，特别适合对字符加密。

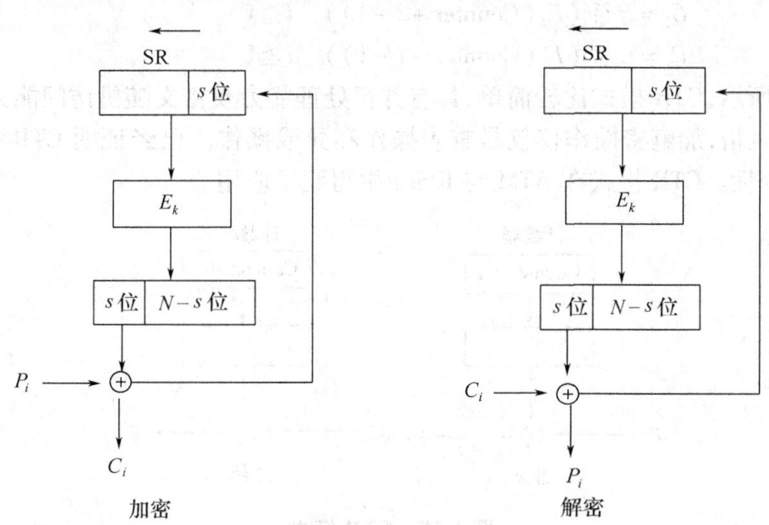


**图4.16 CFB模式**

## 4.4.4 输出反馈模式（OFB）

OFB（Output Feed Back）模式与CFB模式很相似，不同的是OFB用移位寄存器SR加密输出的最左边$s$比特填入SR左移$s$比特后右边空出的$s$比特。用公式表示如下。

加密：$SR_1 = IV \quad SR_i = (SR_{i-1} \ll s) \oplus LF_s(E_k(SR_i)) \quad C_i = P_i \oplus LF_s(E_k(SR_i)) \quad i \geqq 2$

解密：$SR_1 = IV \quad SR_i = (SR_{i-1} \ll s) \oplus LF_s(E_k(SR_i)) \quad P_i = C_i \oplus LF_s(E_k(SR_i)) \quad i \geqq 2$

如图4.17所示，OFB模式的特征是通信的双方需要共享初始化量IV（可以不保密，但每条消息必须不同），相同的明文分组产生不同的密文分组，可以隐藏明文的结构模式，OFB不能防止数据篡改。OFB模式抗噪能力强，一个密文分组的传输错误不会影响后续分组，适合在噪声较大的卫星信道上使用。OFB对传输中比特的丢失或增加比较敏感，要求信道有严格的同步能力。OFB也适合对字符加密。

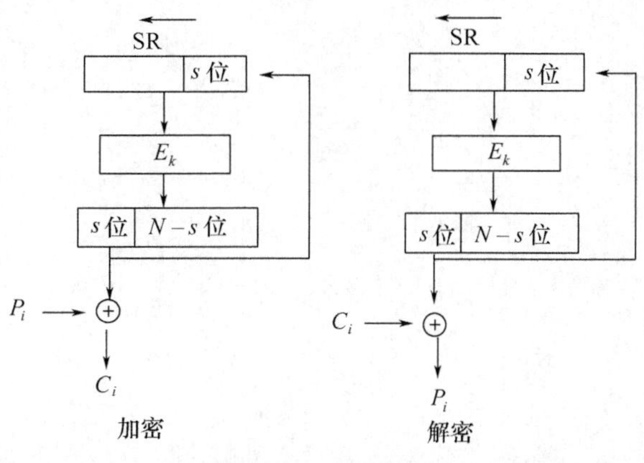


**图4.17 OFB模式**

### 4.4.5 计数器模式(CTR)

CTR(CounTeR)模式采用 $N$ 比特长的计数器 Counter(通信双方要协商计数器的初始值),加密 Counter,用加密输出与第一个分组异或得到第一个密文 $C_1$,计数器 Counter 增 1,加密 Counter,用加密输出与第二个分组异或得到第二个密文 $C_2$……所有的加密密钥相同,用公式表示如下。

加密: $C_i = P_i \oplus (E_k(\text{Counter} + i - 1)) \quad i \geqq 1$

解密: $P_i = C_i \oplus (E_k(\text{Counter} + i - 1)) \quad i \geqq 1$

如图 4.18 所示,CTR 模式比较简单,具有并行处理能力及密文随机访问能力,如果事先计算 $E_k(2^N)$ 做好表格,加解密操作仅仅是查表操作和异或操作。已经证明 CTR 模式与其他模式有相同的安全性。CTR 模式在 ATM 与 IPSec 中得到了应用。

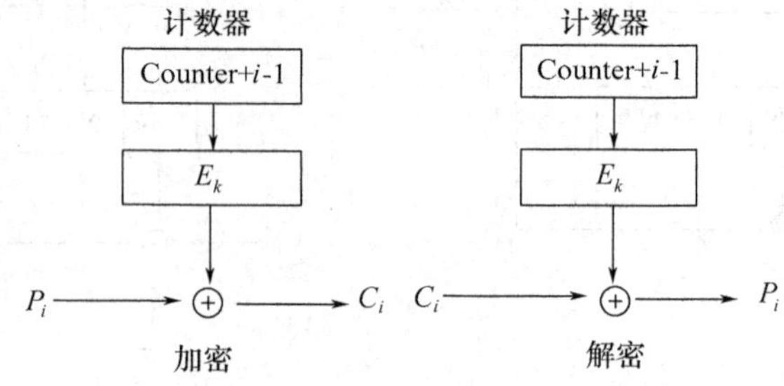


**图 4.18 CTR 模式**

## 4.5 本章小结

本章重点介绍密码学的基本概念,加密算法 IDEA,AES,RSA 及其实现。

# 第5章 防火墙技术

防火墙的本义是指古代构筑和使用木制结构房屋的时候,为防止火灾的发生和蔓延,人们将坚固的石块堆砌在房屋周围作为屏障,这种防护构筑物就被称之为“防火墙”。与防火墙一起起作用的就是“门”。如果没有门,各房间的人将无法沟通。当火灾发生时,这些人还须从门逃离现场。这个门就相当于我们这里所讲的防火墙的“安全策略”,所以在此我们所说的防火墙实际并不是一堵实心墙,而是带有一些小门的墙。这些小门就是用来留给那些允许进行的通信,在这些小门中安装了过滤机制。

网络防火墙是借鉴了古代真正用于防火的防火墙的喻义,它指的是隔离在本地网络与外界网络之间的一道防御系统。防火墙可以使企业内部局域网(LAN)网络与 Internet 之间或者与其他外部网络互相隔离、限制网络互访用来保护内部网络,防止发生不可预测的、潜在破坏性的侵入。

典型的防火墙具有以下三个方面的基本特性。

### 1. 内部网络和外部网络之间的所有网络数据流都必须经过防火墙

这是防火墙所处网络位置的特性,同时也是一个前提。因为只有当防火墙是内、外部网络之间通信的唯一通道,才可以全面、有效地保护企业内部网络不受侵害。

根据美国国家安全局制定的《信息保障技术框架》,防火墙适用于用户网络系统的边界,属于用户网络边界的安全保护设备。所谓网络边界即是采用不同安全策略的两个网络的连接处,例如用户网络和 Internet 之间连接、和其他业务往来单位的网络连接、用户内部网络不同部门之间的连接等。防火墙的目的就是在网络连接之间建立一个安全控制点,通过允许、拒绝或重新定向经过防火墙的数据流,实现对进、出内部网络的服务和访问的审查和控制。

### 2. 只有符合安全策略的数据流才能通过防火墙

防火墙最基本的功能是确保网络流量的合法性,并在此前提下将网络的流量快速地从一条链路转发到另外的链路上去。从最早的防火墙模型开始谈起,原始的防火墙是一台“双穴主机”,即具备两个网络接口,同时拥有两个网络层地址。防火墙将网络流量通过相应的网络接口接收上来,按照协议栈的层次结构顺序上传,在适当的协议层进行访问规则和安全审查,然后将符合通过条件的报文从相应的网络接口送出,而对于那些不符合通过条件的报文则予以阻断。因此,从这个角度来说,防火墙是一个类似于桥接或路由器的、多端口的(网络接口≥2)转发设备,它跨接于多个分离的物理网段之间,并在报文转发过程之中完成对报文的审查工作。

### 3. 防火墙自身应具有非常强的抗攻击能力

这是防火墙能担当企业内部网络安全防护重任的先决条件。防火墙处于网络边缘,它就像一个边界卫士一样,每时每刻都要面对黑客的入侵,这样就要求防火墙自身要具有非常强的抗击入侵的能力。其中防火墙操作系统本身的安全性是关键。其次就是防火墙自身具有非常少的服务功能,除了专门的防火墙嵌入系统外,再没有其他应用程序在防火墙上运行。

自从1986年美国Digital公司在Internet上安装了全球第一个商用防火墙系统以来,防火墙技术得到了飞速的发展。目前有几十家公司推出了功能不同的防火墙系统。第一代防火墙,又称包过滤防火墙,主要通过对数据包源地址、目的地址、端口号等参数的检查来决定是否允许该数据包通过,对其进行转发,但这种防火墙很难抵御IP地址欺骗等攻击,而且审查功能很差。第二代防火墙,也称代理服务器,它可提供对网络服务层的控制,在外部网络向被保护的内部网络申请服务时充当代理的作用,这种方法可以有效地防止对内部网络的直接攻击,安全性较高。第三代防火墙有效地提高了防火墙的安全性,称为状态监控功能防火墙,它可以对每一层的数据包进行检测和监控。随着网络攻击手段和信息安全技术的发展,功能更加强大、安全性更好的新一代防火墙已经问世,这个阶段的防火墙已超出了传统意义上防火墙的范畴,已经演变成一个全方位的安全技术集成系统,可称之为第四代防火墙,它可以抵御目前常见的网络攻击手段,如IP地址欺骗、特洛伊木马攻击、Internet蠕虫、口令探寻攻击、邮件攻击等。实际上,这种防火墙具有很多的IDS功能。IDS与防火墙的相互配合使用,VPN和防火墙的相互配合使用将能提供更全面的安全性,也是防火墙发展的趋势。

## 5.1 防火墙功能及分类

### 5.1.1 防火墙的功能

防火墙是网络安全的第一道防线。防火墙在一个机构的私有网络和外部网络间建立一个检查点。这种实现要求所有的流量都要通过这个检查点。一旦这些检查点清楚地建立,防火墙设备就可以监视、过滤所有流入和流出的网络流量。只有经过精心选择的数据包才能通过防火墙,所以网络环境变得更安全。如防火墙可以禁止诸如众所周知的不安全的NFS协议进出受保护网络,这样外部的攻击者就不可能利用这些脆弱的协议来攻击内部网络。防火墙同时可以保护网络免受基于路由的攻击,如IP选项中的源路由攻击和ICMP重定向中的重定向路径。防火墙可以拒绝所有以上类型攻击的报文并通知防火墙管理员。

防火墙可以强化网络安全策略。通过以防火墙为中心的安全方案配置,能将所有安全软件(如口令、加密、身份认证、审查等)配置在防火墙上。与将网络安全问题分散到各个主机上相比,防火墙的集中式安全管理在经济性方面占优势。例如在网络访问时,一次一密口令系统和其他的身份认证系统完全可以不必分散在各个主机上,而集中在防火墙一身上。

防火墙可以对网络存取和访问进行监控审查。如果所有的访问都经过防火墙,那么,防火墙就能记录下这些访问并记录在日志中,同时也能提供网络使用情况的统计数据。当发生可疑动作时,防火墙还能进行适当的报警,并提供网络是否受到监听和攻击的详细信息;另外,收集一个网络的使用和误用情况也是非常重要的。首先可以清楚防火墙是否能够抵挡攻击者的探测和攻击,并且清楚防火墙的控制是否充足。网络使用统计对网络需求分析和威胁分析等而言也是非常重要的。

防火墙可以防止内部信息的外泄。防火墙在内部网络周围创建了一个保护的边界。并且对于公网隐藏了内部系统的信息。当远程节点侦测内部网络时,他们仅仅能看到防火墙。内部细节如Finger,DNS等服务被很好地隐蔽起来。Finger显示了主机的所有用户的注册名、真名、最后登录时间和使用shell类型等。Finger所显示的信息非常容易被攻击者所获悉并利用。通过Finger攻击者可以知道一个系统使用的频繁程度,这个系统是否有用户正在连线上网,这个系统是否在被攻击时引起注意等。防火墙同样可阻塞有关内部网络中的DNS信息,这样一台主机的域名和IP地址就不会被外界所了解。另外,利用防火墙对内部网络的划分,可实现对内部网的重点网段的隔离,从而限制局部重点或敏感网络安全问题对全局网络造成的影响。

除了安全作用,防火墙还可以支持虚拟专用网(VPN)。通过VPN,将企事业单位在地域上分布在世界各地的LAN或专用子网,通过Internet有机地联成整体。不必使用昂贵的专用通信线路,通过使用IPsec等通信安全协议可保证信息在Internet上传递时的安全性。

### 5.1.2　防火墙的分类

防火墙有许多种形式,有以软件形式运行在普通计算机上的,也有以硬件形式设置在路由器之中的。按照不同的角度可对防火墙作出不同的分类。

#### 1. 按照软硬件功能分配分类

(1)软件防火墙

软件防火墙运行于特定的计算机上,它需要客户预先安装好的计算机操作系统的支持,一般来说这台计算机就是整个网络的网关。常用的"个人防火墙"也属于这类。软件防火墙就像其他的软件产品一样需要先在计算机上安装并做好配置才可以使用。软件防火墙中具有代表性的产品是Checkpoint。

(2)硬件防火墙

这里说的硬件防火墙是指"所谓的硬件防火墙"。之所以加上"所谓"二字是针对芯片级防火墙来说的。它们最大的差别在于是否基于专用的硬件平台。目前市场上大多数防火墙都是这种所谓的硬件防火墙,他们都基于PC架构,就是说,它们和普通家庭用的PC没有太大区别。在这些PC架构计算机上运行一些经过裁剪和简化的操作系统,最常用的有Unix,Linux和FreeBSD系统。值得注意的是,此类防火墙采用的是别人的内核,因此依然会受到操作系统本身的安全性影响。

(3)芯片级防火墙

芯片级防火墙基于专门的硬件平台。专有的ASIC芯片使它们比其他种类的防火墙速度更快,处理能力更强,性能更高。做这类防火墙最出名的厂商有NetScreen,FortiNet,Cisco等。这类防火墙采用固化于硬件的专用操作系统,防火墙本身的漏洞比较少,不过价格相对比较高昂。

#### 2. 按照检查协议深度分类

包(packet)是网络上信息流动的单位,在网上传输的文件一般在发送端被划分成一系列包,经过网络上的中间站点转发,最终到达目的地,然后这些包中的数据又重新组成原来的信息。每个包包括两部分:数据部分和包头,包头中含有源地址和目的地址等信息。防火墙按照其分析网络包的协议深度可分为三种:包过滤防火墙、状态检测防火墙和应用代理型防火墙。

(1)包过滤防火墙

包过滤通过拦截数据包,检查包头,过滤掉不应转发的信息,放行合法数据包。包过滤器又称为筛选路由器,它通过将包头信息和管理员设定的规则表比较,如果有一条规则不允许发送某个包,则路由器将它丢弃。规则表又称为访问控制表(Access Control Table)。

包过滤规则一般基于网络层之上的部分的或全部的包头信息,例如对于TCP包头信息为IP协议类型、IP源地址、IP目的地址、IP选择域的内容、TCP源端口号、TCP目的端口号、TCP ACK标识。

另外,TCP的序列号、确认号,IP校验和、分片偏移也往往是要检查的内容。

这类防火墙几乎是与路由器同时产生的。防火墙常常就是一个具备包过滤功能的简单路由器,包过滤是路由器的固有功能。包过滤方式是一种通用、廉价和有效的安全手段。通用,是因为它不是针对各个具体的网络服务采取特殊的处理方式,适用于所有网络服务;廉价,是因为大多数路由器都提供数据包过滤功能,所以这类防火墙多数是由路由器集成的;有效,是因为它能在很大程度上满足绝大多数企业安全要求。

包过滤对于拒绝一些TCP或UDP应用程序的IP地址进入或离开你的网络是很有效的。举个例子,如果想禁止从Internet TELNET到你的内部网络设备中,你需要建立一条包过滤规则。如果包过滤防火墙的默认是允许所有数据包都可访问,则一条禁止TELNET的包过滤规则如表5.1所示 。

**表5.1 包过滤规则**

| 规则号 | 功能 | 源IP地址 | 目标IP地址 | 源端口 | 目标端口 | 协议 |
|---|---|---|---|---|---|---|
| 1 | Discard | * | * | 23 | * | TCP |
| 2 | Discard | * | * | * | 23 | TCP |

上表列出的信息告诉路由器丢弃所有从TCP 23端口出去和进来的数据包。星号说明是该字段里的任何值。在上面的例子中,如果一个数据包通过这条规则时,若源端口为23,那么它将立刻被丢弃。如果一个数据包通过这条规则时,目的端口为23时,则当规则中的第二条应用时它会被丢弃。所有其他的数据包都允许通过。

其他一些Internet服务在一条规则里需要更多的项目。例如,FTP使用TCP的20和21端口。假设包过滤防火墙禁止所有的数据包直到遇到特殊的允许时才放行,则该规则如表5.2所示。

**表5.2 包过滤规则**

| 规则号 | 功能 | 源IP地址 | 目标IP地址 | 源端口 | 目标端口 | 协议 |
|---|---|---|---|---|---|---|
| 1 | Allow | 192.168.10.0 | * | * | * | TCP |
| 2 | Allow | * | 192.168.10.0 | 20 | * | TCP |

上表中规则的第一条允许内部网络地址为192.168.10.0的网段内源端口和目的端口为

任意的主机初始化一个TCP的会话。第二条允许任意源端口为20的远程IP地址可以连接内部网络地址为192.168.10.0的任意端口上。规则的第二条不能限制目标端口是因为主动的FTP客户端是不使用20端口的,当一个主动的FTP客户端发起一个FTP会话时,客户端使用动态分配的端口号叫作瞬间端口(ephemeral port)。而远程的FTP服务器只探查192.168.10.0这个网络内端口为20的设备。有经验的黑客可以利用这些规则访问你网络内的任何资源。所以更好的FTP包过滤规则应该如表5.3所示。

**表5.3 包过滤规则**

| 规则号 | 功能 | 源IP地址 | 目标IP地址 | 源端口 | 目标端口 | 协议 |
|---|---|---|---|---|---|---|
| 1 | Allow | 192.168.10.0 | * | * | 21 | TCP |
| 2 | Block | * | 192.168.10.0 | 20 | <1024 | TCP |
| 3 | Allow | * | 192.168.10.0 | 20 | * | TCPACK = 1 |

第一条规则允许子网192.168. 10.0内的任何主机与任意目标地址且端口为21的进程建立TCP的会话连接。第二条阻止任何源端口为20的远程IP地址访问网络地址为192.168.10.0且端口小于1024的任意主机。第三条允许源端口为20的任意远程主机访问192.168.10.0网络内主机任意端口。要记住的是这些规则的应用是按照顺序执行的。第三条看上去好像是矛盾的。任何违反第二条规则的包,都会被立刻丢弃掉,第三条规则不会执行。但第三条规则仍然需要是因为包过滤要对所有进来和出去的流量进行过滤直到遇到特定的允许规则。

包过滤的优点简单实用,实现成本较低,在应用环境比较简单的情况下,能够以较小的代价在一定程度上保证系统的安全,而且不用改动客户机和主机上的应用程序。但其弱点也是明显的,它用来进行过滤和判别的信息只有网络层和传输层的有限信息,因而各种安全要求不可能充分满足,无法识别基于应用层的恶意侵入,如恶意的Java小程序以及电子邮件中附带的病毒。有经验的黑客很容易伪造IP地址骗过包过滤型防火墙。在许多过滤器中,过滤规则的数目是有限制的,且随着规则数目的增加,性能会受到很大的影响;由于缺少上下文关联信息,不能有效地过滤如UDP,RPC一类的协议;另外,大多数过滤器中缺少审查和报警机制,而且对安全管理人员素质要求高,建立安全规则时,必须对协议本身及其在不同应用程序中的作用有较深入的理解。因此,过滤器通常是和应用网关配合使用,共同组成防火墙系统。

(2)状态检测防火墙

这类防火墙检查的包内容不局限于IP包头,而是深入到更高层协议。状态检测防火墙具有跟踪TCP连接的能力,可记录每个连接的状态,根据这些信息对包进行过滤。并且采用动态设置包过滤规则的方法,避免了静态包过滤所具有的问题。这种技术后来发展成为包状态监测(Stateful Inspection)技术。状态多层检测允许检查OSI七层模型的所有层以决定是否过滤,而不仅仅是网络层。目前很多公司在它们的包过滤防火墙中都使用状态多层检测,也称为基于内容的过滤。

(3)代理

应用代理型防火墙工作在OSI的最高层,即应用层。其特点是完全"阻隔"了网络通信流,通过对每种应用服务编制专门的代理程序,实现监视和控制应用层通信流的作用。代理技术与包过滤技术完全不同,包过滤技术是在网络层拦截所有的信息流,代理技术针对每一个特定服务都有一个程序。代理是在应用层实现防火墙的功能,代理的主要特点是有状态性,通过代理网络管理员可以实现比包过滤路由器更严格的安全策略。代理把网络 IP 地址替换成其他的暂时的地址。这种方法有效地隐藏了真正的网络 IP 地址,保护了整个网络。代理还有一个用处,当黑客开始活动的时候,所做的第一件事就是踩点,侦查网络上的弱点,通常都是利用端口扫描。为了防止暴露有用信息,应该尽可能地隐蔽内部系统的配置信息,使之不暴露给潜在的攻击者。代理可以隐藏这些信息,并能对合法用户提供有效的通信。

代理型防火墙可分为两个不同的类型。

①应用网关(Application Gateway)型防火墙

这类防火墙是通过一种代理(Proxy)技术监视并参与一个 TCP 连接的全过程。从内部发出的数据包经过这样的防火墙处理后,就好像是源于防火墙外部网卡一样,可以达到隐藏内部网结构的作用。这种类型的防火墙被网络安全专家和媒体公认为是最安全的防火墙。它的核心技术就是代理服务器技术。应用级网关能够理解应用层上的协议,能够做复杂一些的访问控制,并作精细的注册。但每一种协议需要相应的代理软件,使用时工作量大,效率不如包过滤防火墙。常用的应用级防火墙已有了相应的代理服务器, 如 HTTP,NNTP,FTP,Telnet,rlogin,X-Window 等。但是,对于新开发的应用,尚没有相应的代理服务,它们将通过包过滤防火墙和一般的代理服务。应用级网关有较好的访问控制,是目前最安全的防火墙技术,但实现困难,而且有的应用级网关缺乏"透明度"。在实际使用中,用户在受信任的网络上通过防火墙访问 Internet 时,经常会存在延迟并且必须进行多次登录(Login)才能访问 Internet 或 Intranet。常见的一些代理防火墙产品有 Axent Raptor 防火墙和微软 Microsoft Proxy Server。

②自适应代理(Adaptive Proxy)型防火墙

它是近几年才得到广泛应用的一种新防火墙类型。它可以结合代理类型防火墙的安全性和包过滤防火墙的高速度等优点,在毫不损失安全性的基础之上将代理型防火墙的性能提高 10 倍以上。组成这种类型防火墙的基本要素有两个:自适应代理服务器与动态包过滤器。

在"自适应代理服务器"与"动态包过滤器"之间存在一个控制通道。在对防火墙进行配置时,用户仅仅将所需要的服务类型、安全级别等信息通过相应 Proxy 的管理界面进行设置就可以了。然后,自适应代理就可以根据用户的配置信息,决定是使用代理服务从应用层代理请求还是从网络层转发包。如果是后者,它将动态地通知包过滤器增减过滤规则,满足用户对速度和安全性的双重要求。

代理型防火墙的优点是安全性较高,对应用层进行扫描,对付基于应用层的侵入和病毒十分有效。它不是像包过滤那样,只是对网络层的数据进行过滤。

代理防火墙的最大缺点就是速度相对比较慢,当用户对内外部网络网关的吞吐量要求比较高时,代理防火墙就会成为内外部网络之间的瓶颈。因为防火墙需要为不同的网络服务建立专门的代理服务,在自己的代理程序为内、外部网络用户建立连接时消耗大量的处理器和存储资源,所以给系统性能带来了一些负面影响,而且容易受到拒绝服务攻击。

## 5.2 防火墙结构

目前比较流行的防火墙结构分别是双主机型防火墙、主机屏蔽型防火墙和子网屏蔽型防火墙。主机屏蔽防火墙和子网屏蔽防火墙是把路由器和代理服务器结合使用,而双主机防火墙是使用两块独立的网络适配器。

### 5.2.1 双主机防火墙

双主机防火墙是一种简单而且安全的配置。在双主机防火墙中把一台主机作为本地网和 Internet 之间的分界线。这台计算机使用两块独立的网络适配器把每个网络连接起来。当使用双主机防火墙时,系统管理员必须使主机的路由功能失效,这样,该计算机不能通过软件把两个网络连接起来。

双主机防火墙配置的最大缺点是,用户很容易意外地使内部路由有效,并攻破防火墙。图 5.1 说明了双主机防火墙的配置情况。

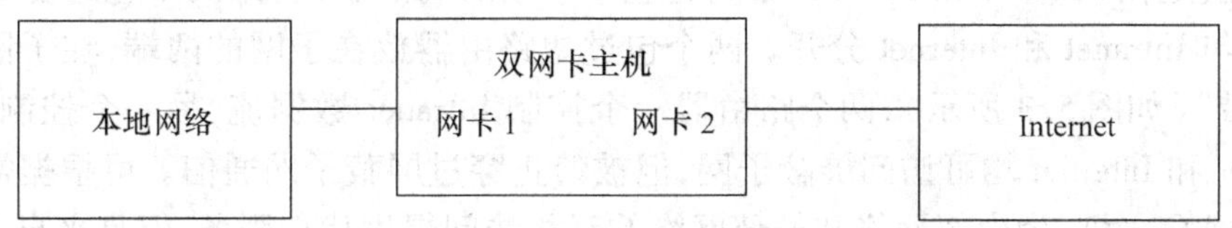


**图 5.1 双主机防火墙**

双主机防火墙是运行一组应用层代理软件或链路层代理软件来工作的。Proxy 软件控制数据包从一个网络流向另一个网络。由于主机具有双网络适配器(连接两个网络),这使防火墙可以检测到两个网络上的数据包。防火墙运行 Proxy 软件来控制两个网络上的信息传输,包括两个本地网之间或者一个本地网和 Internet 之间。

在使用双主机防火墙时,安全性中最重要的是必须使主机内部路由功能失效。随着路由功能的失效,应用层成为网络或者网段之间的唯一路径。网段可以是网络中的任何部分,例如,系统管理员可以把办公网分成销售网段和固定资产网段,并用路由器或者防火墙将这两个网段分开。

在双主机防火墙中,如果用户使内部路由有效,则防火墙将变得无用。例如,如果通过设置主机的内部路由使 IP 向前,则数据包非常容易避开双主机防火墙应用层的作用。

在 Unix 环境下,双主机防火墙在配置中很容易发生上述错误。一些 Unix 系统(例如 Berkeley Unix)缺省时会使路由功能有效。因此在基于 Unix 系统的网络中,系统管理员必须确认已经使在双主机防火墙中的所有路由无效。如果操作系统没有提供使路由功能无效的接口,系统管理员必须在防火墙内重新配置并重建 Unix 内核以保证操作系统使路由能力无效。

### 5.2.2 主机屏蔽防火墙

主机屏蔽防火墙由一个包过滤路由器连接外部网络,同时一个堡垒主机安装在内部网络上。堡垒主机只有一个网卡,与内部网络连接(如图 5.2 所示)。通常在路由器上设立过滤规则,并使这个单网卡堡垒主机成为从 Internet 唯一可以访问的主机,确保了内部网络不受未被授权的外部用户的攻击。而 Intranet 内部的客户机,可以受控制地通过屏蔽主机和路由器访问 Internet。图 5.2 说明了主机屏蔽防火墙的配置情况。

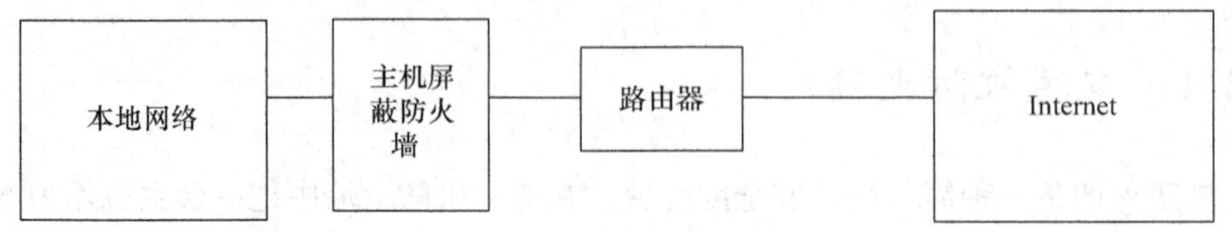


图 5.2 主机屏蔽防火墙

### 5.2.3 子网屏蔽防火墙

这种方法是在 Intranet 和 Internet 之间建立一个被隔离的子网,用两个包过滤路由器将这一子网分别与 Intranet 和 Internet 分开。两个包过滤路由器放在子网的两端,在子网内构成一个"缓冲地带"(如图 5.3 所示),两个路由器一个控制 Intranet 数据流,另一个控制 Internet 数据流,Intranet 和 Internet 均可访问屏蔽子网,但被禁止穿过屏蔽子网通信。可根据需要在屏蔽子网中安装堡垒主机,为内部网络和外部网络的互相访问提供代理服务,但是来自两网络的访问都必须通过两个包过滤路由器的检查。对于向 Internet 公开的服务器,像 WWW,FTP,Mail 等 Internet 服务器也可安装在屏蔽子网内,这样无论是外部用户,还是内部用户都可访问。这种结构的防火墙安全性能高,具有很强的抗攻击能力,但需要的设备多,造价高。

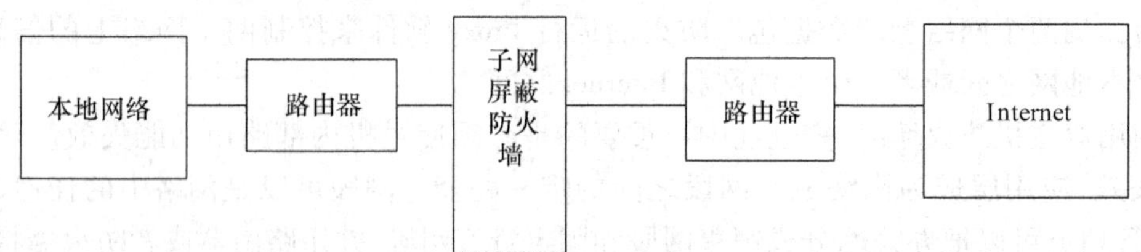


图 5.3 子网屏蔽防火墙

子网屏蔽防火墙能够有效地抵制进攻,这是因为防火墙在一个单独的网络中把主机独立了。它可以限制网络进攻,并把损害内部网络的可能性最小化。

## 5.3 Linux 中的防火墙

Linux 提供了一个非常优秀的防火墙工具——Netfilter/iptables。它完全免费、功能强大、使用灵活、可以对流入和流出的网络包进行精确的控制,且可以在一台低配置机器上很好地运行。Netfilter/iptables 包含在 2.4 版本以后的内核中,它可以实现防火墙、NAT(网络地址翻译)和数据包的分割等功能。简单地说,Netfilter 工作在操作系统内核,iptables 是一个工作在用户空间的让用户定义防火墙规则集的程序。iptables 中还包含名为 ip6tables 的程序,它实现了对 IPv6 协议的包过滤功能。

### 5.3.1　Netfilter 框架

Netfilter 提供了一个抽象、通用化的框架,该框架定义的一个子功能的实现就是包过滤系统。Netfilter 为每种网络协议(IPv4,IPv6 等)定义了一套钩子函数(IPv4 定义了 5 个钩子函数),这些钩子函数在数据包流过协议栈的几个关键点时被调用。在这几个点中,协议栈把数据包及钩子函数指针作为参数调用 Netfilter 框架。

内核的任何模块都可以对每种协议的一个或多个钩子进行注册,实现挂接。这样当某个数据包被传递给 Netfilter 框架时,内核能检测是否有模块对该协议和钩子函数进行了注册。若注册了,则调用该模块注册时提供的回调函数,这样,这些模块就有机会检查(可能还会修改)该数据包、丢弃该数据包及指示 Netfilter 将该数据包传入用户空间的队列。那些排队的数据包被传递给用户空间并被异步地处理。通过这种方式,一个用户进程能检查数据包,修改数据包,甚至可以重新将该数据包通过离开内核的同一个钩子函数注入到内核中。

任何在 IP 层要被抛弃的 IP 数据包在被真正抛弃之前都要被检查。例如允许模块检查 IP-spoofed 包(被路由抛弃)。

IP 层的五个 HOOK 点的位置如图 5.4 所示。

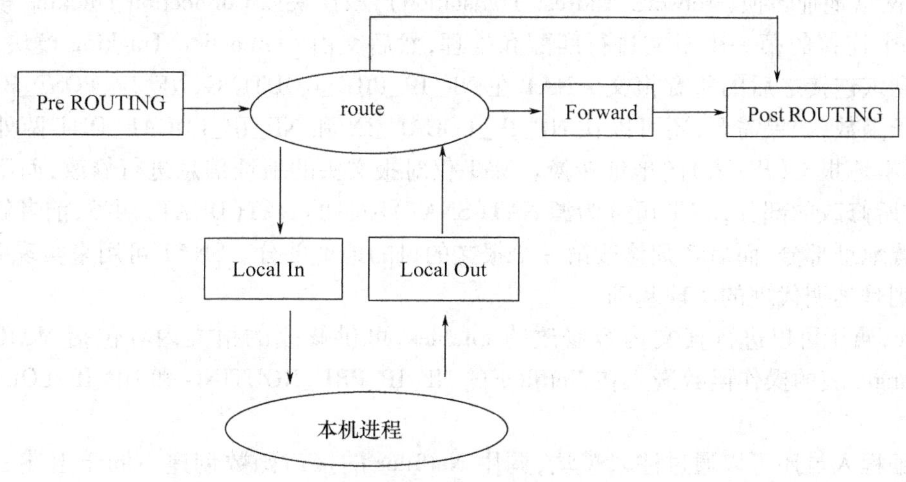


**图 5.4　IPv4 的 Netfilter 框架**

五个 HOOK 点的功能如下。

(1)NF_IP_PRE_ROUTING:刚刚进入网络层的数据包通过此点(刚刚进行完版本号,校验和等检测),源地址转换在此点进行;IP_input. c 中 IP_rcv 调用。

(2)NF_IP_LOCAL_IN:经路由查找后,送往本机的通过此检查点,INPUT 包过滤在此点进行;IP_input. c 中 IP_local_deliver 调用。

(3)NF_IP_FORWARD:要转发的包通过此检测点,FORWORD 包过滤在此点进行。

(4)NF_IP_POST_ROUTING:所有马上要通过网络设备出去的包通过此检测点,内置的目的地址转换功能(包括地址伪装)在此点进行。

(5)NF_IP_LOCAL_OUT:本机进程发出的包通过此检测点,OUTPUT 包过滤在此点进行。

这些点是已经在内核中定义好的，内核模块能够注册在这些 HOOK 点进行的处理，可使用 nf_register_hook 函数指定。在数据报经过这些钩子函数时被调用，从而模块可以修改这些数据报，并向 Netfilter 返回如下值。

NF_ACCEPT 继续正常传输数据报

NF_DROP 丢弃该数据报，不再传输

NF_STOLEN 模块接管该数据报，不要继续传输该数据报

NF_QUEUE 对该数据报进行排队（通常用于将数据报给用户空间的进程进行处理）

NF_REPEAT 再次调用该钩子函数

Netfilter-iptables 由两部分组成，一部分是 Netfilter 的"钩子"，另一部分则是指导这些钩子函数如何工作的一套规则，这些规则存储在被称为 iptables 的数据结构之中。钩子函数通过访问 iptables 来判断应该返回什么值给 Netfilter 框架。在现有内核 2.4 中已缺省内建了三个 iptables：filter，NAT 和 mangle，绝大部分报文处理功能都可以通过在这些内建（built-in）的表格中填入规则完成。

filter，该模块的功能是过滤报文，不作任何修改，或者接受，或者拒绝。它在 NF_IP_LOCAL_IN，NF_IP_FORWARD 和 NF_IP_LOCAL_OUT 三处注册了钩子函数，也就是说，所有报文都将经过 filter 模块的处理。

NAT，网络地址转换（Network Address Translation），该模块以 Connection Tracking 模块为基础，仅对每个连接的第一个报文进行匹配和处理，然后交由 Connection Tracking 模块，将处理结果应用到该连接之后的所有报文。NAT 在 NF_IP_PRE_ROUTING，NF_IP_POST_ROUTING 注册了钩子函数，如果需要，还可以在 NF_IP_LOCAL_IN 和 NF_IP_LOCAL_OUT 两处注册钩子，提供对本地报文（出/入）的地址转换。NAT 仅对报文头的地址信息进行修改，而不修改报文内容，按所修改的部分，NAT 可分为源 NAT（SNAT）和目的 NAT（DNAT）两类，前者修改第一个报文的源地址部分，而后者则修改第一个报文的目的地址部分。SNAT 可用来实现 IP 伪装，而 DNAT 则是透明代理的实现基础。

mangle，属于可以进行报文内容修改的 iptables，可供修改的报文内容包括 MARK，TOS，TTL 等，mangle 表的操作函数嵌入在 Netfilter 的 NF_IP_PRE_ROUTING 和 NF_IP_LOCAL_OUT 两处。

内核编程人员还可以通过注入模块，调用 Netfilter 的接口函数创建不同于上述三个表的新的 iptables。

## 5.3.2 iptables

iptables 是专门针对 2.4.x 内核的 Netfilter 制作的核外配置工具。iptables 功能强大，可以对核内的表进行操作，这些操作主要针对其中规则链的添加、修改、清除。关于添加/清除/修改规则的命令的一般语法如下。

$ iptables [ -t table] command [match] [target]

**1. 表（table）**

[ -t table] 选项允许使用标准表之外的任何表。Netfilter 的五个 HOOK 点对应着内核中

五条不同的规则链和三个不同的规则表。Linux 中的规则链被组织在三个不同的规则表中：Filter,NAT,Mangle。其中 Filter 针对过滤系统,NAT 针对地址转换系统,Mangle 针对策略路由和特殊应用。规则链与 HOOK 点的关系如下。

(1)Filter:INPUT,FORWARD,OUTPUT

(2)NAT:PREROUTING,POSTROUTING

(3)Mangle:PREROUTING,POSTROUTING

针对主机的安全性主要集中在 Filter 表中的 INPUT 和 OUTPUT 规则链,这两个关键字在添加规则的时候会使用到。表是包含处理特定类型信息包的规则和链的信息包过滤表。该选项不是必需的,如果未指定,则 filter 用作缺省表。

**2. 命令(command)**

command 部分是 iptables 命令的最重要部分。它告诉 iptables 命令要做什么,例如,插入规则、将规则添加到链的末尾或删除规则等。

**3. 匹配(match)**

iptables 命令的可选项 match 部分指定规则的特征(如源和目的地址、协议等)。匹配分为两大类:通用匹配和特定于协议的匹配。下面是一些重要且常用的通用匹配及其示例和说明。

-p 或 --protocol:协议,规则或者包检查(待检查包)的协议。协议可包含 tcp,udp,icmp 中的一个或者全部,也可以是数值,代表这些协议中的某一个。当然也可以使用在/etc/protocols 中定义的协议名。在协议名前加上"!"表示相反的规则。数字0相当于所有 all。all 是匹配的所有协议,是缺省时的选项。

-s 或 --source:指定源地址,可以是主机名、网络名和清楚的 IP 地址。mask 可以是网络掩码或清楚的数字,在网络掩码的左边指定网络掩码左边"1"的个数,因此,mask 值为 24 等于 255.255.255.0。在指定地址前加上"!"说明指定了相反的地址段。

-d 或 --destination:指定目标地址,具体细节与 -s 选项相同。

**4. 目标(target)**

防火墙的规则指定所检查包的特征和目标。如果包不匹配,将送往该链中下一条规则检查;如果匹配,那么下一条规则由目标值确定。该目标值可以是用户定义的链名,或是某个专用值,如 ACCEPT[通过],DROP[删除],QUEUE[排队],或者 RETURN[返回]。下面是常用的一些目标及其示例和说明。

ACCEPT:当信息包与具有 ACCEPT 目标的规则完全匹配时,会被接受(允许它前往目的地)。

DROP:当信息包与具有 DROP 目标的规则完全匹配时,该信息包将被丢弃,不对它作进一步处理。该目标被指定为"-j DROP"。

REJECT:该目标的工作方式与 DROP 目标相同,但它比 DROP 好。和 DROP 不同的是,REJECT 不会在服务器和客户机上留下死套接字,另外 REJECT 将错误消息发回给信息包的发送方。该目标被指定为"-j REJECT"。

RETURN:在规则中设置的 RETURN 目标让与该规则匹配的信息包停止遍历包含该规则的链。如果链是如 INPUT 之类的主链,则使用该链的缺省策略处理信息包。它被指定为“ - jump RETURN”。

下面给出运用 iptables 构造防火墙规则的一些简单实例。

(1)接受来自指定 IP 地址的所有流入的数据报：

$ iptables - A INPUT - s 203.159.0.10 - j ACCEPT

(2)只接受来自指定端口(服务)的数据报：

$ iptables - D INPUT - dport 80 - j DROP

(3)(网关)允许转发所有到本地(198.168.10.13)smtp 服务器的数据报：

$ iptables - A FORWARD - p tcp - d 198.168.10.13 - dport smtp - i eth0 - j ACCEPT

(4)(网关)允许转发所有到本地的 udp 数据报(诸如即时通信等软件产生的数据报)：

$ iptables - A FORWARD - p udp - d 198.168.80.0/24 - i eth0 - j ACCEPT

(5)拒绝发往 WWW 服务器的客户端的请求数据报：

$ iptables - A FORWARD - p tcp - d 198.168.80.11 - dport www - i eth0 - j REJECT

(6)将访问 10.0.0.1 的 53 端口(DNS)的 TCP 连接引导到 192.168.0.1 地址上：

$ iptables - t nat - A PREROUTING - p TCP - i eth0 - d 10.0.0.1 - dport 53 - j DNAT -- to - destination 192.168.0.1

根据实际情况，灵活运用 Netfilter/iptables 框架，生成的相应防火墙规则可以方便、高效地阻断部分网络攻击以及非法数据报，其中的技巧和用法都需要用户通过实践来掌握。另外，如果防火墙配置不当，可能引起诸如 FTP，QQ，MSN 等协议和软件无法使用或者某些功能无法正常使用，也有可能引起 RPC(远程过程调用)无法执行，这需要根据实际情况添加配置规则打开相应端口，或配置相应的服务代理程序来开启这些服务。需要特别提醒的是，防火墙并不是万能的，它也可能被内部攻击，完整的网络安全防护体系需要综合使用各种防护手段。内部人员由于无法通过 Telnet 浏览邮件或使用 FTP 向外发送信息，个别人会对防火墙攻击、破坏。而且，攻击的目标常常是防火墙或防火墙运行的操作系统，这极大地危害了防火墙系统甚至是关键信息系统的安全。

## 5.4 本章小结

防火墙是隔离本地网络与外界网络的一道防御系统。防火墙可以使企业内部局域网(LAN)网络与 Internet 之间或者与其他外部网络互相隔离、限制网络互访用来保护内部网络。按照防火墙分析网络包的协议深度可分为三种：包过滤防火墙、应用级网关和状态检测防火墙。目前比较流行的防火墙结构分别是：双主机型防火墙、主机屏蔽型防火墙和子网屏蔽型防火墙。主机屏蔽防火墙和子网屏蔽防火墙是把路由器和代理服务器结合使用，而双主机防火墙是使用两块独立的网络适配器。

本章还介绍了 Linux 系统中的防火墙工具 Netfilter/iptables 的原理和使用方法。它可以实现防火墙、NAT(网络地址翻译)和数据包的各种处理功能，且可以在一台低配置机器上很好地运行。

# 第6章　入侵检测系统

## 6.1　入侵检测系统概述

入侵检测的发展历史最早可追溯到1980年,当时James P. Anderson在一份技术报告中提出审查记录可用于检测计算机误用行为的思想,这可谓是入侵检测的开创性先河。另一位对入侵检测同样起着开创作用的人就是Dorothy E. Denning,他在1987年提出了实时入侵检测系统模型,此模型成为后来的入侵检测研究和系统原型的基础。

### 6.1.1　入侵检测定义

入侵检测系统(IDS,Intrusion Detection System)是防火墙的合理补充,帮助系统对付网络攻击,扩展了系统管理员的安全管理能力(包括安全审查、监视、进攻识别和响应),提高了信息安全基础结构的完整性。它从计算机网络系统中的若干关键点收集信息,并分析这些信息,在发现入侵后,及时作出响应,包括切断网络连接、记录事件和报警等。入侵检测被认为是防火墙之后的第二道安全闸门,在不影响网络性能的情况下能对网络进行监测,从而提供对内部攻击、外部攻击和误操作的实时保护。

### 6.1.2　入侵检测系统的主要功能

**1. 可用性**

为了保证系统安全策略的实施而引入的入侵检测系统,必须不能妨碍系统的正常运行,保障系统性能。

**2. 时效性**

必须及时地发现各种入侵行为,理想情况是在事前发现攻击企图,比较现实的情况则是在攻击行为发生的过程中检测到。如果是事后发现攻击的结果,必须保证时效性,因为一个已经被攻击过的系统往往就意味着后门的引入以及后续的攻击行为。

**3. 安全性**

入侵检测系统自身必须安全,如果入侵检测系统自身的安全性得不到保障,首先意味着信息的无效,更严重的是入侵者控制了入侵检测系统,即获得了对系统的控制权,因为一般情况下,入侵检测系统都是以特权状态运行的。

**4. 可扩展性**

可扩展性有两方面的意义。首先是机制与数据的分离,在现在机制不变的前提下能够对新的攻击进行检测,例如使用特征码表示攻击特性。第二是体系结构的可扩展性,在有必要的时候可以在不对系统的整体结构进行修改的前提下加强检测手段,以保证能够检测到新的攻击,如 AAFID 系统的代理机制。

# 6.2 入侵检测系统结构

CIDF (Common Intrusion Detection Framework)定义了通用的 IDS 系统结构,它将入侵检测系统分为四个功能模块,如图 6.1 所示。

事件产生器(Event generater, E-box)收集入侵检测事件,并提供给 IDS 其他部件处理,是 IDS 的信息源。事件包含的范围很广泛,既可以是网络活动也可是系统调用序列等系统信息。事件的质量、数量与种类对 IDS 性能的影响极大。

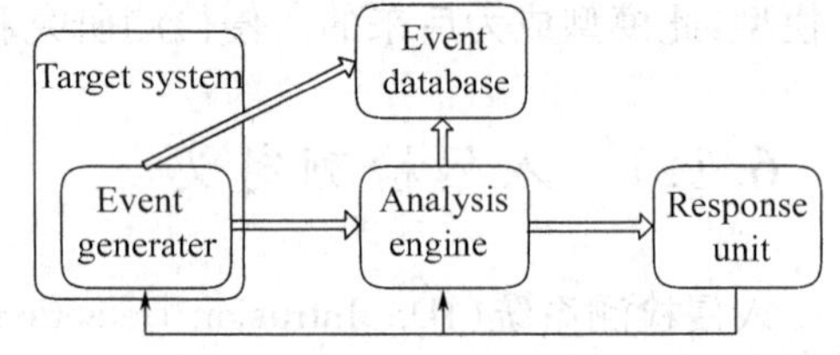


**图 6.1 CIDF 模型**

事件分析器(Analysis engine, A-box)对输入的事件进行分析并检测入侵。许多 IDS 的研究都集中于如何提高事件分析器的能力,包括提高对已知入侵识别的准确性以及提高发现未知入侵的几率等。

事件数据库(Event database, D-box)E-boxes 和 A-boxes 产生大量的数据,这些数据必须被妥善地存储,以备将来使用。D-box 的功能就是存储和管理这些数据,用于 IDS 的训练和证据保存。

事件响应器(Response unit, C-box)对入侵作出响应,包括向管理员发出警告,切断入侵连接,根除入侵者留下的后门以及数据恢复等。

CIDF 概括了 IDS 的功能,并进行了合理的划分。利用这个模型可描述当今现有的各种 IDS 的系统结构。对 IDS 的设计及实现提供了有价值的指导。

# 6.3 入侵检测系统分类

为了准确地分类,首先要确定用来分类的 IDS 特征。IDS 是复杂的系统,若只用一种特征分类,结果将是粗糙的。因此本章根据多种特征对 IDS 进行了不同角度的分类。事件分析器是 IDS 的核心部分,故首先对检测方法进行分类,其次从事件产生器的角度分类,将采集事件种类或采集事件的方法作为分类标准。

## 6.3.1 检测方法分类

入侵检测的方法可大体分为两类:滥用检测(misuse detection)和异常检测(anomaly detection)。在 IDS 中,任何一个事件都可能属于以下三种情况。

(1)已知入侵;

(2)已知正常状态;

(3)无法判定状态。

第三种事件可能是一种未知的入侵，也可能是正常状态,但在现有的系统和技术下无法判定。目前的检测方法都是对已知入侵和已知正常状态的识别,其中滥用检测可识别已知入侵,但对于无法判定状态中的未知入侵将漏报(false negative),异常检测根据已知的正常状态将已知入侵、无法判定状态都当作异常,因此会产生误报(false positive)。

滥用检测根据对已知入侵的知识,在输入事件中检测入侵。这种方法不关心正常行为,只研究已知入侵,能较准确地检测已知入侵,但对未知入侵的检测能力有限。目前大多数的商业IDS都使用此类方法。滥用检测所采用的技术包括:

(1)专家系统 使用专家系统技术,用规则表示入侵。通常使用的是 forward - chaining, production - based 等专家系统工具。例如 DARPA 的 Emerald 项目,将 P - BEST 工具箱应用于入侵检测。

(2)状态转换模型 将入侵表示为一系列系统状态转换,通过监视系统或网络状态的改变发现入侵。典型系统是 NetSTAT。

(3)协议分析与字符串匹配 将已知攻击模式与输入事件进行匹配以判定入侵的发生,这种方法具有速度高、扩展性好的特点,但容易产生误报。典型系统包括 shadow,Bro 和 Snort 等。

异常检测与滥用检测相反,异常检测对系统正常状态进行研究,通过监测用户行为模式、主机系统调用特征、网络连接状态等,建立系统常态模型。在运行中,将当前系统行为与常态模型进行比较,根据其与常态偏离的程度判定事件的性质。这种方法很有可能检测到未知入侵与变种攻击,但现有系统通常都存在大量的误报。未知入侵的检测是 IDS 中最具挑战性的问题,其难度比不正当行为检测要大。异常检测通常使用统计学方法和机器学习方法。

(1)统计学方法 使用统计分析方法建立系统常态模型。统计的数据源包括用户的击键特征和 telnet 对话的平均长度等。通过监测输入值与期望值的偏离程度判断事件的属性,Emerald 和 cmds 都包括了这种方式。

(2)机器学习方法 将机器学习领域的方法和工具如神经网络、数据挖掘、遗传算法、贝叶斯网络和人工免疫系统等应用于异常检测中。这种方法也是通过建立常态模型进行异常识别,每种方法都具有不同的适用范围和特色。目前研究的热点之一是噪声数据学习。

上述两类检测方法各有所长,滥用检测能够准确高效地发现已知攻击,异常检测能识别未知攻击。目前任何一种系统都不能很好地完成全部入侵检测任务。混合 IDS 中同时包含模式识别与异常识别系统,并且根据两种方法的特点对其进行分工,既能精确识别已知攻击,又能发现部分未知攻击,可减少误报和漏报。Emerlad 是一种典型的混合系统。

### 6.3.2 系统结构分类

从 IDS 所监视的事件种类上可分为基于网络的 IDS(Network - based IDS,NIDS)和基于主机的 IDS。按照 IDS 的响应方式可分为实时 IDS 和非实时 IDS,按照采集事件的方式分为分布式 IDS 与集中式 IDS。

基于主机的IDS数据源包括系统调用序列,存储系统的活动记录,系统日志等。由于基于主机的IDS对主机的信息有充分的掌握并且拥有对主机的较强控制权,因此与网络入侵检测系统相比,其检测的准确性更高,误报率更低。同时基于主机的IDS更难以欺骗,对攻击的响应也更有效:可切断入侵连接,杀死进程。它的缺点是只能对一个主机进行保护,并对主机产生一定的负担,而且移植性差。

基于网络的IDS通过监视网络流量检测入侵活动,简称为网络入侵检测系统(NIDS)。NIDS能对整个网络加以保护,其优点在于简便性和可移植性。NIDS的使用不会对现有网络系统造成明显影响,并能应用于各种网络环境。网络入侵检测系统由于只处理网络数据,对数据的语义掌握是不充分的,容易受到攻击和欺骗。适应高速网及提高可扩展性是NIDS需要解决的问题。

以上两种IDS都不能单独完成有效的入侵检测,两者的结合能达到取长补短的效果。目前一些商业IDS已经采用了这种方案,如RealSecurity,Axnet。

IDS的应用规模也是一个重要的参数。现有的商业IDS的应用范围都是局域网。随着网络入侵的发展,攻击已进化为从不同主机发起的协同攻击。对这种攻击的检测是现有IDS所不能胜任的,需要依靠多点分布式网络入侵检测系统,通过联防来检测。

## 6.3.3 典型的入侵检测系统

IDS的研究从上世纪80年代就已开始,第一个商业IDS也在1991年诞生。目前各种IDS研究项目和商业产品的数量极为庞大,下面对具有代表性的入侵检测系统加以介绍,分为商业IDS、IDS研究项目和自由软件三个类别。

开放源码的IDS项目Snort是一种运行于单机的基于滥用检测的网络入侵检测系统。Snort通过libpcap获取网络包,并进行协议分析。它定义了一种简单灵活的网络入侵描述语言,对网络入侵进行描述(入侵特征或入侵信号)。Snort根据入侵描述对网络数据进行匹配和搜索,能够检测到多种网络攻击与侦察,包括缓冲区溢出攻击,端口扫描,CGI攻击,SMB侦察等。并提供了多种攻击响应方式。对于最新的攻击方法,使用Snort的入侵描述语言能够快速方便地写出新攻击的描述,从而使Snort能够检测到这种攻击。在Internet上已建立了发布Snort入侵模式数据库的站点。Snort是极具活力的自由软件,在世界各地的志愿者开发下,技术和功能在不断提高。

国际市场上的主流商业IDS产品大部分为基于网络的,采用滥用检测方法的系统。主要有以下几点。

### 1. RealSecure

RealSecure由Internet Security Systems(ISS)开发,包括三种系统部件:网络入侵检测agent,主机入侵检测agent和管理控制台。RealSecure属于分布式结构,每个网络监视器运行于专用的工作站上,监视不同的网段。RealSecure的入侵检测方法属于滥用检测,能够检测几乎所有的主流攻击方式,并实现了基于主机检测和基于网络检测的无缝集成。对于不同的应用程序如Exchange,MS SQL,LDAP,Oracle和Sybase等,RealSecure提供了专门的系统代理进行入侵检测。整个系统由一个管理程序进行配置和与用户交互,可提供安全报告等信息。RealSecure

的缺点是无法进行包重组,这使得它容易受到欺骗。ISS在七种IDS的评测中得到了最高的评价。

**2. NFR**

Network Flight Recorder™(NFR)是一种基于滥用检测的网络入侵检测系统。它提供两种版本:商业版,研究版(提供源码),目前已停止了研究版的发行。NFR使用经过修改的Libpcap进行网络抓包,并拥有一种完善的包分析脚本语言N-code,通过它编写对各种攻击的检测及处理程序。NFR是世界上第一种具有TCP包重组功能的IDS产品,这使得NFR能够抵抗Ptacek和Newsham提出的躲避IDS的方法。

研究系统主要包括以下两点。

**1. EMERALD**

EMERALD(Event Monitoring Enabling Responses to Anomalous Live Disturbances)是DARPA入侵检测研究的一个子项目,集成了滥用检测模块和异常检测分析模块协同进行分析。它的开发充分应用了软件工程的思想,系统各模块具有独立性、可重用性。系统的设计目标包括可快速集成新颖的分析技术,能够迅速适应现有网络环境配置的动态改变等。

EMERALD应用了专家系统P-BEST实现滥用检测,应用统计分析技术实现异常检测。系统结构是一种易扩充的分布式结构,监视器之间可进行通信,形成分层次的结构。监视器具有跨网通信能力,可共享分析方法,协作检测分布式网络攻击,适合于大型广域网的入侵检测。EMERALD仍在不断地发展,它采用的技术和方法代表着IDS技术发展的方向。

**2. JAM**

JAM是DARPA的一个研究项目,采用了分布式多代理结构。每个agent在不同的数据源上分布式学习,并共享知识。JAM还应用了数据挖掘技术和meta-learning技术用于异常检测。目前JAM正在从实验系统转向应用,其技术将应用于NFR的新一代产品中。

## 6.4 入侵检测系统工具与产品介绍

### 6.4.1 工具与产品介绍

**1. SessionWall-3/eTrust Intrusion Detection**

Computer Associates公司的SessionWall-3/eTrust Intrusion Detection可以通过降低对网络管理技能和时间的要求,在确保网络的连接性能的前提下,大大提高网络的安全性。SessionWall-3/eTrust Intrusion Detection可以完全自动识别网络使用模式,特殊网络应用,并能够识别各种基于网络的入侵、攻击和滥用活动。另外,SessionWall-3/eTrust Intrusion Detection还可以将网络上发生的各种有关生产应用、网络安全和公司策略方面的众多疑点提取出来。

SessionWall－3/eTrust Intrusion Detection 是作为一种独立或补充产品进行设计的，它具有以下的特点。

(1) 世界水平的攻击监测引擎，可以实现对网络攻击的监测。

(2) 丰富的 URL 控制表单，可以实现对 200 000 个以上分类站点的控制。

(3) 世界水平对 Java/ActiveX 恶意小程序的监测引擎和病毒监测引擎。

(4) SessionWall－3/eTrust Intrusion Detection 远程管理插件，用于没有安装 SessionWall－3/eTrust Intrusion Detection 的机器的 SessionWall－3/eTrust Intrusion Detection 记录文件的归档和查阅，以及 SessionWall－3/eTrust Intrusion Detection 报表的查阅。

(5) 提供从先进的网络统计到特定用户使用情况的统计的全面网络应用报表。

(6) 网络安全功能包括内容扫描、入侵监测、阻塞、报警和记录。

(7) Web 和内部网络使用策略的监视和控制，对 Web 和公司内部网络访问策略实施监视和强制实施。

(8) 公司保护，对电子邮件的内容进行监视、记录、查看和存档。

SessionWall－3/eTrust Intrusion Detection 还包括用于 Web 访问的策略集(用于监视、阻塞、报警)和用于入侵监测的策略集(用于攻击监测、恶意小程序和恶意电子邮件)。这些策略集包含了 SessionWall－3/eTrust Intrusion Detection 对所有通信进行扫描的策略，这些策略不仅指定了扫描的模式、通信协议、寻址方式、网络域、URL 以及扫描内容，还指定了相应的处理动作。一旦安装了 SessionWall－3/eTrust Intrusion Detection，它将立即投入对入侵企图和可疑网络活动的监视，并对所有电子邮件、Web 浏览、新闻、Telnet 和 FTP 活动进行记录。

SessionWall－3/eTrust Intrusion Detection 还可以很方便地追加新规则，或利用菜单驱动选项对现有规则进行修改。

SessionWall－3/eTrust Intrusion Detection 可以满足各种网络保护需求，它的主要应用对象包括审查人员、安全咨询人员、执法监督机构、金融机构、中小型商务机构、大型企业、ISP、教育机构和政府机构等。SessionWall－3 的使用在本章实验中将会详细介绍。

**2. RealSecure**

ISS(Internet Security System)公司的 RealSecure 是一个计算机网络上自动实时的入侵检测和响应系统。RealSecure 提供实时的网络监视，并允许用户在系统受到危害之前截取和响应安全入侵和内部网络误用。RealSecure 无防碍地监控网络传输并自动检测和响应可疑的行为，从而最大程度地为企业提供安全。

RealSecure 6.0 之前的版本有 3 大组件：网络感应器(又称为 RealSecure Engine)、主机感应器(又称为 RealSecure Agent)和管理器。

RealSecure Engine 运行在一个专门的主机上，用以监视所有网络上流过的数据包，发现那些能够正确识别的，且正在进行攻击的攻击特征。攻击的识别是实时的、用户可定义报警和一旦攻击被检测到的响应。

RealSecure Agent 是一个基于主机的对 RealSecure Engine 的补充。RealSecure Agent 分析主机日志来识别攻击，决定攻击是否成功并提供其他实时环境中无法得到的证据。基于它所发现的信息，RealSecure Agent 会做出反应，通过中断用户进程和挂起用户账号来阻止进一步的入侵。它还会发出警报、记录事件、发现陷阱和邮件、执行用户自定义动作。

RealSecure 管理器负责所有 RealSecure Engine 和 RealSecure Agent 报告的配置。这个控制台应用监控任何一个 RealSecure Engine 和 Agent 的组合状态,不管它们运行在 UNIX 上还是 Windows NT 上。这样的结果使企业得到广泛的入侵检测和响应,易于配置并可从一个站点进行管理。RealSecure 管理器还可作为许多网络和系统管理环境(如 HP 公司的 Open View)的嵌入模块。在由 RealSecure 5.x 升级到 6.0 的过程中,RealSecure 的架构有了重大的改变。原本的二层式(Console - Sensor)的架构,在 6.0 版本中变成了 3 层式(Console - Event Collector - Sensor)的架构。在 5.x 版中,Console 直接控制 Sensor,Sensor 直接回报给 Console,架构上较为简单。到了 6.0 版之后,在 Console 和 Sensor 之间,多增加了一个事件收集器(Event Collector),收集各个 Sensor 的资料,并将资料存储在数据库中以及显示在 Console 上。

按照 GartnerGroup 的 O'Reilley 的说法,RealSecure 的优势在于其简洁性和低价格。与 NetRanger 和 CyberCop 类似,RealSecure 在结构上也是两部分。引擎部分负责监测信息包并生成警告,控制台接收报警并作为配置及产生数据库报告的中心点。两部分都可以在 Windows NT,Solaris,SunOS 和 Linux 上运行,并可以在混合的操作系统或匹配的操作系统环境下使用,且都能在商用微机上运行。

对于一个小型的系统,将引擎和控制台放在同一台机器上运行是可以的,但这对于 NetRanger或 CyberCop 却不行。RealSecure 的引擎价值 1 万美元,控制台是免费的。一个引擎可以向多个控制台报告,一个控制台也可以管理多个引擎。

RealSecure 可以对 CheckPoint Software 的 FireWall - 1 重新进行配置。根据入侵检测技术经理 Mark Wood 的说法,ISS 还计划使其能对 Cisco 的路由器进行重新配置,同时也正开发 OpenView下的应用。

**3. SkyBell**

启明星辰公司的黑客入侵检测与预警系统,集成了网络监听监控、实时协议分析、入侵行为分析及详细日志审查跟踪等功能。对黑客入侵能进行全方位的检测,准确地判断上述黑客攻击方式,及时采取报警或阻断等其他措施。它可以在 Internet 和 Intranet 两种环境中运行,以保护企业整个网络的安全。

该系统主要包括探测器和控制器两部分。探测器能监视网络上流过的所有数据包,根据用户定义的条件进行检测,识别出网络中正在进行的攻击。实时检测到入侵信息并向控制器管理控制台发出警告,由控制台给出定位显示,从而将入侵者从网络中清除出去。控制器能够监测所有类型的 TCP/IP 网络,强大的检测功能,为用户提供了最为全面、有效的入侵检测能力。

**4. 免费的 IDS - Snort**

Snort 可以作为一个轻量级的网络入侵检测系统(NIDS)。所谓的轻量级是指在检测时尽可能低地影响网络的正常操作,一个优秀的轻量级的 NIDS 应该具备跨系统平台操作,对系统影响最小等特征,并且管理员能够在短时间内通过修改配置进行实时的安全响应,更重要的是能够成为整个安全结构的重要成员。Snort 作为其典型范例,首先可以运行在各种操作系统平台,如 UNIX 系列和 Windows 系列(需要 Libpcap for Win32 的支持),与很多商业产品相比,它对操作系统的依赖性比较低。其次用户可以根据自己的需要及时在短时间内调整检测策略。

就检测攻击的种类来说,Snort 有上千条检测规律,其中包括缓冲区溢出、端口扫描和 CGI 攻击等。Snort 集成了多种告警机制来提供实时报警功能,包括 syslog、用户指定文件、UNIX Socket、通过 SMBClient 使用 WinPopup 对 Windows 客户端报警等。Snort 的现实意义在于作为开源软件填补了只有商业入侵检测系统的空白,可以帮助中小网络的系统管理员有效地监视网络流量和检测入侵行为。Snort 作为一个 NIDS,其工作原理是在基于共享网络上检测原始的网络传输数据,通过分析捕获的数据包,匹配入侵行为的特征或者从网络活动的角度检测异常行为,进行采取入侵的预警或记录。对检测模式而言,Snort 属于误用检测,是基于规则的入侵检测工具。

## 6.4.2 Snort 的工作模式

本节介绍著名的开放源码入侵检测系统 Snort 的使用方法。

Snort 有三种工作模式:嗅探器、数据包记录器、网络入侵检测系统。嗅探器模式仅仅是从网络上读取数据包并作为连续不断的流显示在终端上。数据包记录器模式把数据包记录到硬盘上。网络入侵检测模式是最复杂的,而且是可配置的,可以让 Snort 分析网络数据流以匹配用户定义的一些规则,并根据检测结果采取一定的动作。

### 1. 嗅探器

所谓的嗅探器模式就是 Snort 从网络上读出数据包然后显示在控制台上。首先,从最基本的用法入手。如果只要把 TCP/IP 包头信息打印在屏幕上,只需要输入下面的命令。

```
./Snort -v
```

使用这个命令将使 Snort 只输出 IP 和 TCP/UDP/ICMP 的包头信息。如果想要看到应用层的数据,可以使用下面的命令。

```
./Snort -vd
```

这条命令使 Snort 在输出包头信息的同时显示包的数据信息。如果还要显示数据链路层的信息,就使用下面的命令。

```
./Snort -vde
```

注意这些选项开关还可以分开写或者任意组合在一块。例如下面的命令就和上面最后的一条命令等价。

```
./Snort -d -v -e
```

### 2. 数据包记录器

如果要把所有的包记录到硬盘上,则需要指定一个日志目录,Snort 就会自动记录数据包。

```
./Snort -dev -l ./log
```

当然,./log 目录必须存在,否则 Snort 就会报告错误信息并退出。当 Snort 在这种模式下运行,它会记录所有看到的包将其放到一个目录中,这个目录以数据包目的主机的 IP 地址命名,例如:192.168.10.1。

如果只指定了 -l 命令开关,而没有设置目录名,Snort 有时会使用远程主机的 IP 地址作为目录名,有时会使用本地主机 IP 地址作为目录名。为了只对本地网络进行日志,用户需要给出本地网络。

./Snort -dev -l ./log -h 192.168.1.0/24

这个命令告诉Snort把进入C类网络192.168.10/24的所有包的数据链路、TCP/IP以及应用层的数据记录到目录./log中。

如果被监控的网络速度很快,或者想对日志以后再进行分析,那么应该使用二进制的日志文件格式。所谓的二进制日志文件格式就是tcpdump程序使用的格式。使用下面的命令可以把所有的包记录到一个单一的二进制文件中。

./Snort -l ./log -b

注意此处的命令行和上面的有很大的不同。此方式下不须指定本地网络,因为所有的数据都被记录到一个单一的文件。也不必设置冗余模式或者使用 -d, -e 功能选项,因为数据包中的所有内容都会被记录到日志文件中。

任何支持tcpdump二进制格式的嗅探器程序都可从这个文件中读出数据包,例如tcpdump或者Ethereal。使用 -r 功能开关,也能使Snort读出包的数据。Snort在所有运行模式下都能够处理tcpdump格式的文件。例如,如果想在嗅探器模式下把一个tcpdump格式的二进制文件中的包打印到屏幕上,可以输入下面的命令。

./Snort -dv -r packet.log

在日志包和入侵检测模式下,通过BPF(BSD Packet Filter)接口,用户可以使用许多方式维护日志文件中的数据。例如,如果只想从日志文件中提取ICMP包,只需要输入下面的命令行。

./Snort -dvr packet.log icmp

**3. 网络入侵检测系统**

Snort最重要的用途还是作为网络入侵检测系统(NIDS),使用下面命令行可以启动这种模式。

./Snort -dev -l ./log -h 192.168.1.0/24 -c Snort.conf

Snort.conf是规则集文件。Snort会对每个包和规则集进行匹配,发现这样的包就采取相应的行动。如果不指定输出目录,Snort就输出到/var/log/Snort目录。

注意:如果需要长时间使用Snort进行入侵检测,最好不要使用 -v 选项。因为使用这个选项,使Snort向屏幕上输出一些信息,会大大降低Snort的处理速度,从而在向显示器输出的过程中丢弃一些包。

此外,在绝大多数情况下,也没有必要记录数据链路层的包头,所以 -e 选项也可以不用。

./Snort -d -h 192.168.1.0/24 -l ./log -c Snort.conf

这是使用Snort作为网络入侵检测系统最基本的形式,日志符合规则的包,以ASCII形式保存在有层次的目录结构中。

**4. 网络入侵检测模式下的输出选项**

在NIDS模式下,有很多的方式来配置Snort的输出。在默认情况下,Snort以ASCII格式记录日志,使用full报警机制。如果使用full报警机制,Snort会在包头之后打印报警消息。如果不需要日志包,可以使用 -N 选项。

Snort有6种报警机制:full,fast,socket,syslog,smb(winpopup)和none。其中有4个可以在命令行状态下使用 -A 选项设置。

-A fast:报警信息包括一个时间戳(timestamp)、报警消息、源/目的 IP 地址和端口。

-A full:是默认的报警模式。

-A unsock:把报警发送到一个 UNIX 套接字,需要有一个程序进行监听,这样可以实现实时报警。

-A none:关闭报警机制。

使用 -s 选项可以使 Snort 把报警消息发送到 syslog,默认的设备是 LOG_AUTHPRIV 和 LOG_ALERT。可以修改 Snort. conf 文件修改其配置。

Snort 还可以使用 SMB 报警机制,通过 SAMBA 把报警消息发送到 Windows 主机。为了使用这个报警机制,在运行./configure 脚本时,必须使用 --enable-smbalerts 选项。

下面是一些输出配置的例子。

使用默认的日志方式(以解码的 ASCII 格式)并且把报警发给 syslog:

```
./Snort -c Snort.conf -l ./log -s -h 192.168.1.0/24
```

使用二进制日志格式和 SMB 报警机制:

```
./Snort -c Snort.conf -b -M WORKSTATIONS
```

### 6.4.3 编写 Snort 规则

Snort 使用一种简单的、轻量级的规则描述语言,这种语言灵活而强大。在开发 Snort 规则时要记住几个简单的原则。

大多数 Snort 规则都写在一个单行上,或者在多行之间的行尾用"/"分隔。Snort 规则被分成两个逻辑部分:规则头和规则选项。规则头包含规则的动作,协议,源和目标 IP 地址与网络掩码,以及源和目标端口信息;规则选项部分包含报警消息内容和要检查的包的具体部分。下面是一个规则实例。

alert tcp any any -> 192.168.1.0/24 111 (content:"|00 01 86 a5|"; msg: "mountd access";)

第一个括号前的部分是规则头(rule header),包含的括号内的部分是规则选项(rule options)。规则选项部分中冒号前的单词称为选项关键字(option keywords)。注意,不是所有规则都必须包含规则选项部分,选项部分只是为了使对要收集或报警,或丢弃的包的定义更加严格。组成一个规则的所有元素对于指定的要采取的行动都必须是真的。当多个元素放在一起时,可以认为它们组成了一个逻辑与(AND)语句。同时,Snort 规则库文件中的不同规则可以认为组成了一个大的逻辑或(OR)语句。选项之间可能有一定的依赖关系,选项主要可以分为四类,第一类是数据包相关各种特征的描述选项,比如 content,flags,dsize,ttl 等;第二类是规则本身相关一些说明选项,比如 reference,sid,classtype,priority 等;第三类是规则匹配后的动作选项,比如 msg,resp,react,session,logto,tag 等;第四类选项是对某些选项的修饰,比如从属于 content 的 nocase,offset,depth,regex 等。由于 Snort 的规则语言语法非常简单,所以可以对新发现的攻击作出快速的反应,迅速开发新的 Snort 规则。编写新的规则,最重要的是知道新攻击的特征码。要得到一个新攻击的特征码,一般的方法就是进行实际的测试,对一个测试网络进行攻击,使用 Snort 记录在攻击主机和测试网络之间的数据流。然后,对记录的数据进行分析得到其唯一的特征码,最后把得到的特征码加入到规则中。

**1. 规则高级概念:**

Includes

include 允许由命令行指定的规则文件包含其他的规则文件。

格式:

include: <include file path/name>

注意在该行结尾处没有分号。被包含的文件会把任何预先定义的变量值替换为自己的变量引用。参见变量(Variables)一节以获取关于在 Snort 规则文件中定义和使用变量的更多信息。

**2. 变量**

变量可能在 Snort 中定义。

格式:

var: <name> <value>

例子:

var MY_NET 192.168.1.0/24

alert tcp any any -> $ MY_NET any (flags: S; msg: "SYN packet";)

规则变量名可以用多种方法修改。可以在"$"操作符之后定义变量。"?"和"-"可用于变量修改操作符。

$ var - 定义变量。

$(var) - 用变量"var"的值替换。

$(var: - default) - 用变量"var"的值替换,如果"var"没有定义用"default"替换。

$(var:? message) - 用变量"var"的值替换或打印出错误消息"message"然后退出。

例子:

var MY_NET $(MY_NET: - 192.168.1.0/24)

log tcp any any -> $(MY_NET:? MY_NET is undefined!) 23

**3. 规则头**

规则的头包含了定义一个包的 who, where 和 what 信息,以及当满足规则定义的所有属性的包出现时要采取的行动。规则的第一项是"规则动作"(rule action),"规则动作"告诉 Snort 在发现匹配规则的包时要干什么。在 Snort 中有五种动作:alert, log, pass, activate 和 dynamic.

(1)Alert——使用选择的报警方法生成一个警报,然后记录(log)这个包。

(2)Log——记录这个包。

(3)Pass——丢弃(忽略)这个包。

(4)activate——报警并且激活另一条 dynamic 规则。

(5)dynamic——保持空闲直到被一条 activate 规则激活,被激活后就作为一条 log 规则执行。

用户可以定义自己的规则类型并且附加一条或者更多的输出模块给它,然后就可以使用这些规则类型作为 Snort 规则的一个动作。下面这个例子创建一条规则,记录到 tcpdump。

ruletype suspicious

```
{
type log output
log_tcpdump: suspicious. log
}
```

下面这个例子创建一条规则,记录到系统日志和 MySQL 数据库。

```
ruletype redalert
{
type alert output
alert_syslog: LOG_AUTH LOG_ALERT
output database: log, mysql, user = Snort dbname = Snort host = localhost
}
```

**4. 协议**

规则的下一部分是协议。Snort 当前分析可疑包的 IP 协议有四种:TCP,UDP,ICMP 和 IP。将来可能会更多,例如 ARP,IGRP,GRE,OSPF,RIP,IPX 等。

**5. IP 地址**

规则头的下一个部分处理一个给定规则的 IP 地址和端口号信息。关键字"any"可以被用来定义任何地址。Snort 没有提供根据 IP 地址查询域名的机制。地址就是由直接的数字型 IP 地址和一个 cidr 块组成的。Cidr 块指示作用在规则地址和需要检查的进入的任何包的网络掩码。/24 表示 c 类网络,/16 表示 b 类网络,/32 表示一个特定的机器的地址。例如,192.168.1.0/24 代表从 192.168.1.1 到 192.168.1.255 的地址块。在这个地址范围的任何地址都匹配使用这个 192.168.1.0/24 标志的规则。这种记法给我们提供了一个很好的方法来表示一个很大的地址空间。

有一个操作符可以应用在 IP 地址上,它是否定运算符(negation operator)。这个操作符告诉 Snort 匹配除了列出的 IP 地址以外的所有 IP 地址。否定操作符用"!"表示。下面这条规则对任何来自本地网络以外的流都进行报警。

```
alert tcp ! 192.168.1.0/24 any -> 192.168.1.0/24 111 (content: "|00 01 86 a5|"; msg: "external mountd access";)
```

这个规则的 IP 地址代表"任何源 IP 地址不是来自内部网络而目标地址是内部网络的 TCP 包"。

用户也可以指定 IP 地址列表,一个 IP 地址列表由逗号分割的 IP 地址和 CIDR 块组成,并且要放在方括号内"[","]"。此时,在 IP 地址之间 IP 列表可以不包含空格。下面是一个包含 IP 地址列表的规则的例子。

```
alert tcp ! [192.168.1.0/24,10.1.1.0/24] any -> [192.168.1.0/24,10.1.1.0/24] 111 (content: "|00 01 86 a5|"; msg: "external mountd access";)
```

**6. 端口号**

端口号可以用几种方法表示,包括"any"端口、静态端口定义、范围、以及通过否定操作符。"any"端口是一个通配符,表示任何端口。静态端口定义表示一个单个端口号,例如 111 表示 portmapper,23 表示 telnet,80 表示 http 等。端口范围用范围操作符":"表示。范围操作符可以有数种使用方法,如下所示。

log udp any any -> 192.168.1.0/24 1:1024

记录来自任何端口的,目标端口范围在 1 到 1024 的 udp 流

log tcp any any -> 192.168.1.0/24 :6000

记录来自任何端口,目标端口小于等于 6000 的 tcp 流

log tcp any :1024 -> 192.168.1.0/24 500:

记录来自任何小于等于 1024 的特权端口,目标端口大于等于 500 的 tcp 流。

端口否定操作符用"!"表示。它可以用于任何规则类型(除了 any,表示没有)。例如,由于某个特殊的原因需要记录除 x windows 端口以外的所有一切,则可以使用类似下面的规则。

log tcp any any -> 192.168.1.0/24 ! 6000:6010

### 7. 方向操作符

方向操作符"->"表示规则所施加的流的方向。方向操作符左边的 IP 地址和端口号被认为是流来自的源主机,方向操作符右边的 IP 地址和端口信息是目标主机,还有一个双向操作符"<>"。它告诉 Snort 把地址/端口号对既作为源,又作为目标来考虑。这对于记录/分析双向对话很方便,例如 telnet 或者 pop3 会话。用来记录一个 telnet 会话的两侧的流的范例如下。

log ! 192.168.1.0/24 any <> 192.168.1.0/24 23

### 8. 规则选项

规则选项组成了 Snort 入侵检测引擎的核心,既易用又强大还灵活。所有的 Snort 规则选项用分号";"隔开。规则选项关键字和它们的参数用冒号":"分开。按照这种写法,Snort 中有 42 个规则选项关键字。

msg——在报警和包日志中打印一个消息。

logto——把包记录到用户指定的文件中而不是记录到标准输出。

ttl——检查 IP 头的 TTL 的值。

tos - 检查 IP 头中 TOS 字段的值。

id——检查 IP 头的分片 ID 值。

ipoption——查看 IP 选项字段的特定编码。

fragbits——检查 IP 头的分段位。

dsize——检查包的净荷尺寸的值 。

flags ——检查 TCP FLAGS 的值。

seq——检查 TCP 顺序号的值。

ack——检查 TCP 应答(acknowledgement)的值。

window——测试 TCP 窗口域的特殊值。

itype——检查 ICMP TYPE 的值。

icode——检查 ICMP CODE 的值。

icmp_id——检查 ICMP ECHO ID 的值。

icmp_seq——检查 ICMP ECHO 顺序号的值。

content——在包的净荷中搜索指定的样式。

content——LIST 在数据包载荷中搜索一个模式集合。

offset——content 选项的修饰符,设定开始搜索的位置 。

depth——content 选项的修饰符,设定搜索的最大深度。

nocase——指定对 content 字符串大小写不敏感。

session——记录指定会话的应用层信息的内容。

rpc——监视特定应用/进程调用的 RPC 服务。

resp——主动反应(切断连接等)。

react——响应动作(阻塞 WEB 站点)。

reference——外部攻击参考 IDS。

sid——Snort 规则 ID。

rev——规则版本号。

classtype——规则类别标识。

priority——规则优先级标识号。

uricontent——在数据包的 URI 部分搜索一个内容。

tag——规则的高级记录行为。

ip_proto——IP 头的协议字段值。

sameip——判定源 IP 和目的 IP 是否相等。

stateless——忽略状态的有效性。

regex——通配符模式匹配。

distance——强迫关系模式匹配所跳过的距离。

within——强迫关系模式匹配所在的范围。

byte_test——数字模式匹配。

byte_jump——数字模式测试和偏移量调整。

规则选项的数量很大,我们无法在本书中逐个详细介绍,熟悉并运用它们需要在应用中逐步学习,读者可参考 Snort 网站上的使用手册。

### 6.4.4 预处理程序

预处理程序从 Snort 版本 1.5 开始引入,使得 Snort 的功能可以很容易地扩展,用户和程序员能够将模块化的插件方便地融入 Snort 之中。预处理器是 Snort 在捕获分组时对分组作的一些"预处理"动作,比如探测过小的 IP 碎片,重组 IP 分组,重组 TCP 报文等,Snort 预处理程序为 spp_ * . c 形式,比如 spp_defrag. c 实现重组 IP 包。预处理程序代码在探测引擎被调用之前运行,但在数据包译码之后。通过这个机制,数据包可以通过额外的方法被修改或分析。使用 preprocessor 关键字加载和配置预处理程序。在 Snort 规则文件中的 preprocessor 指令格式如下。

preprocessor <name>: <options>

例子：

preprocessor minfrag：128

### 6.4.5　输出插件

输出插件使得 Snort 在向用户提供格式化输出时更加灵活。输出插件在 Snort 的报警和记录子系统被调用时运行，在预处理程序和探测引擎之后。规则文件中指令的格式非常类似于预处理程序。

注意：如果在运行时指定了命令行的输出开关，在 Snort 规则文件中指定的输出插件会被替代。例如，如果在规则文件中指定了 alert_syslog 插件，但在命令行中使用了"－A fast"选项，则 alert_syslog 插件会被禁用而使用命令行开关。多个输出插件是在 Snort 的配置文件中指定的。当指定多个输出插件时，它们被压入栈并且在事件发生时按顺序调用。关于标准的记录和报警系统，输出模块缺省把数据发送到 /var/log/Snort. 或者通过使用 －l 命令行参数输出到一个用户指定的目录。在规则文件中通过指定 output 关键字，使得在运行时加载输出模块。可以选择 ASCII 文本文件存储日志，还可以选择存储到 MySQL 数据库中，还可以使用 IAP 协议将信息传给管理器 Manager(Snortnet)。

下面是一个 MySQL 的例子。

output database：log，mysql，user = myname dbname = detector host = localhost password = 0123 port = 1234

上面例子表示使用 MYSQL RDBMS，数据库名为 detector，用户名 myname，密码 0123，本地存储，MySQL Server 端口号为 1234。Snort 源代码中 contrib 目录下有一个 create_mysql 文件，可以用来方便的构造 Snort 所需的 MySQL 库表结构，假设已新建了一个数据库名为 detector，并将足够的权限交给 myname，则使用 $ mysql detector －u westfox －p <./contrib/create_mysql 命令就可以建好 detector 库的表结构。Output 的格式如下。

output <name>：<options>

例如 ：output alert_syslog：LOG_AUTH LOG_ALERT

## 6.5　入侵检测系统的发展及研究方向

### 6.5.1　入侵检测系统的发展

近年来，入侵技术在规模和方法上都发生了变化，入侵的手段与技术也有了进步与发展。入侵技术的发展与演化主要反映在下列几个方面。

(1)入侵或攻击的综合化与复杂化。以前，入侵者往往采取单一的攻击手段。随着网络防范技术的多重化，攻击的难度增加，入侵者在实施入侵或攻击时往往同时采取多种入侵的手段，以保证入侵的成功几率，并可在攻击实施的初期掩盖攻击或入侵的真实目的。

(2)入侵主体对象的间接化，即实施入侵与攻击的主体的隐蔽化。通过一定的技术，可掩盖攻击主体的源地址及主机位置。

(3)入侵或攻击的规模扩大化。初期的网络入侵与攻击往往是针对某公司或一个网站，攻击的目的可能是某些网络技术爱好者的猎奇行为，也不排除商业的盗窃与破坏行为。由于战争对电子技术与网络技术的依赖性越来越大，随之产生、发展、逐步升级到电子战与信息战。无论从规模还是技术上，信息战与一般意义上的计算机网络的入侵与攻击都不可相提并论。

(4)入侵或攻击技术的分布化。以往常用的入侵与攻击行为往往由单机执行。由于防范技术的发展使得此类行为很难奏效。所谓的分布式拒绝服务(DDoS)在很短时间内可造成被攻击主机的瘫痪，且此类攻击的单机信息模式与正常通信几无差异，所以在攻击发动的初期往往不易被确认。分布式攻击是近期最常用的攻击手段。

(5)攻击对象的转移。入侵与攻击常以网络为侵犯的主体，但近期的攻击行为却发生了策略性的改变，由攻击网络改为攻击网络的防护系统，且有愈演愈烈的趋势。现已有专门针对IDS作攻击的报道。攻击者详细地分析了IDS的审查方式、特征描述、通信模式以找出IDS的弱点，然后加以攻击。

今后的入侵检测技术大致可朝下述三个方向发展。

(1)分布式入侵检测：第一层含义，即针对分布式网络攻击的检测方法；第二层含义即使用分布式的方法来检测分布式的攻击，其中的关键技术为检测信息的协同处理与入侵攻击的全局信息的提取。

(2)智能化入侵检测：即使用智能化的方法与手段来进行入侵检测。所谓的智能化方法，现阶段常用的有神经网络、遗传算法、模糊技术、免疫原理等方法，这些方法常用于入侵特征的辨识与泛化。利用专家系统的思想来构建入侵检测系统也是常用的方法之一。特别是具有自学习能力的专家系统，实现了知识库的不断更新与扩展，使设计的入侵检测系统的防范能力不断增强，应具有更广泛的应用前景。应用智能体的概念来进行入侵检测的尝试也已有报道。较为一致的解决方案应为高效常规意义下的入侵检测系统与具有智能检测功能的检测软件或模块的结合使用。

(3)全面的安全防御方案：即使用安全工程风险管理的思想与方法来处理网络安全问题，将网络安全作为一个整体工程来处理。从管理、网络结构、加密通道、防火墙、病毒防护、入侵检测多方位全面对所关注的网络作全面的评估，然后提出可行的全面解决方案。

## 6.5.2 入侵检测系统的研究问题

### 1. 基于网络的IDS的性能问题

网络速度的不断提高以及入侵数据库的不断扩大对IDS的处理能力提出了更高的要求。IDS处理速度必须能够与之相适应。衡量IDS性能的指标包括每秒能处理包数量和每秒能处理的比特数。在实际应用中，多数NIDS能够处理包长度为1500bytes的百兆流量，只有极少数才能处理包长度为60bytes的百兆流量。因此对于NIDS，每秒能处理包数量是衡量IDS性能的重要指标。基于网络的IDS必须收集、分析、存储整个网络中所有机器的网络流量，因而需要耗费大量的处理器、存储器等系统资源。IDS必须解决由此引起的资源紧张问题。

### 2. 数据收集

决定 IDS 性能的主要因素之一是数据收集方式,以一种高效、可靠的方式收集数据对 IDS 是十分重要的。尤其对于大规模高速网络,例如千兆以太网,收集所有的数据包简直是不可能的,因此研究一种合理的网络流量采集方式,对于入侵检测系统是十分必要的。

### 3. 异常检测方法

入侵检测方法是基于异常检测的 IDS 最重要的问题。检测已知入侵的方法已经比较成功,目前都已形成了商业产品。检测未知入侵的异常检测方法还很不成熟,仍处于研究阶段。异常检测方法主要的问题是较高的误报率,迄今为止还未有重大的突破。另外一个值得注意的方向是学习训练问题。通常学习方法是无噪声数据学习,但这种方法有许多缺点。首先无噪声数据不易获得,而且一旦数据中混入噪声将生成不准确的模型。其次适应性差,对于不同的系统环境,需要重新建立相应的常态模型,获得其无噪声数据进行训练。这些困难极大限制了应用。在噪声数据中学习的方法是异常检测方法应用的重要技术难题,也是 IDS 研究中一个很受关注的方向。哥伦比亚大学的研究组提出了一种自适应模型生成方法,它基于攻击是小概率事件的假设,用统计方法生成模型。

### 4. IDS 之间的互操作及标准化

定义统一的协议,使 IDS 各部件及不同种类 IDS 能够根据协议进行沟通是很有必要的。IDS 之间的通信和互操作,可在 IDS 之间共享信息,及时检测最新攻击。对于源自多个主机的分布式攻击,攻击的各个部分虽能被不同的 IDS 检测到,但每个 IDS 不会报警。通过 IDS 之间相互通信协作可使分布在各地的 IDS 构成一个更大的系统,进而实现联防,更有效的检测分布式攻击行为。

目前已经有两个项目在这个方向上展开了研究,其一是由 IETF(Internet Engineering Task Force)发起的 Intrusion Detection Working Group(IDWG),它开发了 IDS 之间,以及 IDS 与管理系统之间的通信协议 IAP(Internet Alert Protocol),并定义了一种入侵描述语言。目前这些协议只有相关的草案,并未形成正式的 RFC 文档。另外 DARPA 的 Common Intrusion Detection Framework (CIDF)项目也涉及了这方面的研究。

### 5. 针对 IDS 的攻击

IDS 同样也可能成为攻击的目标,针对 IDS 的攻击基本都属于拒绝服务类攻击。

超载攻击　目前的 IDS 还没有能力处理 1 000Mbps 的网络流量,当网络流量超过 IDS 的处理能力时,IDS 的处理能力将急剧下降甚至完全瘫痪。超载攻击中,攻击者通过某些手段使网络流量达到饱和,迫使 IDS 大量丢包,从而进行网络攻击。这种攻击还可针对目标 IDS 系统采用的检测算法进行算法攻击。

资源耗尽攻击　通过发送大量残缺 TCP 数据段以及 IP 分片耗尽 IDS 的存储资源,使 IDS 不能正常工作。

### 6. 加密技术对入侵检测的影响

加密技术的应用对 IDS 将产生一定的影响,尤其是对网络入侵检测系统。由于使用SSL,

IPsec 等协议,网络数据流是加密的,NIDS 将无法解析加密包,因而无法进行深层次的入侵检测。保密通信通常用于经过身份验证的合法用户,因此加密对于不正当使用计算机的行为起到了隐蔽作用。对于这种情况,基于主机的 IDS 和基于应用程序的 IDS 是合适的选择,因为基于主机的 IDS 拥有更多的控制权,某些情况下可在加密层之上获得明文。另外,黑客也可利用加密技术,使得攻击行为更加难以检测。例如在某些 DDOS 攻击中,DDOS master 与 DDOS slave 之间通过加密隐蔽攻击指令。总之,加密技术的应用使得网络入侵更加困难,针对安全协议的入侵检测是 IDS 领域急需研究的问题。

**7. IDS 的测试**

IDS 的测试检验 IDS 的功能与效率。测试数据在测试中占有重要地位,DARPA 入侵检测项目中专门由一个子项目负责提供测试数据。

DARPA 入侵检测评价项目为 IDS 研究提供测试以及实验测试数据。测试包括两种,其一是离线测试,将收集的网络流和系统记录输入给 IDS,测试 IDS 的检测能力。第二种是实时测试,待测 IDS 被送往 AFRL 的网络测试床,对模拟的网络流进行测试。几乎所有 DARPA 的 IDS 项目都使用 MIT 的数据进行测试。

NIDSbench 测试两种 NIDS 的功能指标:效率和正确率。提供相应的两个测试工具:tcpreplay 通过重放包含攻击的网络数据流测试 NIDS 的性能,可以控制网络流的速度并且可以重放 tcpdump 记录的真实数据。fragrouter 测试 NIDS 抵抗文献提出的欺骗的能力。

# 6.6 提高 IDS 的性能

网络入侵检测系统面临两方面的挑战。一方面,网络速度不断提高,1 000Mbps 网络正在成为标准,同时入侵数据库不断扩大。这两个问题对 IDS 的处理能力提出了更高的要求,IDS 处理速度必须能够与之相适应。另一方面由于网络入侵检测系统必须收集、分析、存储整个网络中所有机器的网络流量,因而需要耗费大量的处理器、存储器等系统资源。IDS 必须解决由此引起的资源紧张问题。

提高 IDS 性能的研究是 IDS 领域的一个重点问题,目前主要有多机并行和提高单个入侵检测器的性能两种方法。

## 6.6.1 多机并行

现有的入侵检测方法在单机上无法高效地处理高速网络流量。多机并行方法在现有检测方法的基础上,通过两方面分割:流量的分割、处理的分割,实现多个检测器并行工作,协同处理高速网络流量。虽然单个检测器的处理能力无法适应高速网络,但将流量分割为单个检测器能够处理的分片,并由各检测器并行处理,则可有效处理高速网络流量;处理分割是对单机入侵检测的功能进行合理划分,使处理任务均匀地分散在多个处理部件中。这种方法源自高性能计算,但不同的是,入侵检测系统的负载分割还须保证检测的正确性,即能够检测分布在多个流量分片中的攻击。

此类系统属于滥用检测类型,由一组入侵检测器构成,每个检测器负责检测攻击模式的一个子集。在运行过程中,系统根据检测器的处理能力将检测数据分割为一组分片,其中每个分片由一组检测器处理。系统保证流量的分割不影响检测结果的正确性,即若检测数据包含入侵模式,则能够被检测到。系统中每个检测器都是自治的,检测器之间并不通信。系统具有可扩展性,增加检测器会提高系统处理更高网络流量的能力。

系统包含一个网络分路器(network tap),一个流量分割器(traffic scatterer),一组流量分发器(traffic slicer),一个交换机,一组流重组器(stream reassembler)以及一组入侵检测器。其中,网络分路器负责获取网络流量,并输出到流量分割器。流量分割器按照某种算法将流量分割为若干子集,并输出到流量分发器处理。流量分发器的任务是对分配到的流量分片进行路由,将分片传递给合适的入侵检测器。不让流量分割器进行路由的原因在于,路由是复杂的操作,适宜分散到多个流量分发器中进行。流重组器负责对网络包的重组,将这个功能独立出来也是为了减少检测器的处理压力。试验表明这种方法具有较单机系统更好的可扩展性。

## 6.6.2 提高单机入侵检测器的性能

另一种提高入侵检测性能的方法是提高单机 IDS 的性能。首先概括一下入侵检测操作的类型。

(1)协议分析。通过协议分析模块,根据数据包的协议类型检测相应的协议域。如:TCP 包的标志位,IP 包长度等。分析的协议是现存的各种网络协议,如 Snort 中包括 IP,TCP,UDP,ICMP,HTTP 等协议的检测。协议分析可以显著地缩小检测模式范围,从而减少内容检查,提高入侵检测的效率。

(2)内容检查。这是目前大多数网络入侵检测系统最重要的检测手段,内容模式取自攻击数据包的字符串特征。一般在协议分析之后对包内容进行特征串匹配,但相反的顺序可能提高检测效率。目前多数入侵检测系统中采用的是串行单模式匹配算法。

(3)统计量。包括包长度,事件出现的频率等。其中 Snort 的关键字 dsize 就是对数据包的负载长度的检查。其他的统计量还有某些事件出现的量(次数或者单位时间次数),比如,某个 IP 在 1 分钟内报出了 100 条 CGI 事件,那么就属于一次 CGI 扫描事件。

在这三种入侵检测操作中,内容检查的处理开销占据了最大的比例。以 Snort 为例,试验表明:在包处理中,内容检查占全部处理时间的 31%。通常入侵检测系统需要在一个网络包和 TCP 流上同时搜索上百条入侵模式。同时入侵规则的数量巨大且在不断增加,而其中包含内容检查的规则又占了绝大多数。因此提高内容检查的效率对整个入侵检测系统性能的提升起很大的作用。

目前多数入侵检测系统采用串行单模式匹配算法实现内容检查。这种方法的处理开销较大,而且可扩展性差,处理开销随着规则的增加而上升。通过对 Snort 的分析,本章介绍两种提高入侵模式检测性能以及如何应用于 Snort 的方法。

(1)采用多模式匹配算法提高入侵模式检测性能;

(2)降低 IP 分片重组与 TCP 流重组的存储占用量。

首先看一下 Snort 内部是如何工作的。

Snort 入侵检测原理

Snort 基于 libpcap 获取网络包,使用协议分析和模式匹配实现入侵检测。Snort 通过插件的机制实现了一个可扩展的系统结构,新的检测方法和技术可通过插件集成到 Snort 中。Snort 定义了一种灵活的入侵规则描述语言,规则分为规则头和规则选项两部分,规则头指定了协议类型、响应方式等信息。协议类型目前包含三种:TCP,UDP 以及 ICMP。其中 TCP 规则包括源 IP 地址、目的 IP 地址以及源端口、目的端口。规则选项中指定了对数据包的协议分析和内容检查模式。图 6.2 为一条 Snort 规则。

```
alert tcp $ EXTERNAL_NET any - > $ SMTP_SERVERS 25 (msg:"SMTP
exchange mime DOS"; flow:to_server,established; content:"charset = |22 22|";
classtype:attempted - dos;sid:658; rev:5;)
```

**图 6.2 Snort 规则举例**

规则头中包含响应方式(alert),协议(tcp),以及 IP 地址和端口号。括号中为规则选项,其中 content 域指定了在包数据中搜索的内容模式,Snort 中超过 65% 的规则包含内容检测选项。

在 Snort 的检测引擎中规则被解析为决策树结构,图 6.3 是 Sonrt 的规则树示意图。

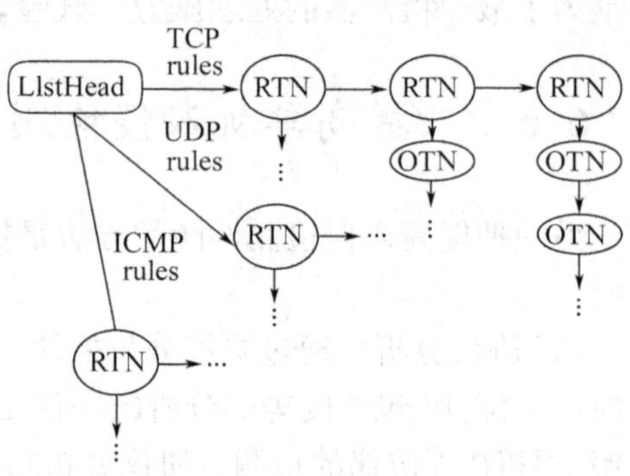


**图 6.3 Snort 规则树**

每个协议在规则树中都对应一个 RTN(rule tree node)链表,规则的规则头在规则树中对应 RTN,规则选项对应 OTN(option tree node)。具有相同 RTN 的规则其 OTN 在同一 RTN 的 OTN 链表中。Snort 在对一个数据包的处理中,首先在 RTN 链表中搜索包头匹配的 RTN,然后依次匹配 RTN 的 OTN 链表所指定的各个选项。由于同一包头可能匹配多个 RTN,因此对 RTN 的匹配必须搜索整个协议 RTN 链表。Snort 的数据包处理过程如图 6.4 所示。

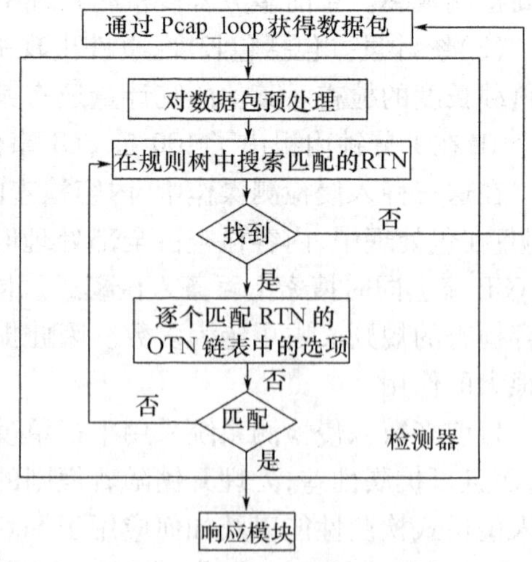


**图 6.4 Snort 包处理流程**

在 Snort 规则树中 RTN 的 OTN 链一般包含多个内容检查模式。Snort1.8 采用串行单模式匹配算法进行模式匹配,在这种方式下,每个内容模式都需要被独立搜索一遍,处理开销随着模式数量的增加而上升。通过分析我们发现,串行单模式匹配中包含了很多冗余操作。

首先,若两个模式包含共有前缀,则在对其他模式进行搜索时,共有前缀将被重复匹配;其次,若两个模式不包含共有前缀,则第一个模式匹配成功或部分匹配成功,暗示着对第二个模式的匹配必然失败,可不必扫描。

由上述分析可知,通过减少冗余操作可提高多模式匹配的效率。最直接的改进是基于模式集合检索结构的多模式算法。在检索结构中,每个节点对应模式集合的前缀,节点的失败状态为该节点对应前缀的后缀中所包含的最长前缀。在基于检索结构的算法中,对输入只需扫描一遍,即可完成多模式搜索。这种算法首先被 Aho 和 Croasick 发现,称为 AC 自动机算法,它可看作是单模式算法在多模式情况下的扩展。使用多模式匹配算法能够提高入侵检测系统的模式匹配效率。

那么如何将多模式匹配算法集成于 Snort 呢? 首先,在 Snort 规则树的创建阶段,将 OTN 按照是否包含 content 选项排序分类。对于 RTN 的 OTN 链中包含的多个 content 选项,将其中的内容模式作为模式集合构造多模式匹配算法所需的索引结构。当输入数据包匹配上一个 RTN 时,则对数据包的数据部分采用多模式匹配法进行入侵模式的匹配,若匹配失败,则接下来仅对 OTN 链中不包含 content 选项的 OTN 匹配;若匹配成功,则只对包含该模式的 OTN 进行匹配。实验表明,对于模式数量为小于 10 的模式集合使用 Snort 的串行 boyer - moore - horspool 模式匹配的速度快于多模式算法。对于大于 10 的集合多模式匹配算法效果更好。

### 6.6.3 入侵检测系统中的 IP 分片重组与 TCP 流重组

IP 分片重组与 TCP 流重组是入侵检测系统(IDS)的重要问题。如果 IDS 不能正确地对 IP 分片和 TCP 流进行重组,攻击者就会利用这个缺陷,通过某些手段隐藏攻击,从而躲避 IDS 的检查。这个问题提出以来,IP 分片重组和 TCP 流重建已经成为一个健壮的 IDS 不可缺少的功能。

IP 包在传输过程中可能被分片,并可能以乱序方式到达接收方。TCP 数据流是通过 IP 协议进行传输的,数据流同样可能乱序。接收方协议栈必须对数据包重排序、重组。这种接收有序号的、乱序到达的数据包,并重建原数据流的过程叫做重组(reassembly)。现有 IDS 的重组大都采用缓存法,如 Snort,bro 等。缓存法是 TCP/IP 协议栈的重组方法,它将分片缓存并拼接到适当位置,在全部分片到达之后,重建重组的数据包供下一步处理。使用缓存法的分片重组耗用内存很大,在基于网络的 IDS 中,这个问题更为严重。目前针对 IDS 的各种存储耗尽攻击中,对 IP 分片和 TCP 流重组的攻击是一种主要的方法。

基于 IDS 重组的特点,本节介绍在线重组算法。在线重组算法将缓存与入侵模式搜索结合在一起,在对分片缓存的同时完成入侵检测。不同于缓存法,它对顺序和乱序分片流都产生很少存储开销。当输入顺序分片流时,算法的存储开销仅为一个索引(通常为两个整数)。对于乱序分片流算法实时地对分片进行入侵模式搜索,对分片数据进行筛选,只记录包含模式和可能包含模式的数据;而且数据是以索引的形式缓存,任意长度的分片都对应于占用很少内存的索引数据结构。在线重组完成了部分入侵检测功能,通过这种不完全分工既保证了检测的正确性,又减少了存储开销。

介绍在线重组算法前,首先将 IP 分片和 TCP 包抽象为分片数据结构。

```
struct fragment {
        unsigned char*   data;    /*分片数据*/
        int              offset;  /*分片在原数据中的位置*/
        int              length;  /*分片长度*/
    }
```

IP 分片流及 TCP 数据流统称为分片流。

### 6.6.4 在线重组算法

在线重组算法对于输入分片并不缓存,而是对其进行处理并保存处理结果,它在对分片重组过程中同时完成入侵模式搜索。在线重组对于输入分片 f,只记录 f 中匹配的模式和 f 前缀和后缀中的最长的模式集的因子,这些数据保证了原始数据中包含的任意模式都被保存下来。若 p 是原始数据中出现的入侵模式,则在数据的分片流中,p 可能全部包含在一个分片中,还可能分散于多个分片中。在后一种情况下 p 的前缀包含在某个分片的后缀中,p 的后缀包含在某个分片的前缀中,某些分片是 p 中间的子串。对于这两种情况,p 都将被包含在算法记录的对象中。

在线重组算法分为预处理和乱序流重组匹配两个阶段。预处理阶段根据入侵模式集合构造模式的完全双向索引,例如可使用 DAWG(有向无环词图)。完全索引数据结构能够识别一个字符串(模式)或字符串集合(模式集合)的全部子串,例如 DAWG 可通过一个 DAWG 状态和子串长度来索引一个子串。双向索引不仅能索引模式(集合)而且能够索引反向模式(集合)。

在 IDS 中,不同的 TCP 连接或 IP 包可能匹配的模式集合是不同的,也就是说该连接或 IP 包中可能发生的攻击是全部攻击集合的一个子集。因此需要在 IDS 中将入侵模式集合分类,每个类分别对应着不同类型的协议、服务中可能发生的攻击,并构造每个类的完全双向索引,对于不同的分片流只记录其中可能出现的模式及因子。

乱序流重组匹配包括两阶段:分片处理、分片导出。分片处理对 f 进行缓存和模式搜索,处理结果保存在分片缓冲区和已匹配模式缓冲区中。在分片导出过程中,算法对记录的数据导出进行模式匹配,找到入侵模式。以下分两部分介绍在线重组算法,首先是在线重组的两个关键原理:缓存方法、多模式匹配算法,然后介绍在线重组算法的细节。

**1. 缓存方法**

模式集合 P 的任意因子都可通过完全索引来索引。在使用 DAWG 或后缀树的情况下,任意模式集合的因子可用一个状态指针和因子长度来索引。在线重组算法对于模式因子 f,使用这种方法记录 f。由于任意长度的因子都对应于长度固定的索引,因此在存储开销上具有优势。通常情况下,索引的存储开销远小于因子本身。将索引还原为因子的操作时间是固定的,可通过索引确定 f 在模式集合中的位置来还原 f。

**2. 多模式匹配算法**

许多完全索引结构可用来构造多模式匹配算法。在多模式匹配扫描中,通过当前索引,记录当前输入的后缀中最长的 p 子。当新的字母输入时,索引变更为当前输入中新后缀中的后缀中最长的 p 因子。

**3. 在线重组主要过程**

(1)分片缓冲区和已匹配模式表

分片缓冲区 FragBuffer 记录分片流中各分片首尾的模式因子,用 FragBuffer[i]表示分片缓冲区中的第i个节点。分片节点与分片流中的分片并不是一一对应的,若两个分片数据连续,则它们将被合并入一个分片节点。分片缓冲区中的分片节点数据结构定义如下。

```
struct    fragment {
        int  offset;   /* 节点所记录的分片在原始数据中的位置  */
        int  length;  /* 节点所记录的分片长度  */
        int  flag;  /* 节点所记录的分片性质  */
        index prefix;  /* 节点所记录的分片前缀中 p 的因子索引  */
        index suffix;  /* 节点所记录的分片后缀中 p 的因子索引  */
};
```

每个分片节点n是在线重组算法对分片x[n.offset :n.offset + n.length - 1]的处理结果,这个分片记为Frag(n)。属性flag标识Frag(n)的性质,分为以下三种。

①FAC Frag(n)是p的因子。

②NFC Frag(n)不是p的因子。

③UTC 不能确定Frag(n)是否是p的因子。

对于性质③的引入及作用将在下节介绍。

已匹配模式表Pattern存放分片处理过程中匹配的模式,其中每项元素包含模式号,及其在原数据包中的位置等信息。元素按照其在原数据包中的位置排序。

(2)分片处理过程FragProcess

分片处理处理任意顺序的分片流,将处理结果保存在FragBuffer和Pattern表中。分片处理的主过程是FragProcess,其中缓存及多模式匹配由函数ScanFrag实现。

对新到达分片的扫描根据分片在原数据中的位置分别处理,对于一个输入分片并不总是生成新的分片节点,若分片与已到达的数据恰好连续则分片将被合并到已有分片节点。设n为FragBuffer中节点,共有三种情况。

①后向合并

若f.offset = n.offset + n.length,则称f为n的后序分片,分片处理将f后向合并入n。后向合并有两种情况,a.若n的属性是因子或非因子,则以n.suffix为初始索引状态扫描f,扫描的结果即为新n.suffix,n.prefix不变;若扫描中发生失配,则节点属性设为非因子。b.若n的属性是UTC,则以n.suffix为初始索引状态扫描f,若扫描中未发生失配,即n.suffix + f是因子,则n.suffix赋值为扫描结果,n.prefix不变,属性不变;若扫描过程发生失配,即n.suffix + f不是因子,则n.suffix赋值为扫描结果,新的n.prefix可通过如下过程得到:首先将原来的n.suffix中的索引状态转换为反向索引,然后以新反向索引为起点反向扫描n.prefix,将扫描结果赋值给n.prefix,n的属性变为非因子。

②前向合并

若f.offset + f.length = n.offset,则称f为n的前序分片,分片处理将f前向合并入n;前向合并有三种情况,a.若n的属性是非因子,则以n.prefix为初始状态对f进行反向扫描得到一个反向索引,扫描的结果即为新n.prefix,n.suffix不变;若n.prefix为正向索引,则扫描前还须将其转化为反向索引。b.若n的属性为因子,则对f进行反向扫描,若扫描中未发生失配,即f + n.prefix是因子,则n.prefix赋值为该因子,n.suffix不变,n的属性变为UTC;若扫描过程发生失配,即f + n.prefix不是因子,则n.prefix赋值为扫描结果,新的n.suffix可通过如下过程得到:首先将原来的 n. prefix 的反向索引转换为正向索引,然后以这个正向索引为起点正向扫描 Frag(n. suffix),将扫描结果赋值给 n. suffix,n 的属性变为非因子。c. 若 n 的属性为 UTC,则处理方法与 b. 基本相同,唯一的区别是扫描起点为 n. prefix。

引入 UTC 属性是为了避免重复正反状态转换与重复扫描。按照 n. prefix 与 n. suffix 的原始定义,若 Frag(n)是因子,f 是 Frag(n)的前向分片,且 f + Frag(n)是因子,则在前向合并后须将 f + Frag(n)作一次正向扫描得到 n. suffix;对于 Frag(n)的后向分片 f,且 f + Frag(n)是因子,相应地须对 f + Frag(n)作一次反向扫描得到 n. suffix,若这种两种情况交替出现,则算法的扫描次数最多达到平方级。引入 UTC 属性,状态转换引起的扫描只进行一次,而处理后 Frag(n)是否为因子无法确定,故属性设置为不确定。

③增加节点

若分片 f 的前序分片和后序分片都未输入,则对 f 进行扫描,生成新的分片节点插入分片缓冲区,称分片 f 为增点分片。若扫描过程未发生失配,则新节点的前缀后缀索引都赋值为扫描返回的索引,节点属性设为因子;否则 prefix 赋为第一次失配时记录的索引,suffix 赋为扫描结果,属性设为非因子。

分片节点的属性在分片创建时确定,合并操作可能导致分片属性的改变,共有两种情况,a. 无论分片属性为何,只要合并中发生失配,则分片属性变为非因子。b. 若分片属性为因子且合并为前向,合并中未发生失配,则分片性质设为不确定。

在情况 b 中,Frag(n)被完整地保存在 n 的两个索引中。对于分片重叠在线重组采用先到数据优先的策略,新分片被分解为一组新数据分片集合,逐次加入分片缓冲区。

(3)数据导出过程

当满足某些条件时,例如收到确认包(ACK 包)时,在线重组将满足条件的数据导出。导出过程在 FragBuffer 记录的数据片段中搜索入侵模式,将新发现的入侵模式送入 Pattern 缓冲区。在 IDS 中,调用入侵检测模块处理 Pattern 缓冲区的模式检查包负载匹配的模式与包头组合在一起是否构成攻击。若 Pattern 缓冲区为空,则重组模块通知入侵检测模块不进行内容检查。

数据导出过程用一个索引 s 记录以前导出数据的后缀中最长模式因子。导出过程首先以 s 为起始状态,以后继节点的 prefix 对应分片为输入进行扫描,如果后继节点的属性为非因子,则以后继节点的 suffix 作为新的起始状态进行模式匹配扫描;若后继的属性为因子或 UTC,则直接将整个分片作为输入继续扫描,直到后继节点的属性为非因子。s 的保存保证了对数据流的连续检测,即不漏掉跨越多个导出数据包的模式,这个功能是很多 IDS 所不具备的。

**4. 在线重组算法存储使用**

在线重组算法在运行中的内存空间占用量主要与输入分片的数量有关,而与分片流的总长度无关。同时分片的输入顺序也影响在线重组内存开销,在全部分片顺序到达的情况下,算法只产生一个分片节点,在奇数或偶数分片先到达(间隔顺序)的情况下,产生的分片节点最多。通过分析算法的最坏情况与平均存储使用量有如下结论。

设算法在线重组的实现中分片节点占用存储空间为 S 字节,设输入分片数量为 n,以全部分片到达作为结束条件,则算法在线重组的峰值存储空间占用量 M 满足 $S \leqslant M \leqslant \lfloor n/2 \rfloor S$;若分片流顺序按等概率分布,则 M 的平均值为$[(n+1)/3]S$。

### 6.6.5　在线重组应用于Snort的流重组

在入侵检测系统Snort中以插件(plug_in)的形式实现了基于在线重组算法的TCP重组。Snort对TCP流的重组是由stream4插件完成的。Stream4实现了基于TCP状态的连接监视和基于缓存法的TCP流重组。

在线重组插件基于stream4,继承了stream4的TCP连接监控和数据的组织方式,用在线重组算法替换了stream4的缓存法重组算法。在线重组插件将每个TCP连接看作一个独立的分片流,对每个被监视连接独立地运行在线重组算法进行重组。连接的在线重组模式集则由连接的TCP包头所匹配的Snort规则集合决定,模式取自规则中的content和uricontent关键字所指定的内容模式。在在线重组插件中,按照协议对连接进行分类,同类连接的采用相同模式集,即分类中的连接所匹配的Snort规则中的内容模式;预先构造每个连接类的模式集的双向索引,由同类连接共享。

Snort最新版中包含内容模式的TCP规则共有1 426条,其中包括22条通用规则,即适用于所有TCP连接的规则。在这些TCP规则中规则头共有131种,即Snort将TCP连接分为131类。由于每个连接匹配的规则集必然包括通用规则集,因此每个类的模式集必然包含通用规则集的模式集。若按照规则头将连接分为131类,则通用规则模式被重复包含131次,通过计算可知模式集的存储空间增加到原来的近三倍。若所有的连接归为一类,在线重组模式集为全部TCP规则的模式,则没有模式重复,但在运行中连接的FragBuffer中可能缓存在本连接中无害的模式。为了解决这个问题,在线重组插件采取了折中的方法,将规则按照其代表的服务在Internet上的流量比例递增排序,分成六类:http,pop3,ftp,smtp,telnet和其他。对于在网络中出现频率较高的协议为其独立建立索引,对于较少出现的连接类型则合并到一个模式集中。这样使得缓存无害模式的概率降到了合理的范围,同时也减少了通用规则的重复包含次数。分类确定后,构造这六类规则模式集的双向索引,同类连接共享这个索引。

在在线重组插件的运行中,对于TCP包,通过包头的(源IP,源端口,目的IP,目的端口)四元组判定其所属的连接。对于新连接,首先新建连接数据结构,由连接的目的端口号确定连接所属类别,得到相应自动机指针,并建立新的FragBuffer,填入新建的连接数据结构。对于连接中的数据包,先查找其所在的连接,然后根据TCP包头进行TCP状态监控;如果包需要缓存,则将自动机指针和包输入FragProcess函数处理。数据的导出条件是收到ack包。如果IDS收到ack包,则意味着接收端已经收到了ack包序号之前的数据,即使发送端未收到ack包,导致数据重发,接收端也会将重发数据丢弃。因此只要收到了ack包,ack包确认的缓存数据就可以处理。在线重组插件中每个连接的Pattern缓冲区节点存放匹配模式的RULE_NODE及模式在包负载中的位置。

在线重组插件在导出过程中,直接回调入侵检测模块进行入侵检测。检查包负载匹配的模式与包头组合在一起是否构成攻击。若在线重组插件在TCP流中未发现入侵模式,则数据导出时在线重组插件只调用入侵检测模块对包头进行协议分析。

以缓存法为参照,在线重组的存储占用与包数量相关,包长度越大,在线重组占用内存小的优势就越明显。随着包长度的增加,在线重组算法处理时间增加,但在包长度较大时曲线趋向平稳。这表明在线重组在运行效率接近的情况下,内存资源的使用量明显小于缓存法。

# 6.7 数据采集

## 6.7.1 引言

当前 IDS 系统主要的研究问题集中在检测部分,发现入侵行为,提高检测入侵率,降低误报率等。但是数据采集的方式同样是一种决定 IDS 性能的主要因素。有效、可靠、完整地采集数据方式对于提高 IDS 的性能是十分重要的。

**1. 基于主机和基于网络的数据采集**

典型的数据采集方法是基于主机和基于网络的数据采集;基于主机的数据采集方法比基于网络的数据采集方法更有效。主要原因如下。

基于主机的数据采集允许数据采集准确地反映出在主机上究竟发生了什么事情。相反,基于网络流动的数据包的方法则要进行进一步的判断。在高通信量的网络中,网络监视器有可能错过数据包,而主机的监视器能够报告发生在每个主机上的每个单独事件。

仅仅对网络本身起作用的攻击是使网络流量饱和,阻碍合法的数据包传输。无论如何,大多数的这类攻击也都可以在终端主机上被检测出来。例如通过在主机上寻找是否出现了大量的 ECHO_REQUEST 包,PING 的洪水包可以在 ICMP 层被检测。

但对于 DOS 这种攻击,基于网络的数据采集比基于主机的数据采集更为适合。该攻击是用在主机上不引起任何反映的数据包来淹没网络(例如,绑定到某个端口上的数据包,而该端口在所有的主机上都已经被关闭)。在这种情况下,通过在终端主机上对网络的低层协议栈的检测,攻击也能够被发现。

虽然基于主机的数据采集方法比基于网络的数据采集方法更为有利,但基于网络的数据采集方法也是非常重要的,主要原因如下。

(1)使用基于网络的数据采集能更早的检测到入侵行为,能够降低攻击造成的损失。

(2)对于复合性的攻击,基于主机的数据采集方法获得的信息量不足以检测到入侵,这样,只有基于网络的数据采集才能够获得足够的信息量。

(3)使用基于主机的数据采集,每一个网络中的主机必须运行采集数据的进程,而基于网络的数据采集仅仅在关键性的主机上(例如路由器)才需要运行数据采集进程。

通过上面的分析,我们认为在 IDS 中基于主机和基于网络的数据采集方法都应该被使用,基于网络的数据采集方法主要采集网络流动的数据,而基于主机的数据采集方法则采集一些关键性的主机上的数据。

**2. 直接和间接数据采集**

数据采集方法也可以分为直接和间接两种。

(1)直接的方法:就是直接从产生它的对象或相关的对象获得数据。例如,直接监视主机的 CPU 加载情况,这种方法需要直接得到主机内核相应的结构数据。为了通过 inetd 守候程序直接监视对网络服务器的访问情况,就需要得到直接访问 inetd 的数据。

(2)间接的方法:从某个数据源获得数据,该数据源反映了被监视对象的行为。使用前面的例子,直接监视 CPU 的加载情况,能够通过读取记录 CPU 加载情况的日志文件来获得。间接监视对网络服务器的访问情况,可以通过读取 inetd 产生的日志文件,或者通过一个应用程序例如 TCP - wrappers 实现。间接监视也可以通过查看绑定到主机特定端口上的数据包来实现。

对于 IDS 来说,使用直接的数据采集方法比使用间接的数据收集方法更为理想,主要原因如下。

(1)间接数据源的数据(例如审查追踪)有可能被入侵者在入侵检测系统使用之前修改。

(2)在间接数据源中,有一些事件并未被记录。例如,并不是每个 inetd 动作都记录到日志中。而且,间接数据源不能访问被监视对象的内部信息。例如,TCP - Wrappers 不能检测 inetd 的内部操作,只能检测通过外部接口到达它的数据。

(3)间接监视机制产生的数据有可能不是 IDS 系统需要的数据。因此,当使用这些数据进行入侵检测目的以前,IDS 不得不花费大量的系统资源来过滤和减少无用数据。另一方面,直接监视方法只得到它需要的数据,结果只需要产生很少的数据。此外,当相关事件被检测时,监视组件能够自己分析数据,并产生结果。因此,除了论证等目的,实际上并不需要存储数据。

(4)使用间接监视方法时,上述的原因导致了很差的可伸缩性。因为随着主机数目的增加,过滤数据所造成的开销引起被监视主机性能的下降。

(5)间接数据源通常在数据产生和 IDS 系统访问它们之间有一段延迟。直接数据源只有很短的延迟,使 IDS 能够在非常短的时间内产生反应。

基于以上原因,我们认为应使用直接的数据采集方法来采集 IDS 所需要的数据。直接数据采集两种实现的方法, 分别是外部感应技术和内部感应技术,这两种技术在实现时在难易程度、性能和效率上差别较大,具体实现时可以根据 IDS 的需求和实现平台选择。

对于 IDS 设计和实现者来说,选取所使用的数据源,认真考虑其优缺点是非常重要的。IDS 的准确性取决于它所采集的数据,所以最重要的是提供最理想的数据源给 IDS。

用户希望 IDS 的数据采集部分有更多可供使用的信息和更好的性能,但是随着信息的增加,特别是对基于网络的数据采集方法,信息处理需要更多的资源,这将导致网络拥挤和资源死锁。因此,必须权衡信息的完整性和采集信息所使用系统资源的平衡性。

采集的数据应该给分析器提供足够的信息来分析数据找到攻击。收集数据的记录至少应该包括下面几项:时间/日期戳、服务器、源地址和 socket 端口号、目的地址和 socket 端口号、资源使用情况、主题和行为。

## 6.7.2 基于简单随机抽样方法实现入侵检测系统数据收集

如上所述,网络入侵检测系统面临着网络流量提高带来的资源紧张的挑战。提高 IDS 的性能是一种解决的方法。本节的方法可从另一个方向来解决这个问题。

决定 IDS 性能的主要因素之一是数据收集方式,以一种高效、可靠的方式收集数据对 IDS 是十分重要的。尤其对于大规模高速网络,例如千兆以太网收集所有的数据包简直是不可能的,因此研究合理的网络流量采集方式,对于入侵检测系统是十分必要的。

抽样是一种高效的、实时监控全网络流量的方法,已被广泛地应用于各种网络工程和管理应用程序,例如流量报告和流量特征化,攻击和入侵的检测及诊断。当前所有的 IDS 系统采用捕获全网络流量的数据收集方式,但是由于捕获、存储和分析等计算机资源的限制,对大规模高速网络流量进行数据收集时,不可避免地会丢失一些数据包,无法完整地进行实时数据收集。此外,含有攻击特征的网络流量占全网络流量的比例通常不会很大,这种数据收集方式的带宽效率也不是太高。

本节将统计学的简单随机抽样方法引入 IDS 系统的数据收集过程,提出了一个新的 IDS 系统数据收集模型,定义了标准收集曲线。根据抽样理论,给出了一般情况下确定数据包抽样数量的公式,并用霍丹(Haldane)提出的逆抽样方法解决了在攻击流量所占比例很小的情况下,如何确定数据包抽样数量的问题。实验结果表明,该方法在基本不降低检测精度的前提下,可提高数据收集效率,增强 IDS 系统的处理性能。

**1. 简单随机抽样数据收集模型**

简单随机抽样也被称作单纯随机抽样,是从 $N$ 个抽样单元中随机地、一个一个地抽取 $n$ 个单元作为样本,在每次抽选中,所有未入样的待选单元入选样本的概率是相等的,这 $n$ 个被抽中的单元就构成了简单随机样本。根据抽样单元是否放回,简单随机抽样可分为放回简单随机抽样和不放回简单随机抽样。本小节采用不放回简单随机抽样,即从总体抽样单元中依次抽取,直到抽满 $n$ 个抽样单元,每个被抽中的单元不再放回总体,每次抽样都是从总体剩下的单元中进行。

(1)符号标记

对于 IDS 系统的数据收集过程来说,我们将流入 IDS 系统所在网络的全部数据包作为总体,将每个数据包作为总体单元。

假设总体由 $N$ 个单元(数据包)组成,其标志值依次标记为 $Y_1, Y_2, \cdots, Y_N$,其中具有攻击特征的数据包的个数标记为 $A$,令

$$Y_i = \begin{cases} 1 & (\text{如果数据包 } Y_i \text{ 具有攻击特征}) \\ 0 & (\text{如果数据包 } Y_i \text{ 没有攻击特征}) \end{cases} \qquad (\text{其中 } i = 1, 2, \cdots, N)$$

则称 $P = \dfrac{A}{N}$ 为总体攻击强度,$A = \sum\limits_{i=1}^{N} Y_i$ 为总体攻击量。

从总体中抽取 $n$ 个单元(数据包)作为样本,其标志值依次标记为 $y_1, y_2, \cdots, y_n$,其中具有攻击特征的数据包的个数标记为 $a$。则称 $p = \dfrac{a}{n}$ 为样本攻击强度,称 $\Theta = \sum\limits_{i=1}^{n} y_i = a$ 为样本攻击量。

(2)标准收集曲线

为研究采用简单随机抽样的数据收集效率,我们引入标准收集函数,并绘制其函数曲线。

定义 1:将样本量 $n$ 与总体量 $N$ 的比值(即 $\dfrac{n}{N}$)定义为抽样比。

定义 2:将样本攻击量 $a$ 与总体攻击量 $A$ 的比值(即 $\dfrac{a}{A}$)定义为有效抽样率。

定义3:以抽样比作为自变量,以样本攻击量的数学期望 $E(\Theta)$ 和总体攻击量 $A$ 的比值(即 $\frac{E(\Theta)}{A}$)作为因变量而得到的函数称为标准收集函数,其函数曲线称为标准收集曲线。

由以上定义不难看出,抽样比直观地表现了IDS系统的带宽利用率,而有效抽样率则反映了实际的收集效果。在抽样比相同的条件下,有效抽样率越大,实际的数据收集效果越好。在相同的坐标系下,将实验所得的数据绘制成收集曲线,通过与标准收集曲线比较,就可以判断出实际收集效果的好坏。

采用简单随机抽样,可容易地计算出样本攻击量 $\Theta$ 的数学期望为

$$E(\Theta)=\begin{cases}1*\dfrac{C_A^1*C_{N-A}^{n-1}}{C_N^n}+2*\dfrac{C_A^2*C_{N-A}^{n-2}}{C_N^n}+\cdots+A*\dfrac{C_A^A*C_{N-A}^{n-A}}{C_N^n}(n\geqslant A)\\1*\dfrac{C_A^1*C_{N-A}^{n-1}}{C_N^n}+2*\dfrac{C_A^2*C_{N-A}^{n-2}}{C_N^n}+\cdots+n*\dfrac{C_A^n*C_{N-A}^{n-n}}{C_N^n}(n\leqslant A)\end{cases}\tag{6.1}$$

亦即

$$E(\Theta)=\begin{cases}\dfrac{1}{C_N^n}\sum\limits_{i=1}^{A}i*C_A^i*C_{N-A}^{n-i}(n\geqslant A)\\\dfrac{1}{C_N^n}\sum\limits_{i=1}^{n}i*C_A^i*C_{N-A}^{n-i}(n\leqslant A)\end{cases}\tag{6.2}$$

亦即

$$E(\Theta)=\frac{1}{C_N^n}\sum_{i=1}^{\min\{n,A\}}i*C_A^i*C_{N-A}^{n-i}\tag{6.3}$$

(6.3)式实质上是项数为 $\min\{n,A\}$ 的加和,如果 $\min\{n,A\}$ 的值很大(比如≥10 000),将会造成(6.3)式的项数过多,与此同时,(6.3)式中的每一项 $i*C_A^i*C_{N-A}^{n-i}$ 的计算量也会很大。综合这两个因素考虑,当 $\min\{n,A\}$ 的值很大(比如≥10 000,这在抽取网络流量的时候是经常发生的)的时候,需要对(6.3)式进行简化。利用统计学和概率论的原理可以证明

$$E(\Theta)=\frac{n*A}{N}\text{(当 N 足够大时)}\tag{6.4}$$

令自变量 $X=\frac{n}{N}$,因变量 $Y=\frac{E(\Theta)}{A}$,将(6.4)式的结果带入可得 $\frac{E(\Theta)}{A}=\frac{n}{N}$,即 $Y=X$,即简单随机抽样的标准收集曲线是系数为1的正比例函数曲线 $Y=X$,其定义域和值域均为[0,1],如图6.5所示。

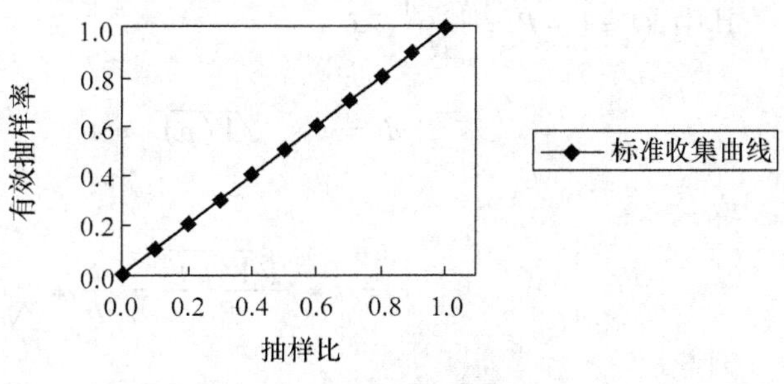

**图6.5　简单随机抽样的标准收集曲线**

(3)样本量的确定

样本量的确定是使用抽样技术时的一个十分重要的问题。由抽样理论可知,在其他条件相同的情况下,样本量越大,抽样误差越小。抽样误差与样本量的平方根大致成反比关系,如

图 6.6 所示。

由图 6.6 可以看出,抽样误差在样本超过一定数量后便趋于稳定,增大样本量所减少的抽样误差非常微小。此时只要稍微降低精度,就可以大幅度减少样本量。

对于 IDS 系统来说,在基本不降低检测精度的前提下,如何尽可能多地减少数据收集量是收据收集研究的重点,下面给出我们在确定数据包抽样数量方面的一些研究情况。

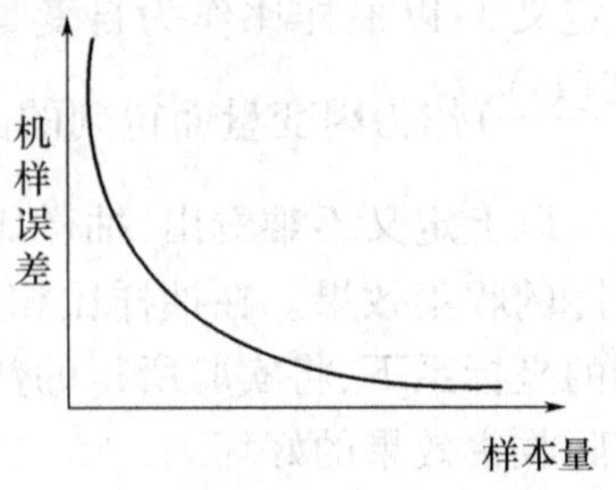


图 6.6 抽样误差与样本量的关系

根据抽样理论,当样本量(即抽取的数据包数量)足够大时,抽样误差近似服从正态分布。对参数 $\theta$ 及它的估计 $\hat{\theta}$,其总体估计量的方差为 $V(\hat{\theta})$,标准差为 $S(\hat{\theta})$,样本估计量的方差为 $v(\hat{\theta})$,这时绝对误差

$$d = t * \sqrt{V(\hat{\theta})} = t * S(\hat{\theta}) \tag{6.5}$$

式中,$t$ 为标准正态分布的双侧 $\alpha$ 分位数。如 $1-\alpha=95\%$,对应的 $t=1.96$。而相对误差

$$r = t * \frac{\sqrt{V(\hat{\theta})}}{\theta} = t * \frac{S(\hat{\theta})}{\theta} = t * Cv(\hat{\theta}) \tag{6.6}$$

式中,$Cv(\hat{\theta})$ 为 $\hat{\theta}$ 的变异系数,在实际计算的时候,当总体参数 $\theta$ 未知的时候,可以用其估计量 $\hat{\theta}$ 替代,于是又可以将 $r$ 写为

$$r = t * \frac{\sqrt{V(\hat{\theta})}}{\hat{\theta}} = t * \frac{S(\hat{\theta})}{\hat{\theta}} = t * Cv(\hat{\theta})$$

由于 $S(\hat{\theta})$ 是样本量的函数,因此根据对 $d$ 或 $r$ 的要求,以及 $1-\alpha$ 所对应的 $t$ 就可以推算出所需要的样本量。

取参数 $\theta$ 为全部数据包中含有攻击特征的数据包所占的比例,即总体攻击强度 $P$,参数 $\hat{\theta}$ 为抽取的数据包中含有攻击特征的数据包所占的比例,即样本攻击强度 $p$,则由

$$v(p) = \frac{P * Q}{n} * \frac{N-n}{N-1} \tag{6.7}$$

其中,$Q=1-P=\dfrac{N-A}{N}$,有

$$d = t * \sqrt{V(p)} = t * \sqrt{\frac{P * Q}{n} * \frac{N-n}{N-1}}$$

或

$$r = t * \frac{\sqrt{V(p)}}{P} = \frac{t}{P} * \sqrt{\frac{P * Q}{n} * \frac{N-n}{N-1}}$$

因此

$$n = \frac{t^2 * \dfrac{P * Q}{d^2}}{1 + \dfrac{1}{N}\left(\dfrac{t^2 * P * Q}{d^2} - 1\right)} \tag{6.8}$$

或

$$n = \frac{t^2 * \frac{Q}{r^2 * P}}{1 + \frac{1}{N}(\frac{t^2 * Q}{r^2 * P} - 1)} \tag{6.9}$$

可先计算

$$n_0 = \frac{t^2 * P * Q}{d^2} \text{或} n_0 = \frac{t^2 * Q}{r^2 * P} \tag{6.10}$$

如果$\frac{n_0}{N}<0.05$,就取 $n_0$,否则对 $n_0$ 进行修正

$$n = \frac{n_0}{1 + \frac{n_0 - 1}{N}} \tag{6.11}$$

如果 $P$ 在 0.2 ~0.8 之间,可根据 $P * Q$ 在 $P = Q = 0.5$ 时达到最大值,对样本量进行保守的估计,将 $t, d$ 以及 $P * Q = 0.25$ 代入公式即可计算样本量。如果$\frac{n_0}{N}$不能忽略,就要对样本量进行必要的修正。

(4)逆抽样

如果网络流量中具有攻击特征的数据包所占的比例很小,即总体攻击强度 $P$ 很小时,根据抽样理论,此时用相对误差 $r$ 比绝对误差 $d$ 更好些。但现实的问题是我们只知道 $P$ 的值会很小,而很难确定 $P$ 的确切范围。对于 $P$ 的不同假定,计算出的所需要抽取的数据包数量差距会很大。针对这种情况,我们采用霍丹(Haldane)提出的逆抽样方法来解决,即事先确定一个整数 $m$ ($m>1$),进行逐个抽样,直至抽到 $m$ 个具有攻击特征的数据包为止。则 $P$ 的一个无偏估计为

$$p' = \frac{m - 1}{n - 1} \tag{6.12}$$

当 $N$ 比较大,$m>9$ 时,

$$V(p') \approx \frac{m * P^2 * Q}{(m - 1)^2} \tag{6.13}$$

从而估计量 $p'$的变异系数为

$$Cv(p') = \frac{S(p')}{P} \approx \frac{\sqrt{m * Q}}{m - 1} < \frac{\sqrt{m}}{m - 1} \tag{6.14}$$

由于 $Q$ 很接近 1,因此$\frac{\sqrt{m}}{m-1}$,很接近于 $Cv(p')$的上界,由

$$r = t * Cv(p')$$

规定了 $Cv(p')$或 $t, r$ 后,就可确定 $m$。如规定 $Cv(p') = 20\%$,则 $m = 27$。

可以证明,这时所需样本量 $n$ 的均值为

$$E(\Theta) = \frac{m}{P} \tag{6.15}$$

因此,如果攻击流量所占的比例极小,实际上需要的样本量 $n$ 是很大的。例如,$P$ 为万分之一,$m = 27$,则平均来看,$n = 270\ 000$。

## 2. 实验

实验为在千兆以太网环境中,利用专用的发包机,模拟大规模高速网络的背景流量,并在其中插入特定的攻击流量。按照前面的公式计算数据包抽样数量,记录对应的检测率(检测出的攻击数量占全部攻击数量的比例),与捕获全部网络流量时的检测率比较,以确认 IDS 系统的检测效果受影响的程度。

实验中,将五分钟内发包机发出的所有数据包作为总体,总体量大约为四百五十万。总体中包含四十八种典型的攻击,这些攻击属于以下种类:缓冲区溢出攻击,拒绝服务攻击,WEB 攻击,端口扫描,口令探测,木马。选用的 IDS 系统为启明星辰公司的天阗入侵检测与管理系统,在全部捕获网络流量的情况下,其检测率为 93.75%。

在大规模环境网络环境下,数据包的数量可以看作是无限的,含有攻击特征的网络流量所占的比例通常很小。由前面的分析可知,此时用相对误差 $r$ 比绝对误差 $d$ 更好些。在置信度为 95% 时,对应的 $t=1.96$,要达到 $r=10\%$,对总体攻击强度分别取值 $P_1=0.01$,$P_2=0.005$ 和 $P_3=0.002\,5$,根据公式(6.10)可计算出需要抽取的数据包数量(样本量)。

$$P_1=0.01\ 时,n_1=\frac{t^2 * Q_1}{r^2 * P_1}=\frac{1.96^2\times 0.99}{0.1^2\times 0.01}=38\,032$$

$$P_2=0.005\ 时,n_2=\frac{t^2 * Q_2}{r^2 * P_2}=\frac{1.96^2\times 0.995}{0.1^2\times 0.005}=76\,448$$

$$P_3=0.0025\ 时,n_3=\frac{t^2 * Q_3}{r^2 * P_3}=\frac{1.96^2\times 0.997\,5}{0.1^2\times 0.002\,5}=153\,280$$

考虑到抽样的随机性,对每个样本分别进行三次抽样,并分别记录 IDS 系统的检测率,实验结果如图 6.7 所示。

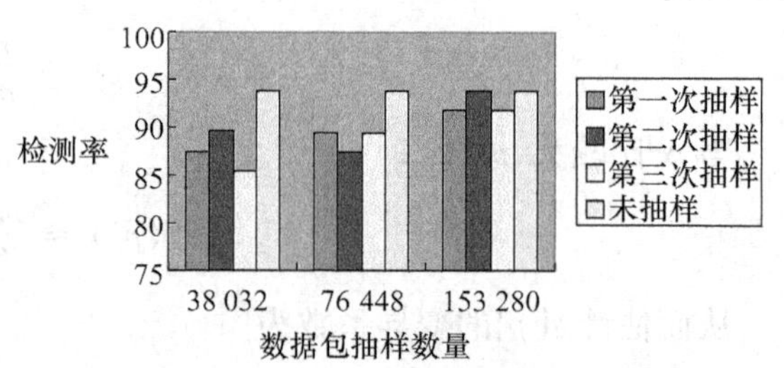


**图 6.7 不同数据包抽样数量下的检测率**

由于含有攻击特征的网络流量所占的比例很小,对总体攻击强度事先不同的假定,导致计算出的数据包抽样数量差别很大。总体攻击强度估计值每减小一半,所需的数据包抽样数量基本就增加一倍。

由抽样理论可知,抽样误差在开始时随样本量的增大而显著减小,但经过一定阶段后便趋于稳定。从图 6.7 可以看出,采用抽样方法后,在抽样比很小(最大没有超过 3.4%)的情况下,实际的检测率与全部捕获网络流量时的检测率基本持平,这与抽样理论是相符合的。此时,再继续增加数据包抽样数量显然是不合算的。

实验结果表明:一般情况下,根据公式(6.10)确定数据包抽样数量是可行的,如果根据公式(6.15)确定数据包抽样数量则会大很多。实际操作时,先根据公式(6.15)初步确定数据包抽样数量,过一定时间后,再根据公式(6.10)确定数据包抽样数量,并比较两种情况下 IDS 系统检测出的攻击数量,如果没有明显差别,则以后者为准,否则以前者为准。为进一步优化数据收集效率,可在前面确定的数据包抽样数量基础上,以 IDS 系统检测出的攻击数量的相对误差作为参考精度,对抽样数量按比例(如 10%)进行动态调整。

# 6.8　本章小结

本章介绍了入侵检测系统,包括 IDS 的基本原理以及分类,Snort 入侵检测系统的原理及使用方法,最后讨论了 IDS 系统的核心问题之一——提高性能。

IDS 通过监测计算机系统的某些信息,加以分析,检测入侵行为,并做出反应。IDS 所检测的系统信息包括系统记录,网络流量,应用程序日志等。入侵检测基于这样一个假设,即入侵行为与正常行为有显著的不同,因而是可以检测的。IDS 在功能上是入侵防范系统的补充,并不是入侵防范系统的替代。它与这些系统共同工作,检测躲过这些系统控制的攻击行为。IDS 是计算机系统安全、网络安全的第二道防线。

Snort 是一种广泛使用的开放源码入侵检测系统。Snort 基于 libpcap 获取网络包,使用协议分析和模式匹配实现入侵检测。它使用了一种简单的、轻量级的规则描述语言,对入侵特征进行描述。还提供了插件机制实现功能的扩展,例如对 IP 分片的重组、检测端口扫描等。

网络 IDS 面临两方面的挑战。一方面,网络速度不断提高,入侵数据库不断扩张。另一方面,由于网络 IDS 必须收集、分析整个网络中所有机器的网络流量,因而需要耗费大量的处理器、存储器等系统资源,IDS 必须解决由此引起的资源紧张问题。本章讨论两种从不同方向解决这些问题的方法。

(1)引入多模式匹配算法提高 IDS 检测速度;采用完全索引数据结构,实现低存储消耗的在线流重组。

(2)在 IDS 的数据收集过程中引入统计学的随机抽样方法,介绍了一个新的 IDS 数据收集模型,它在减少 IDS 收集的数据量的同时基本不降低检测精度,可提高数据收集效率进而增强 IDS 系统的处理性能。

# 第7章　数据库安全系统

## 7.1　数据库安全概述

随着计算机技术的飞速发展,数据库的应用十分广泛,已深入到各个领域,但随之而来也产生了数据的安全问题。各种应用系统的数据库中大量数据的安全问题、敏感数据的防窃取和防篡改问题,越来越引起人们的高度重视。数据库系统作为信息的聚集体,是计算机信息系统的核心部件,其安全性至关重要,关系到企业兴衰、国家安全。因此,如何有效地保证数据库系统的安全,实现数据的保密性、完整性和有效性,已经成为业界人士探索研究的重要课题之一。

安全是多个环节层层防范、共同配合的结果。也就是说在安全领域不能够仅靠某一个环节完成所有的安全防范措施。一个安全的系统需要数据库的安全、操作系统的安全、网络的安全、应用系统自身的安全共同组成。数据库领域的安全措施通常包括身份识别和身份验证、自主访问控制和强制访问控制、安全传输、系统审查、数据库存储加密等。只有通过有关安全的各个环节,才能确保高度安全的系统。下面介绍一些常用安全防护措施。

### 1. 账号和密码的有效保护

取得合法账号和有效密码是黑客入侵的第一步,所以必须实施严格的账号和密码管理机制,机制包括保护默认的用户账号、使用强密码而不是弱密码、密码管理、删除不再使用的账号等。密码管理包括设定密码的生存周期、最大登录次数、密码历史管理、密码加密存储等。

### 2. 采用多种认证技术

使用密码进行认证比较容易且便于管理,因此密码是计算机系统中最常使用的认证手段。但是,组合多种认证手段可以实现更好的安全效果,特别是可以采用一些强认证方法,例如PKI数字证书、Kerberos等。另外,还可以对连接数据库系统的客户机的IP地址进行限制,只有指定的IP地址的机器才可以建立数据库连接。

### 3. 严格的访问控制和基于角色的权限管理

访问控制是允许或禁止访问资源的过程。数据库根据权限决定谁可以访问什么。访问控制的基础是权限管理。数据库的权限通常分为系统权限和对象权限。对象权限根据对象的粒度由大到小又分为库级、表级、列级等。在给角色或用户授权时,必须遵循最少权限原则:只需授予列级权限的不授予表级权限,只需授予表级权限的不授予库级权限,只需授予对象权限的不授予系统权限。另外,在确定不需要使用某种权限时要及时收回角色和权限。将相关权限封装成角色,将角色授予用户,角色作为权限和用户之间的桥梁被引入。角色的封装和继承大大简化了权限管理。同时,利用角色间的约束能力,还可以实现权利之间的制约。例如我们通常所说的三权分立:数据库管理员(DBA)、系统安全员(SSO)和系统审查员(SAO),这三个角色是互斥的,一个用户最多拥有这三个角色之一。

#### 4. 灵活的审查配置策略

危险也会来源于内部人员的使用,所以必须详细地记录下操作轨迹,以备事后追踪分析和责任追究。同时,通过制定相应的安全规则,审查还可以起到事前预警的作用。丰富的审查配置包括面向主体、客体、操作结果、动作、记录频度等各个方面的选项,为有针对性的审查提供了可能。另外,通过对构成隐通道场景中的操作序列进行审查,可以威慑内部人员利用隐通道进行的非授权通信,也可以在事后检查是否存在恶意代码的攻击。

#### 5. 数据在传输过程中的安全

包括传输密文而不是明文和传输过程本身的安全。数据库自身提供一些加密算法将明文转换成密文,同时也提供一些标准接口让用户方便地使用自己的加密算法转换。传输过程的安全包括使用基于SSL的传输协议等。

#### 6. 数据库中的数据加密存储

由于数据库系统在操作系统下常常都是以文件形式进行管理的,因此入侵者可以直接利用操作系统的漏洞窃取数据库文件。如果对数据库中的数据进行加密存储,则即使数据不幸泄露或者丢失,也难以被人破译和阅读。

## 7.2 ACCESS数据库的安全配置

Access是Microsoft公司始于1994年发表的微机数据库管理系统。作为一种功能强大的MIS系统开发工具,它具有界面友好、易学易用、开发简单、接口灵活等特点,是典型的新一代数据管理和信息系统开发工具。与Microsoft的其他数据库产品如FOXPRO等相比,Access具有较独特的优势,它提供了更强大的数据组织、用户管理、安全检查等功能。在一个工作组级别的网络环境中,使用Access开发的多用户数据库管理系统具有传统的XBASE数据库系统所无法比拟的客户服务器(Client/Server)结构和相应的数据库安全机制。本节就Access数据库系统的网络应用及安全机制作较深入的探讨。

### 7.2.1 建立Access的安全系统

#### 1. 创建Access工作组

一个Access工作组定义为一组用户,他们共享一个或多个Access应用程序,并且在他们的Access副本中附加公共的SYSTEM.MDA库。由Access的系统管理员(Admin用户)来给这些用户授予对数据库系统相应的操作权限,这样,不同的用户就能以不同的权限访问相关的数据库资源,而在 XBASE 系统中,要实现这样的功能需要数据库开发人员在编程中实施控制,且不十分完善。Access 提供了一个新的应用程序 Microsoft Access Workgroup Administrator,它能自动完成 Access 工作组的创建工作。对一个工作组而言,Access 系统管理员需要用这个程序创建一个新的 SYSTEM. MDA(或用其他任意的文件名:*. MDA)库,并把工作组中的每个用户的 Access 指向这个新的 SYSTEM. MDA。可以这样理解,一个系统数据库*. MDA 对应一个工作组。

### 2. 创建工作组中的 Access 账户

Access 账户包括 Access 组与 Access 用户。一个 Access 组由一个或多个 Access 用户成员构成。在 Access 的安装过程中,Access 自动默认建立了两个用户组(Admins 与 Users)和一个用户(Admin),这两个用户组与 ADMIN 用户是不允许删除的。Admins 用户组中的用户(如:Admin)登录(LOGON)进入 Access 后,可以创建新的 Access 组与用户,并将新用户放置到相应的组中。Admins 组是 Access 的管理员组,缺省时只包括 Admin 用户,该组中的用户默认对数据库具有全权,并且可以管理其他的用户和用户组。Users 组是 Access 的缺省用户组,每个用户,包括 Admin 及新建用户都属于该组,缺省时,Users 组中的用户对数据库也具有全权。

### 3. 设置 Admin 用户的登录口令

Admin 用户的登录口令是整个数据库系统的安全入口,因为如果没有 Admin 登录口令,所有用户的 Access 副本均以 Admin 用户的身份登录数据库,而不是以Access管理员所创建的用户名进行登录,只有设置了 Admin 的登录口令,Access 才启动它的安全系统,这也就是无法删除 Admin 用户的原因。

### 4. 分配数据库权限

数据库权限是针对某个具体的数据库而言的。Access 系统管理员(Admins 组中的一个用户)在打开一个需要工作组共享的数据库之后,就可以根据具体情况对工作组中的 Access 组与 Access 用户进行权限的分配了。不同的 Access 数据库对象具有不同的权限集合,Access 的数据库对象包括六种,分别是表、查询、表单、报表、宏和模块,必须分别予以授权。对 Access 组的授权适用于该组中的每一个用户。

在这里需要强调的是:必须首先屏蔽 Users 组对数据库的所有权限,前面讲过,所有 Access 用户都属于 Users 组,而 Users 组缺省对数据库对象是具有全权的,所以在做具体数据库的权限之前,必须首先将它的所有权限屏蔽掉。我们不理解为什么微软要给 Users 组对数据库的全部许可权,从工作实践中我们认为这是一个错误 ,它毫无意义地增加了 Access 管理员的工作强度与难度(因为经常会有忘记屏蔽 Users 组权限而使整个安全系统形同虚设的事情发生)。我们认为 Users 组对数据库对象应缺省为具有最低的权限,这样是最有效的和安全的。

至此,整个 Access 数据库系统的安全机制就基本建立起来了。但是,这样的数据库系统还不是真正安全的。因为 Access 安全系统本身有一个很大的漏洞,如果不设法堵住这个漏洞,在某些情况下,Access 系统管理员精心建立起来的安全系统将变得毫无意义。下面,我们将具体讨论 Access 安全系统漏洞产生的原因以及相应的解决办法。

### 7.2.2 消除Access的安全漏洞

**1. 由Admin用户引发的安全漏洞**

Access系统的安全漏洞要从Admin用户说起。Admin用户是Access系统的缺省用户,也就是说,除非你的Access系统在安装后已经重新链接到了某个新的工作组安全系统上,否则你将以默认的Admin用户登录Access。而微软将其用于标记该Admin账户的用户ID号设成了一个固定值,这就意味着全世界的Access系统的Admin用户在Access中都是同一个用户。这样,如果一个未链入你的工作组安全系统的用户在网络文件系统级别上可以获得对你的数据库系统文件的Admin权,他将以Admin用户的身份拥有对该数据库系统的所有权利。由Access本身建立起来的第二级安全机制将不起任何作用。这种情况很容易发生,工作组用户只要在计算机上重新安装一次Access软件,就会轻而易举地避开你设置的安全系统的防护,作为默认的admin用户登录操作工作组中的任何数据库系统。

**2. 解决方案**

解决方案的基本思路就是屏蔽Admin用户对数据库的所有权限,首先在Admins用户组中增加一个新的与Admin用户等同的新用户(例如www),然后以这个新用户登录Access,从Admins用户组将Admin用户撤出,并屏蔽掉Admin用户对数据库的所有权限,这样,Admin用户就成为了一个普通用户,实际的数据库系统管理员则变为新用户(www),此时你的数据库安全系统就对所有的用户起安全防护作用了。

### 7.2.3 防止ACCESS数据库被下载的几种方法

先实验一下,把data. mdb文件改名为data. asp文件,放在wwwroot目录里,然后在IE中输入data. asp路径后,发现IE显示一片空白,右键－＞察看源文件,跳出记事本,将内容另存为mdb文件, 用ACCESS打开,发现需要密码,也就是说至少文件头被破坏。然后用Flashget试验下载data. asp文件,并另存为data. mdb文件,发现用ACCESS打开完好无损。看来,很多编程人员在开发的时候都认为,改mdb后缀为asp就能防下载的概念是错的,后台数据库被下载对于一个asp + access的网站来说无疑是一场灾难。下面几种方法可防止数据库被下载。

**1. 修改数据库文件名**

这是最直接的方法,但是若攻击者通过第三方途径获得了数据库的路径,就行不通了。比如攻击者本来只能拿到list权,结果意外看到了数据库路径,就可以把数据库下载回去研究。另外,数据文件通常都比较大,起再隐蔽的文件名都无法隐瞒,故该法保密性最低。

**2. 数据库名后缀改为ASA,ASP等**

此法须进行一些设置,否则就会出现本文开头的那种情况。在这个文件中加入＜%或%＞,IIS就会按ASP语法来解析,结果会报告错误,不能下载。可是如果只简单地在数据库的文本或者备注字段加入 <% 是没用的,因为 ACCESS 会对其中的内容进行处理,在数据库里会以 <% 的形式存在,正确的方法是将 <% 存入 OLE 对象字段里。首先,用 notepad 新建一个内容为 <% 的文本文件,随便起个名字存档。接着,用 Access 打开数据库文件,新建一个表,随便起个名字,在表中添加一个 OLE 对象的字段,然后添加一个记录,插入之前建立的文本文件,如果操作正确的话,就可以看到一个新的名为数据包的记录。

**3. 数据库名前加#**

此法只需要把数据库文件名前加上#号,然后修改数据库连接文件(如 conn. asp)中的数据库地址。其原理是下载的时候只能识别#号前面的部分,比如你要下载 http://www. xinao. com/date/#123. mdb(假设存在的话)。无论是 IE 还是 FLASHGET,下到的都是 http://www. xinao. com/date/index. htm。

在数据库文件名中保留一些空格也起类似作用,由于 HTTP 协议对地址解析的特殊性,空格会被编码为%,如 http ://www. xinao. com/date/123 ;456. mdb,下载到的为 http: //www. xinao. com/date/123 %456. mdb。而目录根本没有 123%456. mdb 这个文件,所以下载也是无效的。这样修改后,即使暴露了数据库地址,一般情况下也是无法下载。

**4. 加密数据库**

首先选取工具 - > 安全 - >加密/解密数据库,选取数据库(如 employer. mdb),然后点击确定,接着会出现数据库加密后的窗口,另存为 employer1. mdb。接着 employer. mdb 就会被编码,然后存为 employer1. mdb。要注意的是,以上动作并不是对数据库设置密码,而只是对数据库文件加以编码,目的是防止他人使用别的工具来查看数据库文件的内容。

之后可以为数据库加密:首先打开经过编码了的 employer1. mdb,在打开时,选择独占方式。然后选取功能表的工具 - >安全 - >设置数据库密码,这样即使他人得到了 employer1. mdb 文件,没有密码也是无法看到该文件的。

加密后要修改数据库连接页, 如 conn. open driver = {microsoft access driver&nb sp; (*. mdb)};uid = admin;pwd = 数据库密码;dbq = 数据库路径;修改后,数据库即使被人下载,也无法打开(前提是数据库连接页中的密码没有泄露)。

由于 Access 数据库的加密机制比较简单,即使设置了密码,解密也很容易。该数据库系统通过将用户输入的密码与某一固定密钥进行异或来形成一个加密串,并将其存储在 *. mdb 文件以地址 &H42 开始的区域内。所以一个好的程序员通过制作一个几十行的小程序就可以获得任何 Access 数据库的密码。因此,数据库只要被下载,其信息安全就是未知的。

# 7.3 MySQL 数据库安全配置

## 7.3.1 概述

MySQL 是完全网络化的跨平台关系型数据库系统,也是具有客户机/服务器体系结构的分布式数据库管理系统。它具有功能强、使用简便、管理方便、运行速度快、安全可靠性强等优点，用户可利用许多语言编写访问 MySQL 数据库的程序，特别是与 PHP 的组合，运用十分广泛。

由于 MySQL 是多平台的数据库，它的默认配置要考虑各种情况下都能适用，所以在我们自己的使用环境下应该进行进一步的安全加固。作为 MySQL 的系统管理员，我们有责任维护 MySQL 数据库系统的安全性和完整性。

MySQL 数据库的安全配置必须从两个方面入手：系统内部安全和外部网络安全，另外我们还将简单介绍编程时要注意的一些问题及小窍门。

## 7.3.2　系统内部安全

在 MySQL 安装好，运行了 mysql_db_install 脚本以后就会建立数据目录和初始化数据库。如果我们用 MySQL 源码包安装，而且安装目录是/usr/local/mysql，那么数据目录一般会是/usr/local/mysql/var。数据库系统由一系列数据库组成，每个数据库包含一系列数据库表。MySQL 用数据库名在数据目录上建立一个数据库目录，各数据库表分别以数据库表名作为文件名，扩展名分别为 MYD，MYI，frm。

MySQL 的授权表给数据库的访问提供了灵活的权限控制，但是如果本地用户拥有对库文件的读权限，攻击者只需把数据库目录打包拷到自己本机的数据目录下就能访问窃取的数据库。所以 MySQL 所在的主机的安全性是首要问题，如果主机不安全，那么 MySQL 的安全性也无从谈起。其次要考虑数据目录和数据文件的安全性，也就是权限设置问题。

从 MySQL 主站一些老的 binary 发行版本来看，3.21.xx 版本中数据目录的属性是 775，任何本地用户都可以读数据目录，所以数据库文件很不安全。3.22.xx 版本中数据目录的属性是 770，本地的同组用户既能读也能写，所以数据文件也不安全。3.23.xx 版本数据目录的属性是 700，只有启动数据库的用户可以读写数据库文件，保证了本地数据文件的安全。

如果启动 MySQL 数据库的用户是 mysql，那么如下的目录和文件是安全的，要注意数据目录及下面的属性。

```
shell > ls  -l /usr/local/mysql
total 40
drwxrwxr - x 2 root root 4096 Feb 27 20:07 bin
drwxrwxr - x 3 root root 4096 Feb 27 20:07 include
drwxrwxr - x 2 root root 4096 Feb 27 20:07 info
drwxrwxr - x 3 root root 4096 Feb 27 20:07 lib
drwxrwxr - x 2 root root 4096 Feb 27 20:07 libexec
drwxrwxr - x 3 root root 4096 Feb 27 20:07 man
drwxrwxr - x 6 root root 4096 Feb 27 20:07 mysql - test
drwxrwxr - x 3 root root 4096 Feb 27 20:07 share
drwxrwxr - x 7 root root 4096 Feb 27 20:07 sql - bench
drwx------4 mysql mysql 4096 Feb 27 20:07 var
shell > ls  -l /usr/local/mysql/var
total 8
```

```
drwx -2 mysql mysql 4096 Feb 27 20:08 mysql
drwx -2 mysql mysql 4096 Feb 27 20:08 test
shell > ls -l /usr/local/mysql/var/mysql
total 104
-rw------1 mysql mysql 0 Feb 27 20:08 columns_priv. MYD
-rw------1 mysql mysql 1024 Feb 27 20:08 columns_priv. MYI
-rw------1 mysql mysql 8778 Feb 27 20:08 columns_priv. frm
-rw------1 mysql mysql 302 Feb 27 20:08 db. MYD
-rw------1 mysql mysql 3072 Feb 27 20:08 db. MYI
-rw------1 mysql mysql 8982 Feb 27 20:08 db. frm
-rw------1 mysql mysql 0 Feb 27 20:08 func. MYD
-rw------1 mysql mysql 1024 Feb 27 20:08 func. MYI
-rw------1 mysql mysql 8641 Feb 27 20:08 func. frm
-rw------1 mysql mysql 0 Feb 27 20:08 host. MYD
-rw------1 mysql mysql 1024 Feb 27 20:08 host. MYI
-rw------1 mysql mysql 8958 Feb 27 20:08 host. frm
-rw------1 mysql mysql 0 Feb 27 20:08 tables_priv. MYD
-rw------1 mysql mysql 1024 Feb 27 20:08 tables_priv. MYI
-rw------1 mysql mysql 8877 Feb 27 20:08 tables_priv. frm
-rw------1 mysql mysql 428 Feb 27 20:08 user. MYD
-rw------1 mysql mysql 2048 Feb 27 20:08 user. MYI
-rw------1 mysql mysql 9148 Feb 27 20:08 user. frm
```

如果这些文件的拥有者及属性不是这样,请用以下两个命令修正之:

```
shell > chown -R mysql. mysql /usr/local/mysql/var
shell > chmod -R go -rwx /usr/local/mysql/var
```

用 root 用户启动远程服务一直是安全大忌,因为如果服务程序出现问题,远程攻击者极有可能获得主机的完全控制权。MySQL 在 3.23.15 版本开始时作了小小的改动,默认安装后服务要用 mysql 用户来启动,不允许 root 用户启动。如果非要用 root 用户来启动,必须加上 --user = root 的参数(./safe_mysqld -- user = root &)。因为 MySQL 中有 LOAD DATA INFILE 和 SELECT... INTO OUTFILE 的 SQL 语句,如果是 root 用户启动了 MySQL 服务器,那么,数据库用户就拥有了 root 用户的写权限。不过 MySQL 还是作了一些限制的,比如 LOAD DATA INFILE 只能读全局可读的文件,SELECT... INTO OUTFILE 不能覆盖已经存在的文件。

本地的日志文件也不能忽视,包括 shell 的日志和 MySQL 自己的日志。有些用户在本地登陆或备份数据库的时候为图方便,有时会在命令行参数里直接带有数据库的密码,如:

```
shell >/usr/local/mysql/bin/mysqldump -uroot -ptest test > test. sql
shell >/usr/local/mysql/bin/mysql -uroot -ptest
```

这些命令会被 shell 记录在历史文件里,如 bash 会写入用户目录的. bash_history 文件,如果这些文件不慎被读,那么数据库的密码就会泄漏。用户登陆数据库后执行的 SQL 命令也会被 MySQL 记录在用户目录的. mysql_history 文件里。如果数据库用户用 SQL 语句修改了数据库密码,也会因 . mysql_history 文件泄漏。所以在 shell 登陆及备份的时候不能在 -p 后直接加密码,而要在提示后再输入数据库密码。

另外我们也应该不让这两个文件记录我们的操作,以防万一。

shell >rm . bash_history . mysql_history

shell >ln  -s /dev/null . bash_history

shell >ln  -s /dev/null . mysql_history

上面的命令把两个文件链接到/dev/null,我们的操作就不会被记录到这两个文件里了。

### 7.3.3 外部网络安全

MySQL 数据库安装好以后,Unix 平台的 user 表是这样的:

mysql > use mysql;

Database changed

mysql > select Host, User, Password, Select_priv, Grant_priv from user;

4 rows in set (0.00 sec)

Windows 平台的 user 表是这样的:

mysql > use mysql;

Database changed

mysql > select Host, User, Password, Select_priv, Grant_priv from user;

4 rows in set (0.00 sec)

Unix 平台的 user 表中 redhat 只是试验机的机器名,所以实际上 Unix 平台的 MySQL 默认只允许本机才能连接数据库。但是缺省 root 用户口令是空,所以当务之急是给 root 用户加上口令。给数据库用户加口令有三种方法。

(1)在 shell 提示符下用 mysqladmin 命令来修改 root 用户口令:

shell >mysqladmin  -uroot password test

这样,MySQL 数据库 root 用户的口令就被改成 test 了(test 只是举例,实际使用的口令一定不能是这种易猜的弱口令)。

(2)用 set password 修改口令:

mysql > set password for root@ localhost = password('test');

这时 root 用户的口令就被改成 test 了。

(3)直接修改 user 表的 root 用户口令:

mysql > use mysql;

mysql > update user set password = password('test') where user = 'root';

mysql > flush privileges;

这样,MySQL 数据库 root 用户的口令也被改成 test 了。其中最后一句命令 flush privileges 的意思是强制刷新内存授权表,用的还是缓冲中的口令,这时非法用户还可以用 root 用户及空口令登陆,直到重启 MySQL 服务器。

我们还看到 user 为空的匿名用户,虽然它在 Unix 平台下没什么权限,但为了安全起见我们应该删除它:

mysql > delete from user where user =‘’;

Windows 版本 MySQL 的 user 表有很大不同,我们看到 Host 字段中除了 localhost 还有%。这里%的意思是允许任意的主机连接 MySQL 服务器,这会给攻击者可乘之机,我们必须删除 Host 字段为%的记录:

mysql > delete from user where host =‘%’;

默认 root 用户的空密码也要修改,三种修改方法和 Unix 平台一样。我们注意到 Host 字段为 localhost 的匿名用户拥有所有的权限,就是说本地用户用空的用户名和空的口令登陆 MySQL 数据库服务器可以得到最高的权限,所以匿名用户必须删除:

mysql > delete from user where user =‘’;

对 user 表操作以后,要用 flush privileges 强制刷新内存授权表才能生效。

# 7.4 Sql server 数据库安全配置

微软的 SQL Server 是一种广泛使用的数据库,很多电子商务网站、企业内部信息化平台等都是基于 SQL Server 的,但是数据库的安全性还没有被人们和系统的安全性等同起来,多数管理员认为只要把网络和操作系统的安全搞好了,所有的应用程序也就安全了。大多数系统管理员对数据库不熟悉且数据库管理员对安全问题关心太少,一些安全公司也忽略数据库的安全,数据库系统中存在的安全漏洞和不当的配置通常会造成严重的后果,而且都难以发现。数据库应用程序通常同操作系统的最高管理员密切相关。广泛 SQL Server 数据库又属于端口型的数据库,它表示任何人都能够用分析工具连接到数据库上,绕过操作系统的安全机制,破坏和窃取数据资料,甚至破坏整个系统。

这里主要谈论有关 SQL Server2000 数据库的安全配置以及一些相关的安全和使用问题。

在进行 SQL Server 2000 数据库的安全配置之前,必须对操作系统进行安全配置,保证操作系统处于安全状态。然后对要使用的操作数据库软件(程序)进行必要的安全审核,比如 ASP,PHP 等脚本,这是很多基于数据库的 WEB 应用常出现的安全隐患,对脚本来说主要是一个过滤问题,需要过滤一些类似 ,‘ ; @ / 等字符,防止破坏者构造恶意的 SQL 语句。安装 SQL Server2000 后要打上补丁 sp1 以及最新的 sp2。

在上面三步完成之后,再来讨论 SQL Server 的安全配置。

## 7.4.1 使用安全的密码策略

我们把密码策略摆在所有安全配置的第一步,但很多数据库账号的密码过于简单,这和系统密码过于简单是一个道理。对于 sa 更应该注意,不要让 sa 帐号的密码出现在应用程序或者脚本中。

SQL Server2000 在安装的时候,如果使用混合模式,就需要输入 sa 的密码,除非确认必须使用空密码。这比以前的版本有所改进,同时可养成定期修改密码的好习惯。数据库管理员应该定期查看是否有不符合密码要求的账号。比如下面的 SQL 语句:

Use master

```
Select name,Password from syslogins where password is null
```

### 7.4.2 使用安全的帐号策略

由于 SQL Server 不能更改 sa 用户名称，也不能删除这个超级用户，所以，我们必须对这个账号进行最有力的保护，当然，包括使用一个非常复杂的密码，但最好不要在数据库应用中使用 sa 账号，只有当没有其他方法登录到 SQL Server(例如，当其它系统管理员不可用或忘记了密码)时才可使用 sa。数据库管理员可以新建立一个拥有与 sa 一样权限的超级用户来管理数据库。安全的账号策略还包括不让管理员权限的账号泛滥。

SQL Server 的认证模式有 Windows 身份认证和混合身份认证两种。如果数据库管理员不希望操作系统管理员通过操作系统登陆来接触数据库的话，可以在账号管理中把系统账号“BUILTIN\Administrators”删除。不这样做的缺点是一旦 sa 账号忘记密码，就无法恢复。

很多主机使用数据库只是应用查询、修改等简单功能，要根据实际需要分配账号，并赋予能够满足应用要求和需要的权限。如只要查询功能，使用一个简单的 public 账号就可以。

### 7.4.3 加强数据库日志的记录

审核数据库登录事件的“失败和成功”，可在实例属性中选择“安全性”，将其中的审核级别选定为全部，这样在数据库系统和操作系统日志里面，就会详细记录所有账号的登录事件。

要定期查看 SQL Server 日志，检查是否有可疑的登录事件发生，或者使用 DOS 命令。

```
findstr /C:“登录” d:\Microsoft SQL Server\MSSQL\LOG\ *. *
```

### 7.4.4 管理扩展存储过程

在多数应用中不会用到系统的存储过程，SQL Server 的系统存储过程只是用来适应广大用户需求，所以要删除不必要的存储过程，因为有些系统的存储过程能很容易地被人利用起来提升权限或进行破坏。

如果不需要扩展存储过程 xp_cmdshell 就可以把它删除，使用这个 SQL 语句：

```
use master
sp_dropextendedproc ‘xp_cmdshell’
```

xp_cmdshell 是进入操作系统的捷径，是数据库留给操作系统的一个后门。如果需要这个存储过程，用下面的语句也可以恢复过来。

```
sp_addextendedproc ‘xp_cmdshell’,‘xpsql70. dll’
```

如果不需要，则丢弃 OLE 自动存储过程(会造成管理器中的某些特征不能使用)，这些过程包括：

```
Sp_OACreate Sp_OADestroy Sp_OAGetErrorInfo Sp_OAGetProperty
Sp_OAMethod Sp_OASetProperty Sp_OAStop
```

如果去掉不需要的注册表访问的存储过程，注册表存储过程甚至能够读出操作系统管理

员的密码:

Xp_regaddmultistring Xp_regdeletekey Xp_regdeletevalue Xp_regenumvalues

Xp_regread Xp_regremovemultistring Xp_regwrite

也要检查一下一些其他的扩展存储过程。在处理存储过程的时候,要先确认,避免对数据库或应用程序造成的伤害。

### 7.4.5 使用协议加密

SQL Server 2000 使用 Tabular Data Stream 协议来进行网络数据交换,如果不加密的话,所有的网络传输都是明文的,包括密码、数据库内容等。这是一个很大的安全威胁,能被人在网络中截获到他们需要的东西,包括数据库账号和密码。所以,如果条件允许,最好使用 SSL 来加密协议,此时需要一个证书来支持。

### 7.4.6 不要让人随便探测到 TCP/IP 端口

默认情况下,SQL Server 使用 1433 端口监听,很多人认为 SQL Server 配置的时候把这个端口改变,别人就不能轻易地知道使用的端口。但微软未公开的 1434 端口的 UDP 可以很容易探测到 SQL Server 使用的是何种 TCP/IP 端口。

不过微软考虑到了这个问题,在实例属性中选择了 TCP/IP 协议的属性,隐藏 了 SQL Server 实例,6 禁止了对试图枚举网络上现有 SQL Server 实例的客户端所发出广播作出的响应。这样,就可以阻止他人用 1434 来探测 TCP/IP 端口(除非用 Port Scan)。

### 7.4.7 修改 TCP/IP 使用的端口

可在上一步配置的基础上,更改原默认的 1433 端口,在实例属性中选择网络配置中的 TCP/IP 协议的属性,将 TCP/IP 使用的默认端口变为其他端口。

### 7.4.8 拒绝来自 1434 端口的探测

由于 1434 端口探测没有限制,能够被他人探测到一些数据库信息,而且还可能遭到 DOS 攻击,让数据库服务器的 CPU 负荷增大,所以对 Windows 2000 操作系统来说,在 IPSec 过滤拒绝掉 1434 端口的 UDP 通讯,可以尽可能地隐藏 SQL Server。

### 7.4.9 对网络连接进行 IP 限制

SQL Server 2000 数据库系统本身没有提供网络连接的安全解决办法,但是 Windows 2000 提供了这样的安全机制。使用操作系统 IPSec 可以实现 IP 数据包的安全性。可对 IP 连接进行限制,拒绝其他 IP 进行的端口连接,把来自网络上的安全威胁进行有效地控制。

上面主要介绍的 SQL Server 的安全配置,可以使 SQL Server 本身具备足够的安全防范能力。当然,更主要的还是要加强内部的安全控制和管理员的安全培训,而且安全性是一个长期的问题,需要进行更多的安全维护。

## 7.5 oracle 数据库安全配置

oracle 数据库安全性问题包括两个部分:一是数据库数据的安全,它应能确保当数据库系统 downtime 时,数据库数据存储媒体被破坏时以及数据库用户误操作时,数据库数据信息不会丢失。二是数据库系统不被非法用户侵入,它应尽可能地堵住各种潜在漏洞,防止非法用户利用它们侵入数据库系统。以下就数据库系统不被非法用户侵入这个问题作进一步地阐述。

### 7.5.1 组和安全性

在操作系统下建立用户组也是保证数据库安全性的一种有效方法。oracle 程序为了安全性一般分为两类:一类是所有的用户都可执行,另一类是只 dba 可执行。在 unix 环境下,组设置的配置文件是/etc/group,关于这个文件如何配置,可参阅 unix 的有关手册,以下是保证安全性的几种方法。

(1) 在安装 oracle server 前,创建数据库管理员组(dba)而且分配 root 和 oracle 软件拥有者的用户 id 给这个组。dba 能执行的程序只有 710 权限。在安装过程中,sql * dba 系统权限命令被自动分配给 dba 组。

(2) 允许一部分 unix 用户有限制地访问 oracle 服务器系统,增加一个有授权用户组的oracle组,确保给 oracle 服务器实用例程 oracle 组 id,公用的可执行程序如 sql * plus, sql * forms 等,应该可被这组执行,这个实用例程的权限为 710,它将只允许同组的用户执行。

(3) 修改那些不会影响数据库安全性程序的权限为 711。在我们的系统中为了安装和调试的方便,oracle 数据库中的两个具有 dba 权限的用户 sys 和 system 的缺省密码是 manager。为了数据库系统的安全,建议改掉这两个用户的密码,具体操作如下。

在 sql * dba 下键入:

```
alter user sys indentified by password;
alter user system indentified by password;
```

其中 password 为您为用户设置的密码。

### 7.5.2 oracle 服务器实用例程的安全性

以下是保护 oracle 服务器不被非法用户使用的几条建议。

(1) 确保 $ oracle_home/bin 目录下的所有程序的拥有权归 oracle 软件拥有者所有;

(2) 给所有用户实用例程为(sqIPlus, sqiforms, exp, imp 等)711 权限,使服务器上所有的用户都可访问 oracle 服务器;

(3) 给所有的 dba 实用例程(比如 sql * dba)为 700 权限。当 oracle 服务器和 unix 组访问本地的服务器时,可以通过在操作系统下把 oracle 服务器的角色映射到 unix 的组的方式来使用 unix 来管理服务器的安全性,这种方法适应于本地访问。

在 unix 中指定 oracle 服务器角色的格式如下。

ora_sid_role[_dla]

其中

sid 是 oracle 数据库的 oracle_sid;

role 是 oracle 服务器中角色的名字;

d (可选)表示这个角色是缺省值;

a (可选)表示这个角色带有 with admin 选项,

只能把这个角色授予其他角色,不能是其他用户。

以下是在/etc/group 文件中设置的例子。

ora_test_osoper_d:none:1:jim,narry,scott

ora_test_osdba_a:none:3:pat

ora_test_role1:none:4:bob,jane,tom,mary,jim

bin:none:5:root,oracle,dba

root:none:7:root

词组 ora_test_osoper_d 表示组的名字;词组 none 表示这个组的密码;数字 1 表示这个组的 id;接下来的是这个组的成员。前两行是 oracle 服务器角色的例子,使用 test 作为 sid,osoper 和 osdba 作为 oracle 服务器角色的名字。osoper 是分配给用户的缺省角色,osdba 带有 with admin 选项。为了使这些数据库的角色起作用,必须 shutdown 数据库系统,设置 oracle 数据库参数文件 initoracle_sid. ora 中 os_roles 参数为 true,然后重新启动数据库。如果想让这些角色有 connect internal 权限,运行 orapwd 为这些角色设置密码。当尝试 connect internal 时,键入的密码表示了角色所对应的权限。

### 7.5.3 sql * dba 命令的安全性

如果没有 sql * plus 应用程序,也可以使用 sql * dba,查权限相关的命令只能分配给 oracle 软件拥有者和 dba 组的用户,因为这些命令被授予了特殊的系统权限。

(1) startup;

(2) shutdown;

(3) connect internal。

### 7.5.4 数据库文件的安全性

oracle 软件的拥有者应该为这些数据库文件( $ oracle_home/dbs/ * . dbf)设置使用权限为 0600:文件的拥有者可读可写,同组的和其他组的用户没有写的权限。oracle 软件的拥有者应该拥有包含数据库文件的目录,为了增加安全性,可收回同组和其他组用户对这些文件的可读权限。

### 7.5.5　网络安全性

当处理网络安全性时，额外要考虑的几个问题如下。

**1. 在网络上使用密码**

在网上的远程用户可以通过加密或不加密方式键入密码，当用不加密方式键入密码时，密码很有可能被非法用户截获，导致系统的安全性被破坏。

**2. 网络上的 dba 权限控制**

可以通过下列两种方式对网络上的 dba 权限进行控制。

(1) 设置成拒绝远程 dba 访问；

(2) 通过 orapwd 给 dba 设置特殊的密码。

### 7.5.6　建立安全性策略

**1. 系统安全性策略**

(1) 管理数据库用户

数据库用户是访问 oracle 数据库信息的途径，因此，应该很好地维护管理数据库用户的安全性。按照数据库系统的大小和管理数据库用户所需的工作量，数据库安全性管理者可能只是拥有 create，alter 或 drop 数据库用户的一个特殊用户，或者是拥有这些权限的一组用户，只有那些值得信任的个人才有管理数据库用户的权限。

(2) 用户身份确认

数据库用户可以通过操作系统、网络服务或数据库进行身份确认，通过主机操作系统进行用户身份认证的优点有：

①用户能更快、更方便地联入数据库；

② 通过操作系统对用户身份确认进行集中控制，如果操作系统与数据库用户信息一致，那么 oracle 无须存储和管理用户名以及密码；

③用户进入数据库和操作系统的审查信息一致。

(3) 操作系统安全性

①数据库管理员必须有 create 和 delete 文件的操作系统权限；一般数据库用户不应该有与数据库相关文件的操作系统权限；

②如果操作系统能为数据库用户分配角色，那么安全性管理者必须有修改操作系统帐户安全性区域的操作系统权限。

**2. 数据的安全性策略**

如果数据不是很重要，那么数据的安全性策略可以稍放松一些。如果数据很重要，那么应该有谨慎的安全性策略，来维护对数据对象访问的有效控制。

### 3. 用户安全性策略

（1）一般用户的安全性

① 密码的安全性

如果用户是通过数据库进行用户身份的确认，那么建议使用密码加密的方式与数据库进行连接。这种方式的设置方法如下：

在客户端的 oracle. ini 文件中设置 ora_encrypt_login 数为 true；

在服务器端的 initoracle_sid. ora 文件中设置 dbling_encypt_login 参数为 true。

②权限管理

对于那些用户很多，应用程序和数据对象很丰富的数据库，应充分利用"角色"这个机制所带来的方便性对权限进行有效管理。对于复杂的系统环境，"角色"能大大地简化权限的管理。

（2）终端用户的安全性

我们必须针对终端用户制定安全性策略。例如，对于一个有很多用户的大规模数据库，安全性管理者可以决定用户组分类，为这些用户组创建用户角色，把所需的权限和应用程序角色授予每一个用户。当处理特殊的应用要求时，安全性管理者也必须明确地把一些特定的权限要求授予用户。我们可以使用"角色"对终端用户进行权限管理。

### 4. 数据库管理者安全性策略

（1）保护作为 sys 和 system 用户的连接

数据库创建好以后，要立即更改有管理权限的 sys 和 system 用户的密码，防止非法用户访问数据库。当作为 sys 和 system 用户连入数据库后，用户有强大的权限用各种方式对数据库进行改动。

（2）保护管理者与数据库的连接

只有数据库管理者能用管理权限连入数据库，可用 sysdba 或 startup，shutdown，和 recover 或数据库对象（例如 create，drop，和 delete 等）进行没有任何限制的操作。

（3）使用角色对管理者权限进行管理

### 5. 应用程序开发者的安全性策略

（1）应用程序开发者和他们的权限

数据库应用程序开发者是唯一一类需要特殊权限组完成自己工作的数据库用户。开发者需要诸如 create table，createprocedure 等系统权限，然而，为了限制开发者对数据库的操作，应该只把一些特定的系统权限授予开发者。

（2）应用程序开发者的环境

① 程序开发者不应与终端用户竞争数据库资源；

② 程序开发者不能损害数据库其他应用产品。

（3）free 和 controlled 应用程序开发

应用程序开发者有以下两种权限。

① free development

应用程序开发者允许创建新的模式对象，包括 table，index，procedure，package 等，它允许应用程序开发者开发独立于其他对象的应用程序。

② controlled development

应用程序开发者不允许创建新的模式对象。所有需要 table,indes procedure 等都由数据库管理者创建,它保证了数据库管理者完全控制数据空间的使用以及访问数据库信息的途径。但有时应用程序开发者也需要这两种权限的混和。

(4) 应用程序开发者的角色和权限

数据库安全性管理者能创建角色来管理典型的应用程序满足开发者的权限要求。

① create 系统权限常常授予应用程序开发者,以使他们能创建它的数据对象。

② 数据对象角色几乎不会授予应用程序开发者使用的角色。

(5) 加强应用程序开发者的空间限制

作为数据库安全性管理者,应该特别地为每个应用程序开发者设置以下的限制。

①开发者可以创建 table 或 index 的表空间;

②在每一个表空间中,开发者所拥有的空间份额。应用程序管理者的安全在有许多数据库应用程序的数据库系统中,应承担以下的任务。

a. 为每一个应用程序创建角色并管理每一个应用程序的角色;

b. 创建和管理数据库应用程序使用的数据对象;

c. 根据情况,维护和更新应用程序代码和 oracle 的存储过程和程序包。

## 7.6 本章小结

随着计算机特别是计算机网络的发展,数据的共享日益增加,数据的安全保密越来越重要。DBMS 是管理数据的核心,因而其自身必须具有一整套完整而有效的安全性机制。

《可信计算机系统评测标准》TCSEC/TDI 是目前各国所引用以制定一系列安全标准中最重要的一个。TCSEC/TDI 从安全策略、责任、保证和文档四个方面描述了安全性级别的指标。按照这些指标,目前许多大型 DBMS 达到了 C2 级,安全版本达到了 B1 级。

实现数据库系统安全性的技术和方法有多种,最重要的是存取控制技术和审查技术。C2 级的 DBMS 必须具有自主存取控制功能和初步的审查功能,B1 的 DBMS 必须具有强制存取控制和增强的审查功能。自主存取控制功能一般是通过 SQL 的 GRANT 语句和 REVOKE 语句来实现的。

# 第8章　数字签名与认证技术

## 8.1　引言

### 8.1.1　背景和意义

网络和信息技术的发展，为人类开辟了一个新的生活空间，它正对世界范围内的经济、政治、科教及社会发展等方面产生重大的影响。一方面，信息技术与政府管理、金融、公共服务、教育、医疗和传统商务的结合带来巨大的新市场；另一方面，信息化在带来高效率和友好服务的同时，也带来了威胁、风险和责任，网上信息被窃、被篡改、被破坏的事件时有发生，各种网络攻击程序的广泛传播更使人们忧心忡忡。因此，与人类的物理生存空间类似，网络空间也需要信任和安全，只有在安全和信任的基础上将网络建成文明、健康、有序的生存空间，才能丰富和繁荣网络的应用、发挥网络的优势、推动社会经济和文化的发展。

为了建设高度安全可信的网络空间，世界各国的安全专家们进行了多年的研究，研究了许多不同层次的安全措施与技术。结果发现，大多数安全措施与技术只能解决部分网络空间的安全问题。幸运的是，专家们发现，公钥基础设施(Public Key Infrastructure，PKI)似乎可以解决绝大多数网络安全问题，并初步形成了一套完整的解决方案和理论。公钥基础设施作为最新发展起来的安全技术和安全服务规范，是利用非对称密码算法原理(公钥理论)和第三方认证技术来实现并提供安全服务的具有通用性的安全服务设施。用户可以利用PKI平台提供的安全服务进行安全通信。PKI建立在统一的标准和规范基础之上，为网络应用提供实体鉴别、数据的保密性、数据的完整性和交易的不可否认性(抗抵赖)等安全服务，因而是信息安全的关键技术。

作为一项基础设施，PKI不仅包括技术问题，还包括组织管理、法律法规等方面的问题，是一个宏观体系，如图8.1所示。在理论上，需要密码学算法和密码协议的支持，这是PKI的理论基础；在技术上，需要制定相关的标准，如证书及数字签名的格式、各实体间的通信协议，以保证PKI的互操作；在管理上，需要对各参与方的各种活动进行规范，以保证PKI的正常运作与运营；在法律上，要对电子签名赋予法律效力，对各参与方的责任、义务进行分配，为PKI的实施提供法律上的保障。可见，PKI的部署与实施是个系统工程，需要社会各方包括学术界、工业界、法律界以及政府部门的共同努力。与此同时，PKI自身的安全性、可靠性、可用性、高效性以及可扩展性成为了信息安全与认证理论领域的研究热点和重点，构建兼容性好、移植功能强大的PKI体系也是发挥密码

| 法律:电子签名法 |
| --- |
| 管理:实施规则与运营规范 |
| 技术:标准、协议 |
| 理论:密码与认证理论 |

**图8.1　PKI宏观体系**

技术在电子商务、电子政务等领域的作用的重要途径。

## 8.1.2 PKI 简介

PKI 并不是单一的物理对象或软件过程,而是一种使发布、管理和利用公开密钥都比较容易的系统,它不仅提供可以使用的安全工具,而且提供系统安全解决方案。PKI 由许多互相联系的组件共同协作来提供一整套服务,这些服务使得用户能够简单方便地使用公钥密码解决系统的安全问题。

从狭义上讲,PKI 可理解为证书管理的工具,包括为创建、管理、存储、分配、撤销公钥证书(PKC)的所有硬件、软件、人、政策法规和操作规程(自 PKIX)。利用证书可将用户的公钥与身份信息绑定在一起,然而如何保证公钥和身份信息的真实性,则需要一定的管理设施。PKI 正是结合了技术和管理两方面因素,保证了证书中信息的真实性,并对证书提供全程管理。PKI 为应用提供了可信的证书,因而也可认为 PKI 是信任管理设施。

从广义上讲,PKI 是在开放的网络上(如 Internet)提供和支持安全电子交易的所有产品、服务、工具、政策法规、操作规程、协定和人的结合。从这个意义上讲,PKI 不仅提供了可信的证书,还提供了包括建立在密码学基础之上的安全服务,如实体鉴别服务、消息的保密性服务、消息的完整性服务和抗抵赖服务等。这些安全服务的实现需要通过相关的协议,可信的证书只是使这些安全服务可信的基础。例如,消息的保密性服务,需要保密通信协议如 SSL,TLS,S/MIME 等。当然一个通信协议也可能会同时实现多种安全服务,如 SSL 既可实现服务器端鉴别,也可实现消息的保密传输。

建立一个 PKI,至少涉及三方面的内容:技术、管理和法律。作为一项基础设施,PKI 的建立应遵循标准。在技术方面包括消息格式、通信协议和 API 标准;在管理上要建立完善的证书管理制度;在法律上要对数字签名予以承认,并对各方的权利义务进行分配。

**1. PKI 的特点**

(1)通用性和强描述能力:PKI 能清楚地表达其各方面的信息,包括信任、信任度、推荐、公钥的可靠性、证书路径、公钥的撤销和各参数的依赖关系等。

(2)语义精确:对 PKI 中的每个参数都有精确的解释。

(3)估值的独立性:推理得到的结论不依赖于使用推理规则的先后顺序。

(4)运行效率高:推理算法有效,便于实际使用。

(5)可扩展性:对 PKI 系统而言,系统可以处理任意规模的实体集,当一个实体加入到系统中时,参数容易修改。

(6)易用性:参数的说明直观且易于操作。

**2. PKI 的组成**

一个典型的 PKI 由下列部件组成。

(1)最终实体(End Entity,EE):即 PKI 中的用户,是证书的主体。最终用户根据在通信过程中的不同性质,可以分为两类,即证书持有者和依赖方(relying party)。即证书持有者即为证书中所标明的用户,依赖方指的是依赖于证书(真实性)的用户。在数字签名中,依赖方就是在相信证书真实性的基础上来验证签名的。

(2)认证机构(Certification Authority,CA):可信权威机构,负责颁发、管理和吊销实体的证书。CA 最终负责它所有实体身份的真实性。因此可以认为 CA 是整个 PKI 系统的核心,也被称作一个域,一个用户只需要在一个域中进行注册,不同域中的用户需要通信时,通过域之间的信任关系来建立可信的信息交换。

(3)注册机构(Registration Authority,RA):可选的管理实体,主要负责对最终用户的注册管理,被 CA 信任。尽管注册的功能可以直接由 CA 来实现,但当 PKI 域内实体用户数量很大并且在地理上分布很广泛的时候,就有必要建立单独的 RA 来实现注册功能。

(4)证书(及废止列表)库(Cert/CRL Repository):开放的电子站点,负责向所有的最终用户公开数字证书和证书废止列表(CRL)。

各组成部件及其相互关系如图 8.2 所示。

**3. PKI 的基本功能**

PKI 的主要功能是对密钥和公钥证书进行管理。具体地讲,一个 PKI 应具备下述功能。

(1)证书生成。CA 负责签发证书,所以 CA 需要验证证书申请者的身份,并且 CA 在签发证书时附有时间标志,标明证书何时过期。CA 可以把证书发给申请者,也可以把证书发送到证书发布中心。

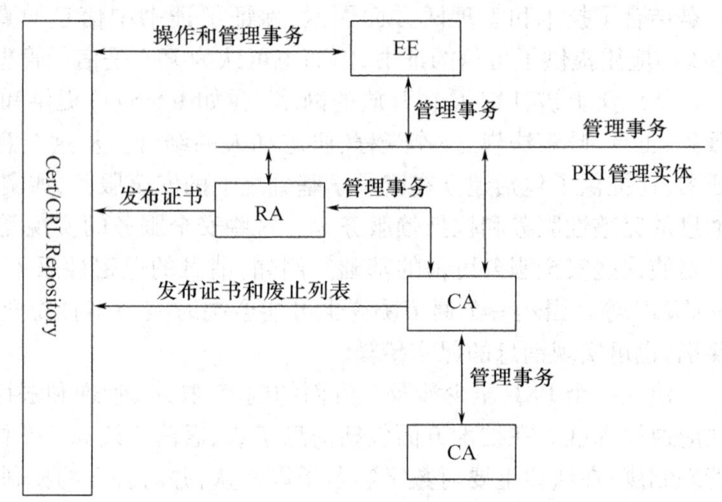


**图 8.2 PKI 的基本组成**

(2)证书注销。证书可能由于超出有效期而变得无效,或者因用户密钥泄露、证书持有者更改姓名等,需要注销证书,CA 可以通过 CRL 将作废的证书加以发布。

(3)存储和检索证书与 CRL(Certificate Revocation List,证书注销表)。CA 发布的证书及作废证书 CRL 应该能够方便、快捷地被使用者查找和使用,最常用的存储和检索方法是目录服务、HTTP 和 E-mail。

(4)提供信任。用户的主要信任来源于对证书的验证,这种信任是基于对颁发证书的 CA 的信任,对不同管理域的证书的信任还要依靠证书链或直接交叉认证来实现。

(5)证书链处理。用户由 CA 颁发证书,而 CA 又由高一级 CA 颁发证书,如此归结到根节点 CA。如果用户需要验证一份证书,他需要先判别证书是否过期,还要判别签发证书的 CA 是否被信任,如不被信任,则查询签发此 CA 证书的 CA 是否被信任。直到找到被信任的 CA,如找不到,则此证书可被认为不可信。

(6)交叉认证。一个 CA 可以为另一个 CA 签发证书,这样使得后者所签发的证书能被第一个 CA 所认可。

(7)时间戳。在交易中,除了交易内容的真实性以外,时间是一个重要的元素。PKI 系统中数字证书的时效性也表明时间服务功能是 PKI 必须具备的功能之一。

(8)密钥管理。密钥管理是 PKI 的重要功能之一。PKI 响应当前的用户请求来产生证书或 CRL,如密钥生成、密钥的吊销、密钥恢复、密钥更新,密钥的归档以及密钥的备份都是 CA 的日常业务工作。手工管理密钥会限制 PKI 的规模;对于一个大型 PKI 来说,密钥的自动管理是非常重要的。

# 8.2　PKI 的信任模型和交叉认证

在实际应用系统中使用公钥基础设施(PKI)作为解决安全问题的基础,为用户提供证书服务的 CA 中心必然会有多个,每个 CA 中心称为一个认证域,用户会在适当的 CA 中心注册,申请公钥证书。在使用证书时,如果两个通信的主体处于同一个认证域,则信任问题可以容易地解决;如果两个通信主体不在同一个认证域,则必须通过跨域认证来解决相互之间的认证问题。

目前,在实际应用系统中,人们总是认为用户与其注册的 CA 之间、有信任关系的 CA 中心之间是完全信任的。但在现实世界中并没有完全可信的实体,因此有必要在用户与 CA 中心之间建立起信任模型,通过对信任模型的分析和比较,指导现实世界中的 PKI 系统的正常运作,使 PKI 的使用更加有效。同时,将信任域的范围扩大,使用户所持的数字证书可以应用到更广泛的领域这些问题都是通过 PKI 的互操作技术来实现的。

## 8.2.1　PKI 的信任域

**1. 基本概念**

(1)信任

X.509 的信任的定义为:一般来说,如果一个实体假定另一个实体会准确地像它期望的那样表现,那么就说它信任那个实体。这里信任概念包括了双方的一种关系以及对该关系的一种期望。

对这些假设或期望可以使用信任水平(即信任度)的概念,信任水平与双方位置有直接关系。位置是对双方“靠近”程度的感觉或度量。如果你对另一方很了解而且对它的期望是建立在过去的经验基础上的,那么你会在自己建立的信任中拥有一个较高的信任水平。双方离得越远,或者你对对方的行为方式了解得越少,那么信任水平就越低。

某些情况下,对方离得很远,你对其的信任水平也就很低,这时可能需要引入第三方。这个模型中,你听从于自己信任的第三方,它可以向你保证另一方可信并且提高你的信任水平,这就是 PKI 体系中认证机构(CA)的作用。

(2)信任域

一个信任域对于一个组织实际上可以定义为公共控制下或服从于一组公共策略的系统集(策略可以明确的声明或者也可以由操作过程的实现隐含地指出)。工作的团体会影响你对其他人的信任。在一个群体中,现有的人事关系和运作模式使你给予它较高的信任水平。如果群体中所有个体都遵守同样的规则,则称群体在单信任域中运作。

识别与界定信任域及其边界对构建 PKI 非常重要。使用另一信任域中 CA 签发的证书通常比使用与你同信任域的 CA 签发的证书复杂得多。

在一个企业中,信任域可以被按照组织或地理界限来划分。同时,一个组织中完全可能存在多个信任域,有的信任域会发生重叠。当各个信任域开始声明特定的策略和操作程序,特别是当组织的不同部分需要进行互操作时,事情就变地复杂而有趣。多数情况下,确立了公共操作要求的一组高级策略往往可以把不同信任域联合起来,形成一个整体来运作。对于建成包括认证机构在内的 IT 基础设施而言,能否建立一个可确定本地信任模型的广泛策略的拱形信任域(overarching trust domain),对于 PKI 部署的成败有重大关系。

由于信任关系的建立取决于人们之间的关系,因此在定义信任边界和信任关系时,政治、策略以及法规常常比技术起更重要的作用。

然而,当要建立跨越不同组织的信任关系时,如何建立信任关系的问题就变得更加复杂。不同组织的目标、期望以及文化等诸多因素决定了很难建立起具有高度信任水平的信任关系。如何建立跨组织或跨信任域的信任模型成了一个难度很高的问题。建立跨域信任关系的最常用技术手段是交叉认证技术。

(3)信任锚

在任何信任模型中,证书用户或依赖方必须使用某种标准来决定何时才能建立对一个实体足够高的信任关系的需要。简而言之,就是什么时候你可以决定信任一个身份。

在各种信任模型中,当可以确定一个身份或者有一个足够可信的身份签发者证明其所签发的身份时,我们才能作出信任那个身份的决定,这个可信的实体被称之为信任锚。

如何确定一个足以符合这种目的的可信实体有几种不同的方法。我们可以参照在非数字关系的世界中识别可信实体的做法。

①你可能对被识别的个体有一些直接的了解(通过问一些相关问题),所以可以相信他们就是他们所声称的人。对于这种情况,直接验证了身份,因此不需要外部的信任锚。这种情况也可以说成信任的决定对你而言是局部的,因此你就是信任锚。

②如果被识别个体不在你直接交往的熟人圈子中,那事情就有点复杂了。如果的熟人中有人认识他,可以采用信任传递的形式——根据你对熟人的信任和熟人与这个个体已经建立的信任关系,来信任这个个体。这里的信任锚就是你的熟人,他证明了待识别个体的身份,可能也向他人证明了你的身份。在这种情况下,信任锚与你离得很近。

③最后一种情况是,如果有一个高度可信而且离你很远的实体,虽然你并不直接认识它,但是你却认为它有足够可信的声誉,那么你就可能会信任它。也就是说,如果该实体证明了一个个体的身份,就可以信任该个体。在这种情况下,信任锚与你本无关系,但它的良好声誉使你有足够的信心信任那个个体。

**2. 信任模型**

一个 PKI 内所有的实体即形成一个独立的信任域。PKI 内 CA 与 CA、CA 与用户实体之间组成的结构组成 PKI 体系,称为 PKI 的信任模型。PKI 的信任模型是 PKI 整体架构的抽象,它决定了域内不同实体的组织结构,是建立 PKI 的首要问题。PKI 的信任模型主要解决两方面的问题。

(1)用户的信任起点在何处；

(2)信任在系统中如何被传递。

根据 CA 与 CA、CA 与实体之间的拓扑关系，PKI 的基本信任模型有以下四种。

(1)分层结构信任模型

CA 的分层结构信任模型是一个树型结构，树根是根 CA 中心，由上向下各树枝部位有一个 CA，叶子节点是用户。分层结构的信任模型的建立方法如下。

①根 CA 为它的直接后代节点发放证书；

②中间节点 CA 中心为它的直接后代节点 CA 发放证书；

③中间节点 CA 都可以为最终用户发放证书，但为用户发放证书的 CA 中心不能有下一级 CA 中心。

其结构示意图如图 8.3 所示。

在这种模型中，所有节点(下级 CA 中心和用户)都信任根 CA 中心，且保存一份根 CA 中心的公钥。树型信任模型中，任何两个用户之间进行通信时，为验证对方的公钥证书，都必须通过根 CA 中心才能实现。

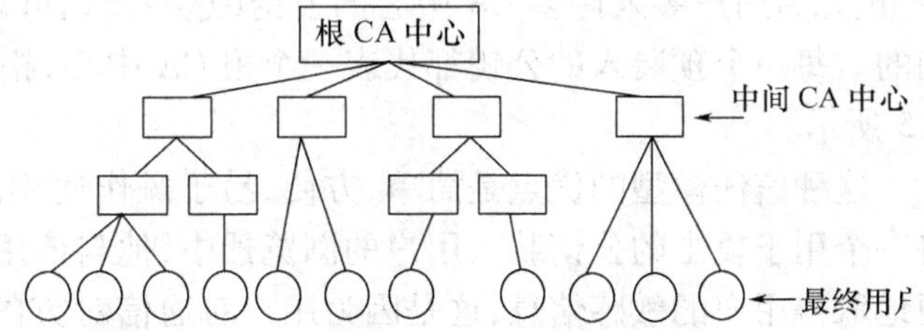


图 8.3　分层结构的信任模型

可以看出，在分层结构的信任模型中，根 CA 中心是所有用户的信任中心，一旦根 CA 中心出现信任危机，则整个 PKI 体系出现信任危机，而且在无序的 Internet 环境中很不实用。

这种模型不适合在 Internet 这样的开放环境中使用，也不适合电子商务系统。但它适合于像军事、政府或行业内部等上下等级森严的部门使用。

(2)分布式信任模型

与分层结构信任模型不同，在分布式信任模型中，用户有多个分布式根信任中心可以信任，而每个根 CA 中心又是一个分层结构的信任模型。这种信任模型可以称为森林结构信任模型，如图 8.4 所示。

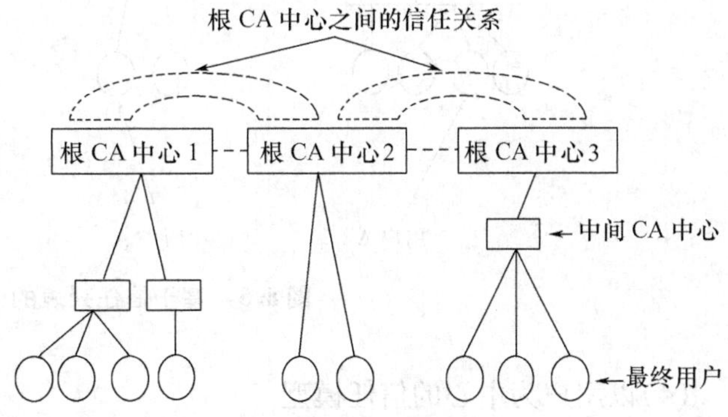


图 8.4　分布式信任模型

在分布式信任模型中，如果两个通信的用户处于同一个信任域中，则公钥证书的验证与分层结构的信任模型一样；如果两个用户处于不同的信任域中，则需要跨域认证。在分布式信任模型中，认证域之间有两种形式的信任关系。

一是各根 CA 中心之间两两相互信任，成为网状结构(Mesh)。在 $N$ 个根 CA 中心的系统中，每个根 CA 中心必须保存其余 $N-1$ 个根 CA 中心的公钥证书，需建立 $N^2$ 个信任关系。

二是集中发散结构(Hub-and-Spoke)。每个根 CA 中心与一个中央 CA 中心之间建立信任关系,当两个 CA 中心之间需要相互认证时,通过该中央 CA 中心,每个根 CA 中心只需要保存中央 CA 中心的公钥,在有 $N$ 个根 CA 中心的系统中,需要建立 $N$ 个信任关系。这种结构与分层机构信任模型的区别在于用户并不需要拥有中央 CA 中心的公钥。

分布式信任模型的最大特点在于它的灵活性,信任域的扩展非常方便。但也正是这种灵活性,使整个系统的可管理性变差,随着 CA 数量的增加,认证路径的构建(构造)将很麻烦,可能会出现多条认证路径和死循环的现象,使证书验证变得困难,从而增加用户的负担。因此,分布式的信任模型适用于规模不大、数量不多、地位平等的组织群体共同实施 PKI。

(3)基于信任列表的信任模型

基于信任列表的信任模型又被称作网状信任模型。网状信任模型是从互连网的概念发展来的,主要用在 Netscape Navigator(现为 SUN ONE)和 Microsoft IE 两个浏览器中。在这种模型中,预先为用户装入许多 CA 中心的公钥(这些公钥可以修改),且用户在开始时是信任这些公钥的。每一个预装入的公钥都代表一个根 CA 中心,相当于一个用户处于多个认证域中,如图 8.5 所示。

这种信任模型的优点是简单、方便、易于操作使用。缺点是易受到假冒攻击,如果假冒者将一个用于攻击的公钥装入用户的浏览器中,他与该用户的安全通信就可以得到许可,从而方便地取得用户的敏感信息,这是因为用户对通信对方的验证是由软件系统自动进行的。另外一个缺点是目前还没有实用的方法撤销已经预装在浏览器中的公钥。同时,如果采用这种信任模型,让用户来管理如此多的公钥增加了用户的负担,对用户的技术水平提出了更高的要求,用户操作不当就会给攻击者可乘之机。

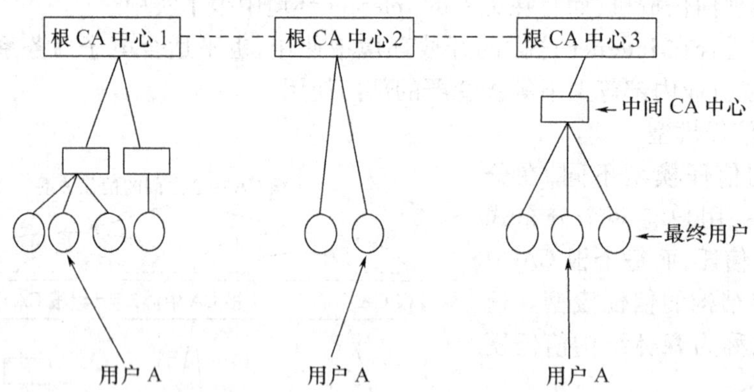


**图 8.5 基于信任列表的信任模型**

(4)以用户为中心的信任模型

在以用户为中心的信任模型中,没有专门的 CA 中心,用户全权决定与其他用户之间的关系,用户通过亲属、朋友等关系网来建立信任关系网。每个用户向他的亲属和朋友签发公钥证书,其信任模型如图 8.6 所示。

在这种模型中,当用户 A 要与用户 B 通信时,A 收到 B 的公钥证书,看到该证书是由 A 的朋友签发的,而 A 的朋友的证书是由 A 自己签发的,这样 A 先验证 A 的朋友的证书,然后验证 B 的证书。

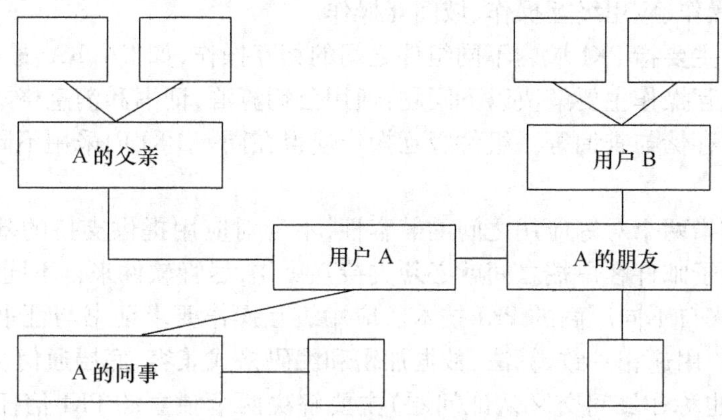


**图 8.6　以用户为中心的信任模型**

著名的安全软件 PGP(Pretty Good Privacy)就使用这种信任模型。由于该模型的可操作性强,并且对用户行为和决策充分依赖,使这种模型在高技术性和高利害关系的群体中可能是可行的。但是对一般群体(它的许多用户有极少或者没有安全方面的知识或 PKI 的概念)是不现实的。而且,这种模型一般在公司、金融或政府环境下是不合适的,因为这些环境通常希望或需要对用户的信任实行某种控制。

**3. 信任模型比较**

实际上,PKI 的信任模型在一定程度上与组织的结构很类似,因而应根据现实中的组织结构选择合适的模型。四种信任模型的特点比较如表 8.1 所示。

**表 8.1　基本信任模型特征比较表**

| | 分层机构 | 分布式 | 基于信任列表 | 以用户为中心 |
|---|---|---|---|---|
| 信任起点 | 根 CA | 本地发证 CA | 所有接受的可信 CA 列表 | 信任关系网的起点 |
| 可信 CA 私钥泄露所带来的问题 | 毁灭性灾难 | 只影响该 CA 的用户 | 需要所有用户修改自身配置,否则可能造成欺骗 | 无中心 CA |
| 认证路径构造 | 简单,自上而下 | 难,可能会出现多路径或死循环现象 | 各 CA 独立可信,无须构造信任路径 | 依靠信任关系网建立 |
| 对目录的依赖性 | 低 | 高 | 低 | 高,依靠集中查询信任关系 |
| 对域间互操作的支持 | 弱,需要一方更改自己的信任起点 | 较好,但数量的增加会带来管理上的困难 | 需要所有用户同时操作,可实施性较差 | 以个体为单位形成信任链(不构成域) |

## 8.2.2　交叉认证

PKI 交叉认证属于 PKI 互操作问题的一部分。关于 PKI 的互操作,可以从三个层面进行阐述,即组件级互操作、应用级互操作、域间互操作。

组件级互操作主要指 PKI 域内不同组件之间的相互操作,如 CA、RA、最终实体、证书库之间的交互。组件级互操作主要解决以下问题:通用公钥算法,证书和消息格式,通信协议,证书与证书状态信息的存储与查询等。组件级互操作使得在同一 PKI 内采用不同厂商的产品成为可能。

应用级互操作指两个对等应用之间的兼容性,不管对应用提供支持的基础是什么。比如基于 S/MIME 的电子邮件客户端之间就必须支持互操作,尽管软件来自不同的厂商、运行在不同的平台上、应用来自不同厂商的 PKI 技术。应用级互操作要求证书与证书状态信息必须兼容,证书策略和密钥用途相一致,算法、数据加密和编码格式兼容,底层通信协议兼容等。

域间互操作(也称作域间交叉认证问题)主要解决两个独立的 PKI 信任域之间的互操作问题。域间互操作被认为是最为复杂的 PKI 技术问题。除了上述组件级和应用级互操作所必须解决的问题外,还需要在两个域之间建立信任关系,使域间 PKI 相关的信息能够相互调用,同时还要制定双方共同遵守的制度以及法律上的统一。

PKI 域间互操作在原本相互独立的两个或多个 PKI 之间建立信任关系,使来自不同信任域的用户也能够实现安全交易。从信任域扩展的角度来分析 PKI 的信任模型,对于域间互操作、建立全球统一 PKI 具有十分重要的意义。

PKI 的交叉认证问题(即互操作问题)实际上就是扩展 PKI 的信任模型。同样,在交叉认证的过程中也要解决两个重点问题,即用户信任的起点问题和信任如何传递的问题。保持信任起点不变和信任传递路径的简洁是建立交叉认证的基本原则。

PKI 中的交叉认证问题涉及的范围很广,基本上可以从技术、管理以及法规等三个层面来研究分析。技术层面包括交叉认证的模式、编码原则与通信协议等;管理层面则包含政策、认证机构保证等级及认证机构设立目的等;数字签名法、数字签名的法律地位、加解密等输出控制与相关的安全管理标准等则属于法规层面的问题。

由于各国政府不同产业,不同行业,以及不同的认证机构的 PKI 架构、安全政策以及所采用的加密技术不同,使得信任关系的建立在实际工作中十分复杂,从而使 PKI 互连互通十分困难;这也迫使各国的研究机构不约而同地将"研究具有弹性特性的 PKI 互连互通机制"列在了 PKI 研究领域的首位。通过对不同的 PKI 互连互通的方法论研究以及对各种方法异同点的比较,将有助于各个企业或组织选择最适当的 PKI 架构。

**1. 交叉认证技术简介**

对于 PKI 技术研究和产品研发来说,它们之间的互操作性已是 PKI 中一个亟待解决的问题,一方面互操作性包含应用程序与其他应用程序进行无缝的连接和通信,另一方面包含 PKI 产品中的部件与其他 PKI 产品中部件之间的组合和匹配,更为重要的是不同信任域之间的交互。对于不同的群体,互操作性可能含有不同的意义,PKI 的交叉认证技术就是解决 PKI 互操作性的一般性框架技术。

(1)交叉认证的定义

每一个认证机构都具有自己的根密钥对,即根证书(ROOT CA),认证机构为每一用户签发的证书均是用自己的根私钥签发的,以保证用户身份的真实。因此,为使不同认证机构的证书互相识别,必须使不同的认证机构互相识别对方的根证书。交叉认证是指两个 CA 互相为对方的公钥进行数字签名，形成交叉认证证书（Cross Certificates），使得各自签发的用户证书可以被对方的用户（应用软件）正确校验。交叉认证证书就是 CA 证书与用户证书之间的中间级证书。

PKI 中的交叉认证技术包括部件级交叉认证、证书级交叉认证以及信任域间的交叉认证。部件级交叉认证主要研究 PKI 信任域中各操作实体的互操作性问题，包括 CA 与 CA、CA 与 RA、CA 与终端、RA 与终端之间的协议、消息格式、证书格式以及证书与证书列表的存取方法等。证书级交叉认证主要研究应用证书的应用程序之间的互操作性，包括证书和证书状态信息的兼容性、密钥用途及其限定的兼容性、数据封装和编码格式的兼容性、支撑的通信协议的兼容性、共享密钥相关信息方法的兼容性等。信任域间的交叉认证主要研究信任域间的互操作性问题，包括信任域间互操作性模式、方法、标准以及证书策略（CP）、证书实施说明（CPS）等。

（2）交叉认证需要考虑的因素

①技术因素

实际上，进行 PKI 交叉认证需要考虑的技术因素包含当所有参与交叉认证的各方（指各 PKI 信任域）在达成了必要的商业意向或协议之后，从事 PKI 交叉认证所需要的传输协议、数据结构和其他如证书发放和管理流程以及证书废止相关信息共享法案等相关的技术范畴。

②政策和应用因素

政策和应用因素是为了达到互连互通目的所建立的两个 PKI 信任域间关系的非技术性因素。建立信任域间互连互通性关系的根本在于信息电子化交换的需求。正因为有了互连互通的需求，才会使进行交叉认证的两个 PKI 信任域依靠本身拥有的应用资源为其电子信息交换需求建立一整套的交叉认证条件，这些应用资源就是用来处理不同领域间互通性的关键因素。

③法规因素

法规因素是三个因素中最难理解，也是现实操作中最不好处理的地方，法规因素涉及到不同国家、不同行业和领域的不同法规环境对数字签名的接受程度。因此是目前进行交叉认证讨论时的重要议题之一。

**2. 域间交叉认证模式**

由于各个 PKI 信任域建立的目的、原则可能各不相同，采用的策略、技术就可能更不相同。因此在两个或多个 PKI 信任域进行互连互通时就存在着多种 PKI 交叉认证的模式，可大致分为如下七种。

（1）绝对层次模式（Strict Hierarchy）

绝对层次模式（又称为树状模型）的交叉认证模式如图 8.7 所示。

绝对层次模式中所有的信任关系都是以根 CA 为纽带建立起来的，即所有的用户首先必须信任根 CA，然后通过根 CA 将信任关系扩散，所有的用户也互相信任。采用这种模式，信任关系是单项，即每个 CA 只向其下面的 CA 和用户签发证书，而不向上级 CA 签发证书。

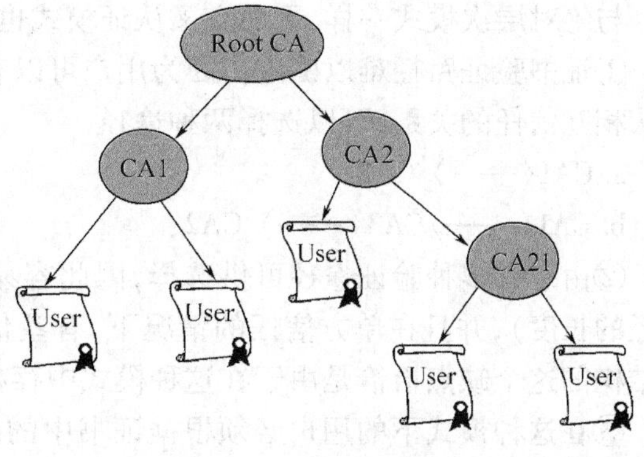


图 8.7　绝对层次模式

绝对层次模式具有以下一些优点。

①具有比较好的扩展性,通过增加下层 CA 就可以进行扩展,属于中央集权管理模型;

②由于是一种单向信任关系,因此证书的验证路径非常容易确定,即信任路径的构造相对容易;

③证书的验证路径相对较短,最长的证书路径就是树的层数 +1;

④在这种体系结构下的用户可以非常清楚地了解每个证书能够用于哪一个应用(例如 CA1,CA2 签发的证书可以用于交易,而 CA21 签发的证书就不能用于交易。事实上,采用这种结构能够制定统一的 CP/CPS,由此即可以保证其具有此优点)。

绝对层次模式实际上是一种大集中的模式,它也有一些不可忽视的缺点。

①在这样的结构中,需要一个单一的信任点,即根 CA,因此如果根 CA 出现信任问题(如根 CA 的私钥泄密),则整个 PKI 体系的信任关系就全部无效,并且恢复这种信任关系在技术上几乎是不可能的;

②在现实世界中,很难确认一个单一的信任点;

③这样的体系一旦建立起来以后,如果进行有关信任方面的调整,也是非常困难的。

(2)平面交叉认证模式(Cross Certification)

平面交叉认证模式又称为网状(Mesh PKI,网状结构)结构的交叉认证模式如图8.8所示。

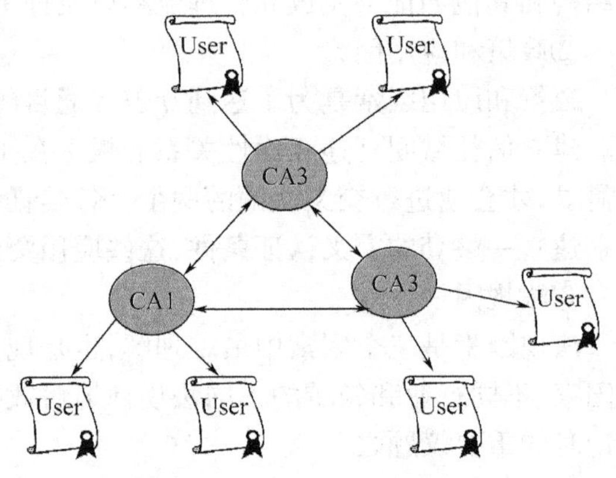


图 8.8 平面交叉认证模式

平面交叉认证模式没有明确的信任中心,各个 CA 之间是平等的。平面交叉认证模式具有如下一些优点。

①由于具有多个信任点,因此这种模式具有很好的灵活性,如一个 CA 非常容易加入到该体系中来,属于地方分权管理的结构模型;

②不存在唯一的信任中心,因此当一个信任点出现信任问题之后(如 CA1 的私钥泄密),不会造成整个 PKI 体系的崩溃,并且由于每个信任点的用户数相对较少,因此恢复这种信任关系也相对容易;

③可以比较容易地在各个独立的 CA 之间建立信任关系,即信任链的节点数目最多为加入该信任体系 CA 的数量。

与绝对层次模式一样,平面交叉认证模式也同样具有一些缺点。

①证书验证路径难以确定。因为用户可以有多种选择,比如 CA1 的用户要与 CA2 的用户确认相互信任的关系,可以选择两种途径:

a. CA1〈——〉CA2;

b. CA1〈——〉CA3〈——〉CA2;

②由于有多种验证途径可供选择,因此容易产生验证路径过长的情况(即无法估计验证路径的长度),并且在单方信任的情况下,有些信任路径无法建立双向信任关系。事实上,网状结构的这个缺点恰恰是由于在这种模式中存在多个信任点造成的;

③在这种模式下的用户必须根据证书中的内容而不能根据证书是哪一个 CA 签发的,认证书能够在什么应用中使用。

(3)证书信任列表模式(Certificate Trust List, CTL)

证书信任列表(CTL)是一份被认证机构数字签名后包含“所信认证机构根证书”列表的PKCS#7 数据结构,因为使用了数字签名技术,因此 CTL 具有一定的抗篡改能力。使用者可以通过该数据结构中的一大串认证机构的数字证书遴选出其所信任的认证机构,同时也可以获得其所信任的认证机构的政策依据(通过 CTL 中的策略标识符 policy identifiers 指明)。

从 PKI 领域间互连互通性观点出发,CTL 是一个既简单又实用的手段。值得注意的是,在形成可信任的 CTL 之前,必须先评价和确定 CTL 的签发机构以及 CTL 中包含的所有证书中指明的认证机构的可信性。在应用 CTL 时,需要相关的应用程序(如浏览器)支持 CTL 的结构和方法。

在实际的应用中,主要存在两种证书信任列表,分别描述如下。

①简单信任列表(Simple Trust List)

需要交叉认证的 PKI 领域可以存在多个 CA 提供 PKI 服务,每个 CA 都是单层结构,这些 CA 之间并没有任何相互信赖的关系。如果采用简单信任列表的模式,使用证书的用户必须自行地在自己的应用中列出自己所信任的 CA 名单。当收到名单上所列 CA 签发的证书时,使用者信任该证书并进行进一步的验证操作。如图8.9所示,X 机构员工 B 可依据其信任列表对 Y 机构的员工 D 发送的证书进行验证。

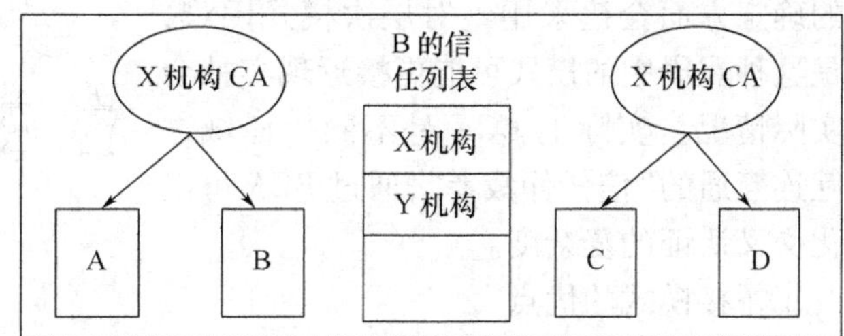


**图 8.9　简单信任列表**

②扩展信任列表(Extended Trust List)

从简单信任列表模式来看,每一个 CA 都是单层结构,这实际上与现实应用中的 PKI 模式并不相同。扩展信任列表与简单信任列表相同之处为,在扩展信任列表中列出的是多个被用户信任的根节点,但是这些根节点代表的是证书用户所信任的 PKI 架构,而不是单一的 CA。扩展信任列表不仅能够快速解决互连互通的需求,也继承了绝对层次模式和平面交叉认证模式的优点,换句话说,证书用户可以继承进行交叉认证的各 PKI 架构已经建立完成的信任关系,可以大幅度减少证书用户在信任列表中必须列出的可信端点的数量。

解决任何两个认证机构(或 PKI 领域)交叉认证最简单的方式就是采用信任列表(Trust List)的方案。使用证书信任列表模式的最大优点就是单纯性,可以减少寻找信任路径的复杂步骤;即使有新的 CA 加入也很容易解决,将新 CA 加入信任列表即可。

证书信任列表模式的最大缺点是,使用者将 CA 放入其信任列表中的主要动机是为对该 CA 的某一使用者进行沟通和验证该 CA 签发的证书,而对列于信任列表中的 CA 本身,并无充分了解与信任。

因此,使用信任列表模式的最理想状况是,使用者自己在将新 CA 加入信任列表之前,对该 CA 进行调查与了解,同时还必须经常性地更新所信任 CA 的重要信息。随着列表中所列出 CA 数量的增加,使用者的负担也随之增加。

对于简单信任列表模式无法适当地处理列表中具有某个已失效不再运作的 CA 的情况,是因为失效 CA 与使用列表的证书用户所属的 CA 之间并不存在任何信任关系,该失效 CA 甚至不知道自己是哪个使用者的信任对象,因此无法告知该使用者其失效状况,导致一些信任列表的持有者将继续信任该失效 CA 所签发的证书,直到察觉到问题为止。扩展信任列表模式还存在着证书路径的寻找与构造问题。

(4)桥接模式(Bridge Certification Authority,Bridge CA)

桥接模式可以弥补绝对层次模式(树状结构)和平面交叉认证模式(网状结构)的缺点,采用桥型结构首先要建立一个 CA,该 CA 被称为“桥 CA”(BCA—Bridge Certification Authority),在不同的 PKI 体系中,起信任桥梁作用。BCA 不直接向用户签发证书,也不作为 PKI 体系中用户的一个信任点,只是来建立一个端到端的信任关系。这样,就避免了其他两种方式带来的认证策略方面的问题,允许用户保持他们原来的信任点。

采用桥接模式建立相互认证关系的结构如图 8.10 所示。

采用桥接模式能够方便地在不同体系结构(异构)的 CA 之间建立信任关系,并且能够避免采用平面交叉认证模式中认证链过长以及不便于信任域扩充的问题。虽然在认证链的确定方面会比采用绝对层次模式困难,但是这种非集中的模式可能更接近现实社会的实际情况。实际上 BCA 是不同信任域进行互连互通的“信任仲裁者”,通过 BCA 可以简化交叉认证的复杂度。

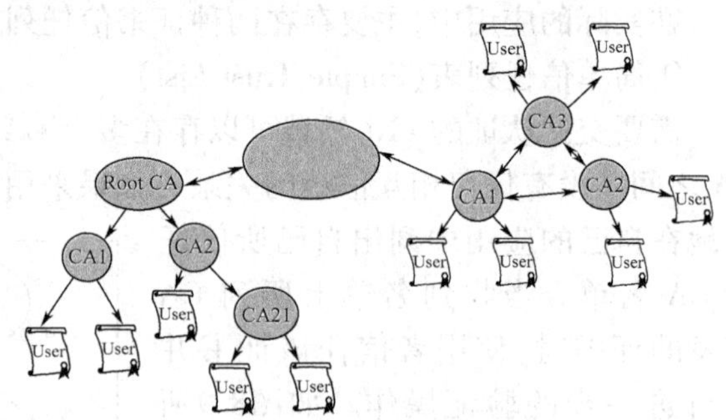

图 8.10 桥接模式

①桥接模式的优点

当 BCA 与树状 PKI 信任域建立信任关系时,BCA 需要与该树状 PKI 的 Root CA 进行联结;当 BCA 与网状 PKI 信任域建立信任关系时,BCA 只需要与该网状 PKI 结构中的其中一个 CA 进行联结。无论上述何种情况,与 BCA 直接联结的 CA 称作首要认证机构(PrincIPal CA);通过桥接动作,任何不同 PKI 架构下的认证机构均可达到相互信任的目的。

桥接模式最大优点就是其具有的弹性特性,增加一个 CA 或一个 PKI 体系到 BCA 中是十分容易的。在 BCA 架构规模不断扩大的情况下,新的信任关系的建立在 BCA 上面也具备可管理的特性。当架构中有某一节点的 PrincIPal CA 受到损害时,BCA 仅需注销发给该 PrincIPal CA 的认证证书,使其所属的 PKI 与 BCA 间的信任关系无效,但此动作并不影响 BCA 与其他 PKI 的信任桥接功能。

在 BCA 失效或无法正常工作的情况下,由于没有使用者以此 BCA 作为信任源,因此与 BCA 联结的各个 PrincIPal CA 仅需注销各自发放给 BCA 的认证证书,即可终止与 BCA 的信任关系。这样的结果是,虽然进行桥接的各个 PKI 架构使用者不再享有桥接互连互通服务,成为独立运作的 PKI 系统,但每一系统的 CA 仍可正常运作。当 BCA 修复后,整个 BCA 架构即可重新恢复正常的工作状态,这也被称为桥接模式的单纯性。

②桥接模式的缺点

桥接模式因为需要与多种不同的 PKI 架构进行连接,证书的查询问题以及寻找证书认证路径的复杂度问题仍然需要进一步的研究与解决。

最常被提出的技术性难题是证书认证路径的有效发现与验证,以及不同 PKI 目录(PKI Directory)之间的兼容性(或互通性)问题。因为桥接模式可能会涵盖网状 PKI 结构,使网状 PKI 存在多信任源以及信任源查找出现循环等路径构造问题。

参加桥接模式的 CA 不但须自行构造并验证这些复杂的证书认证路径,为满足某些 CA 的特定需求,还须运用证书中的信息来维持或限制桥接 CA 之间的信任关系。这意味着在桥接模式中,BCA 不但需要处理复杂的多种数字证书格式,还要具有在验证证书认证路径的过程中适当处理及使用额外的信任信息的能力。

另一项 BCA 的技术性困难是证书信息以及证书状态信息的传播问题。在一个高效的 PKI 环境下,CA 必须能够快速地通过单一的信息传播机制取得所需的其他 CA 证书以及证书状态信息。最理想的情况是由一个统一的 BCA 目录(BCA Directory)提供这些信息。关于 BCA 统一目录的建设规模、性能、安全性、兼容性等技术问题也是实际工作中遇到的难题。

桥接模式的效率问题以 FBCA 为例,FBCA 须能够支持实时在线交易,且不能给交易者带来任何负担。在 FBCA 模型的电子邮件测试中,因为采用了对交易数据进行数字签名的操作,使用者必须为每一封电子邮件额外等待 30 秒钟来验证该数字签名的真实性,以决定是否应该接受信件,这样的时间花费对使用者来说很不便利。但使用者若在第一次验证另一名使用者的数字签名(即等待 30 秒钟的验证时间),之后验证同一使用者数字签名的步骤将缩短为 1 秒以内。

当 PKI 环境变得更复杂且目录负载提高的情况下,使用者可能会面临更多的时间延迟。这样的风险仍可以采用技术手段来改进,例如改善证书认证路径的发现和构造算法、开发出更有效的证书和证书注销列表存储与缓冲方法等。

(5)相互承认模式(Cross Recognition)

相互承认的概念由亚太经合组织的电子安全工作组(APEC E-Security Task Group)提出,其将相互承认定义为:相互承认是一项互通性的协定,通过它可以使依附于某 PKI 领域的可信团体能够使用另一个 PKI 领域的认证信息,达到可以认证其 PKI 领域中主体身份的目的,反之亦然。

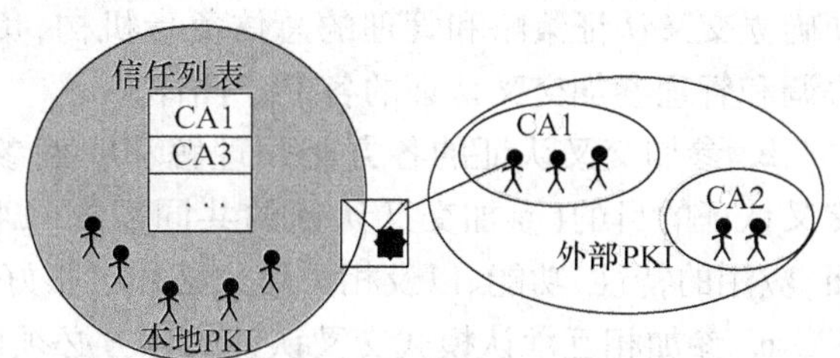


图 8.11　属于不同团体用户之间的相互承认

具体地说,相互承认模式实际上是一种声明(或陈述),它明确地说明了一个给定的 PKI 领域中的用户可以在其某个

特定的应用上面信任一个外部 PKI 领域的数字证书。如一个团体外部的证书拥有者需要和团体内部的用户进行通信或交易(如图 8.11 所示);或者是需要通信或交易的双方在一个团体内部,但是因为特殊的原因他们希望使用一个外部 PKI 提供的 CA 服务,即使用外部 PKI 提供的数字证书(如图 8.12 所示)。可以看出,两种方式的相互承认模式在技术处理上面没有本质的区别。①相互承认模式与平面交叉认证模式的区别

相互承认模式与平面交叉认证模式(网状认证模式)非常相似,但两者又存在着本质的区别。相互承认模式的认证机构间的所谓相互或甚至单向的“相互承认”关系并不存在,因为相互承认模式并不是直接在 CA 之间建立相互的认证关系,而是在 CA(证书)所属的 PKI 领域上建立相互承认的关系。另

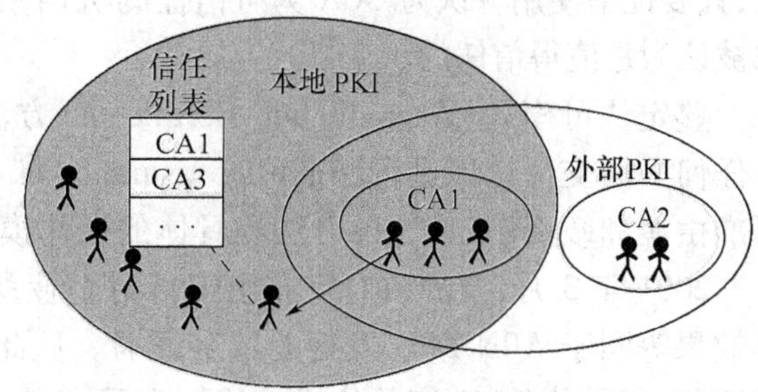


图 8.12　属于同一团体用户的之间相互承认

一个重要不同点为，在相互承认模式中，依附于认证机构的团体必须自行对信任与否作出决定，而不是在平面交叉认证模式情况下由认证机构作出决定(如图 8.13 所示)，这也造成使用数字证书团体的额外负担。因此，对信任级别要求高的使用者而言，相互承认模式并不是一种可接受的解决方式。但从认证机构的角度讲，相互承认模式既解决了相互认证的问题，在技术实现上也不复杂(如果采用平面交叉认证模式，需要进行交叉认证的双方必须在技术上对交叉认证证书在两个 PKI 领域中进行全面地测试，工作量较大(如图 8.14 所示))。相互承认模式是将通信双方的 PKI 领域开放，这在实际操作中可能会影响到双方在特定应用上面的利益。因此，相互承认模式在操作上面也有一定的局限性。

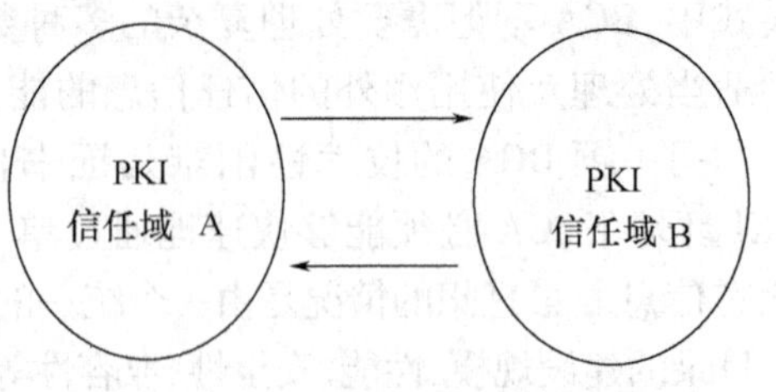


**图 8.13 相互承认模式**

②相互承认模式实现中的注意问题

在实际的操作中，可以有许多方案来实现相互承认模式的交叉认证。基于相互承认模式实现交叉认证，需要注意如下一些主要问题。

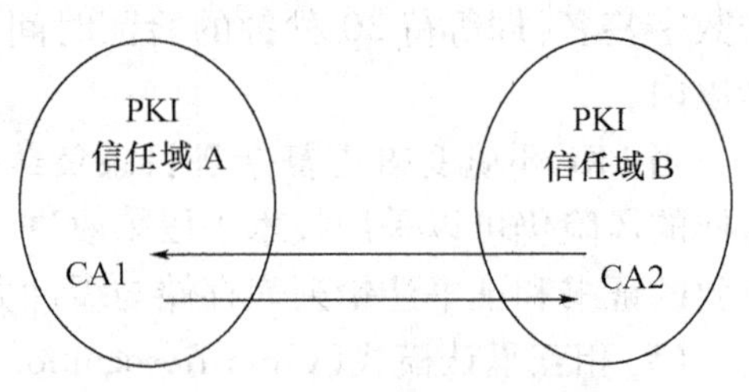


**图 8.14 平面交叉认证模式**

a. 在动手实现相互承认模式的交叉认证前必须确立交叉认证策略和管理的总体负责机构，负责协调和管理参加交叉认证的各 PKI 团体；

b. 参加交叉认证的各方必须理解和明确参加交叉认证的目的(参加交叉认证的共同需求)，特别是在相互承认模式所依附的具体应用上面，应用的特性、功能、以及相关形式必须被很好的定义和理解；

c. 参加相互承认模式交叉认证的各方必须确定一个最小的互操作目标和规范；

d. 总体负责机构必须定义、分发和及时更新参加交叉认证的各 PKI 的信任列表；

e. 参加交叉认证的各方需要将本 PKI 以外的证书机制在自己的 PKI 内部进行映射，并在相关的应用上面进行测试。

(6)鉴定认可模式(Accreditation Certificate)

鉴定认可模式(Accreditation Certificate)2000 年 3 月首次在澳洲政府所倡导的“Gatekeeper”项目出版的论文中被提出，其基本原理是准备进行交叉认证的机构由澳洲政府来鉴定。实质上，每一个鉴定过的认证机构都拥有由 Gatekeeper Accreditation Certificate(GCA)签发的数字证书来保障交易双方的安全性。这个签发过程提供了符合澳洲政府鉴定标准的认证机构给证书使用者，只要证书使用者认为 GCA 为可信任的机构，那么任何一个由澳洲政府鉴定认可的凭证机构都被认为是值得信任的。

鉴定认可模式(Accreditation Certificate)方法与相互承认(Cross-Recognition)方法都不需要任何平面交叉认证进行保证(the assurance of cross-certificates)。在实际操作中，鉴定衡量的标准由澳洲政府制定，这种方法和具体的操作模式在将来非常有可能被其他国家政府所采用。

2001 年 3 月，澳洲政府宣布由银行对企业所核发的数字证书可以被所有政府单位接受，其效果等同于 ABN-DSC 发行的数字证书。从此澳洲的电子商务就可以简单地凭借数字证书对银行、贸易伙伴、政府单位进行线上电子商务、电子政务等活动，并且具有法律效力。

①鉴定认可模式与相互承认模式的区别

对相互承认模式深入研究后,可以看出相互承认模式建立的目的主要是在本地团体与外部的PKI机构之间建立一种可以互相操作的关系,并不是和外部单个的CA之间建立这种关系。当一个团体对一个外部PKI的管理和操作规范承认(同意)后,任何符合这个管理和操作规范的CA所签发的数字证书都可以自动或相对自动地被这个团体当中的应用所接受,这时就建立了相互承认模式的交叉认证关系。

实际上,鉴定认可模式与互相承认模式最大的区别在于,鉴定认可模式需要本地团体(应用)对外部的所有CA(当然是一个PKI信任域中的)都实现相互承认的模式后才可以实现。可以说,鉴定认可模式与相互承认模式是相对分开的,是交叉认证不同阶段的实现内容。

相互承认模式不能代替鉴定认可模式,因为相互承认模式不允许其内部的PKI服务提供者为外部的PKI服务提供者开发特殊的PKI应用,即使它自身希望外部的PKI服务提供者开发可以使用它所签发的数字证书的应用。

②鉴定认可模式的实现

到目前为止,鉴定认可模式只在澳洲政府的Gatekeeper系统上面实现了。Gatekeeper系统对外部PKI的组件(如CA或RA)进行评测和认证,如果它们满足Gatekeeper的关于提供PKI服务的全部要求,经过Gatekeeper认证和鉴定,它们所签发的证书就可以和Gatekeeper原有信任域中的证书通用。Gatekeeper的认证和鉴定主要体现为政府为其发放的许可和执照,在网络上面就是一张符合Gatekeeper证书策略的交叉认证证书。另外,Gatekeeper在认证和鉴定一个PKI提供的证书服务是否可以为澳洲所用时,还附加了若干管理上面的规定,如该PKI服务提供者必须建立长驻澳洲的独立工作实体等。

(7)代理路径查询与验证模式(Delegated Path Discovery & Validation)

代理路径查询与验证模式(Delegated Path Discovery and Validation)可以部分或完全摆脱证书用户在决定一家认证机构是否可信时的困扰。其主要做法是由PKI服务的提供者协助证书用户安装客户端软件,这个软件可以代表可信任团体(relying party),并在必要时向受信任的第三方服务器(有效性验证服务器)提出查询要求;该查询请求可以是类似"我是否应该信任这个证书?"的简单问题。任何定义支持此功能的协议都要能够解决不同复杂程度的查询要求,该方法目前正由美国IETF组织研发。

代理路径查询与验证模式方法最大的优点是减少证书用户在传达及处理信息上的复杂程度,但在网络带宽上面的技术处理手段需要进一步的研究和解决。

通过代理路径查询与验证模式解决交叉认证问题,实际上是将交叉认证过程的验证对方证书的步骤由统一的有效性验证服务器进行处理。该服务器采用可信工作模式,对证书用户提供查询应答。但在实际的操作中,该服务器的部署位置以及所提供的查询应答数据格式都是需要进一步解决的技术问题。

**3. 建立域间交叉认证的一般原则**

通过上面对各种域间交叉认证的介绍、比较和分析,结合国际上著名的PKI互操作协议,可以得出建立PKI域间交叉认证(互操作)的一些基本原则。

(1)管理性　PKI的互操作不是纯粹的技术问题,更重要的是管理,由大家都信任的第三方(如政府)对PKI进行统一管理,是目前互操作协议的主要方向;

(2)标准化　证书及状态信息、通信协议、编程接口等技术的标准化是PKI互操作的基

础,是实现部件级和应用级互操作的重要保障;

(3)与组织结构相对应　PKI 信任模型是与实际中的组织结构相对应的,因此在设计 PKI 架构时应以组织结构为参考;

(4)运营管理标准化　PKI 作为信息安全的基础设施,有必要对其运营管理标准化,如 CA 的运营标准化、私钥的保护标准化以及密钥管理流程的标准化等;

(5)策略管理　建立互操作的一个重要问题是策略管理,也就是建立信任等级和管理制度,证书策略(CP)、认证实施说明(CPS)、PKI 公开声明(PDS)是建立策略管理的基础,也是标准化考虑的重要内容;

(6)客户软件的功能扩展　不论采取哪一种互操作方案,都需要对客户端软件的功能进行扩展,如获取和处理不同域的 PKI 信息;

(7)目录服务　目录是存储 PKI 相关信息的最有效方式,因此建立标准的目录服务将为 PKI 的互操作扫清障碍;

(8)法律问题　PKI 不可避免地要涉及法律问题,法律上的统一(尤其是数字签名法)将是对 PKI 互操作的有力保障,并且法律上的最终认同才是完整意义上的互操作。

### 8.2.3 一个典型的桥式交叉认证系统设计 CNBCA

自 1998 年中国出现第一家 CA 证书机构(中国电信 CA 认证中心,CTCA)以来,全国已建 CA 超过 30 家,发放证书约 100 万份。现有 CA 主要为行业 CA 和地方 CA,都已开始在电子商务和面向公众服务的电子政务应用中发挥作用。

行业 CA 证书机构主要是金融、电信和外经贸等行业建立的相关证书机构。其中主要包括由中国人民银行牵头,国内十三家商业银行联合建设的中国金融认证中心(CFCA);由中国电信组建的 CTCA;由国家外经贸部建立的中国国际电子商务中心(CIECC)。除以上几个典型的行业证书机构外,国家计委、国家海关、税务、公安部、科技部、技术监督总局等国家部委或行业主管单位,都正在建设或规划建设自有的 CA 证书机构。

此外,目前国内已经建立了一批区域性的 CA 证书机构,其中初具规模的有上海 CA 中心(SHECA)、北京 CA(BJCA)、天津 CA 中心、福建 CA(FJCA)、吉林 CA(JLCA)、山东省 CA 认证中心、广东省电子商务认证中心等。除以上几个典型的区域性证书机构以外,深圳、山西、黑龙江、湖南、湖北、海南、陕西、宁夏等省市先后建立了当地的证书机构。

**1. 国内 CA 存在的问题**

目前全国已经建立的 CA 中,所依托的技术背景不同,实现的方法各异,各 CA 的管理规范不同。上述因素给不同 CA 之间互操作带来了很大的困难,存在不少亟待解决的问题。这些问题主要有:

(1)各家 CA 基本处于互相分割状态,成为互不关联的“信任孤岛”;

(2)技术和产品供应厂商层次不一,缺乏国家的统一标准指导;

(3)CA 地位在我国现行法律中尚未得到合法的保证;

产生这些问题的原因可以归纳为以下几个方面:

(1)缺乏国家整体规划和统一指导;

(2)缺乏有力的法律支持,至今国家尚未出台一个和 PKI/CA、数字签名等相关的政策和法律法规;

(3)在尚未确立国家标准的情况下,各家 CA 在实施中对已有国际相关标准和管理规范的理解有较大差距;

由于以上诸多原因,为满足最终用户的安全应用和使用范围的最大化,必须实现不同 PKI 体系间的互联互通。

**2. CNBCA 设计**

(1)目标

CNBCA 的目标是建立一个桥证书机构(桥 CA),与国内若干典型的证书机构(这里假设为上海 CA、北京 CA、福建 CA、天津 CA、吉林 CA、中国电信 CA 六个典型证书机构(CA))实现互联互通和信任域扩展。同时建立桥 CA 的运行、管理体制与规范。积累运行、管理桥 CA 和开发跨信任域的 PKI 应用的经验。提出并实施解决国内目前各 CA 互相分割、多种技术体系并存现状的有效方案,以及国家 PKI 体系互联互通标准与规范。推动完整、开放、有效、有利于公平竞争的国家 PKI 信任体系的形成。

通过选定的业务应用,为不同 PKI 信任域中的用户建立信任关系,验证桥 CA 技术在沟通不同 PKI 信任体系方面的有效性。

根据实际需求,CNBCA 系统的设计目标是互联互通交叉认证能力达到 3 000 万次/年,以每张证书平均每年认证 5 至 10 次计,交叉认证证书量为 300 万张,具体如表 8.2 所示。

**表 8.2　互相通交叉能力**

| | | 第 1 年 | 第 2 年 | 第 3 年 | 第 4 年 | 第 5 年 |
|---|---|---|---|---|---|---|
| 交叉认证次数(每张证书平均每年认证 5 至 10 次) | 万次/年 | 150 | 450 | 1 200 | 1 680 | 3 000 |
| 注:交叉认证的证书量 | 万张/年 | 30 | 90 | 150 | 210 | 300 |

(2)方针

在 CNBCA 的建设过程中,必须遵循以下建设方针。

①可持续性:要求桥 CA 系统将互操作性纳入到桥 CA 来处理,对已有的系统不产生影响。不支持交叉认证的应用系统可以继续运行,桥 CA 的存在对该应用没有影响。那些已完成局部跨信任域交叉认证的 CA 入桥后,应保留原有的交叉认证功能。

②有效性:桥 CA 的建设,尽管使信任的范围扩大,但是会降低系统的效率,这种降低应该是有限的。

③可靠性:桥 CA 系统组件,必须在考虑技术先进性的同时保证产品的成熟性。关键系统组件的可靠性、稳定性一定要经历实践的检验。

④高安全性:桥 CA 自身的安全是保证桥 CA 权威性和公正性的基础,尤其是桥 CA 证书签发系统的安全性。因此,需要采用入侵容忍技术,同时要求对桥 CA 系统作全面的安全性设计。

⑤可扩展性:桥 CA 系统的设计在各项技术、产品性能、系统容量等方面要充分考虑到可扩展性。

(3)系统结构

CNBCA 的系统结构如图 8.15 所示。

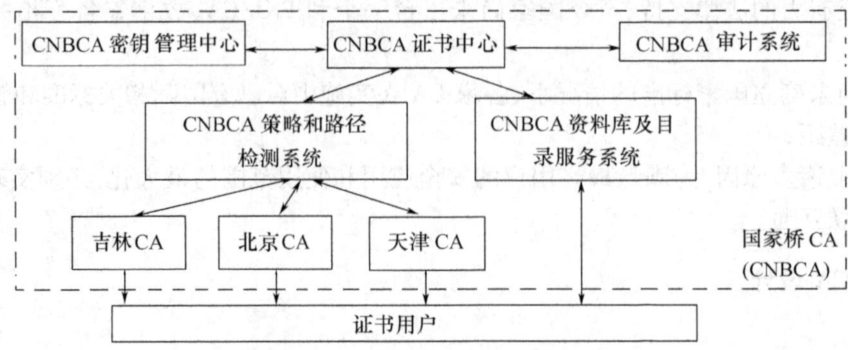


**图 8.15 中国国家桥 CA 系统结构**

(4)操作流程

BCA 系统操作流程实际上就是 BCA 与申请入桥的 CA 之间进行交叉认证的过程,整个系统操作流程如图 8.16 所示。

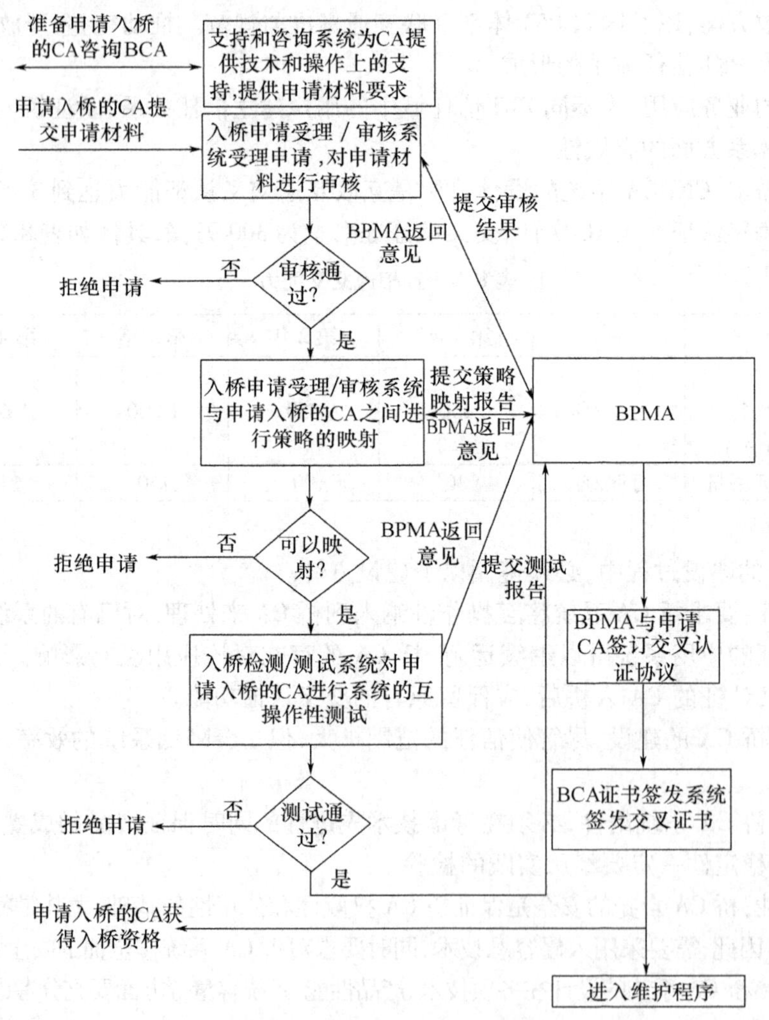


**8.16 CNBCA 系统操作流程图**

整个流程主要包括五个步骤。

①向准备申请入桥的 CA 提供支持和咨询

与 BCA 进行交叉认证需要准备很多策略和技术文档,所以准备申请入桥的 CA 在提出申请前可以到 BCA 支持和咨询机构进行咨询,该机构将会给 CA 提供全部申请资料内容和格式要求,并指导申请资料的填写。

②入桥 CA 的申请受理和审核

申请入桥 CA 准备好所有申请资料后,可以向入桥申请受理/审核系统提出申请。入桥申请受理/审核系统完成资料的录入和初步检查,并对申请资料进行审核,审查 CA 是否符合申请条件,并向 BPMA 提交入桥 CA 资料和相应的审核报告。

如果 BPMA 同意入桥 CA 的申请,入桥 CA 申请受理和审核系统将比较 BCA 的 CP/CPS 和申请 CA 的 CP/CPS,进行两者之间的策略映射,并向 BPMA 提交策略映射报告,如果 BPMA 同意进行映射,将进入下一步 CA 的测试。

如果 BPMA 不同意入桥 CA 的申请,则入桥 CA 申请受理和审核系统会拒绝申请 CA 的申请请求,并给出相应的理由。

③入桥 CA 的检测和测试

上面的审核完成后,入桥检测/测试系统将对申请 CA 的互操作性进行测试,测试完成后向 BPMA 提交测试报告,如果 BPMA 同意测试通过,将进入最后的签订协议和互相颁发交叉证书的阶段。

④签发交叉证书

所有的审查和测试完成后,BPMA 将与申请 CA 签订交叉认证协议,并由 BCA 证书签发系统对申请 CA 颁发交叉证书,同时申请 CA 也给 BCA 颁发交叉证书。

⑤进入维护程序

BCA 与申请入桥的 CA 完成交叉认证后,为了保证入桥 CA 能够遵守交叉认证协议,将针对每个交叉认证进行程序维护。维护程序涉及的操作包括:

a. 服从检查,入桥申请受理/审核系统定期检查入桥 CA 是否服从签订的交叉认证协议。并向 BPMA 提交服从检查报告。

b. 更新和中止交叉认证,如果交叉认证即将到期,BPMA 将与入桥 CA 协商是否继续进行交叉认证,如果同意更新交叉认证,BCA 证书签发系统将对交叉证书进行更新。

如果 BPMA 检查发现入桥 CA 不服从交叉认证协议,将中止交叉认证,BCA 证书撤销系统将撤销已经签发的交叉证书,并产生新的证书撤销列表。

上面介绍的 CNBCA 系统的整个操作流程都受到 BPMA 的指导和管理。每一步操作都需要得到 BPMA 的认可才能进行下一步的操作。BPMA 的认可有如下两种情况。

a. 无条件认可:可以直接进入下一步操作。

b. 有条件认可:在进入下一步操作前需要对申请 CA 进行一些改进。

任何一个操作如果没有得到 BPMA 的认可,申请都将会被拒绝,并及时通知给申请者。

## 8.3　双证书和 SSL/TLS 安全

在 PKI 技术规范发展的过程中形成了单证书机制和双证书机制两种。近年来,在欧洲等国家又掀起多证书协议的研究，但相对还不成熟，管理手段也不完善，因此不作为本文讨论的重点。单证书机制是目前广泛存在和应用的证书机制，因此也不作为本文讨论的重点。这里主要讨论双证书机制的实现以及应用它对 TLS 协议进行安全性改进的相关工作。

### 8.3.1 双证书

随着 Internet 的不断发展和电子商务、电子政务的应用越来越广泛，信息在网络传输上的安全性要求越来越高。网络上的身份识别、信息的数字签名和信息加密变得越来越重要。原来普遍通用的基于单密钥对、单电子证书的安全体系已经无法满足越来越高的安全需求。支持双证书、双密钥对(甚至多证书、多密钥对)功能已经变成 PKI 体系中的一项基本要求。双证书就是为每个用户发放两对密钥，每对密钥对应着一张证明其真实性的数字证书。通常，两对密钥中的一对用于加密操作，另一对用于签名操作。随着 PKI 在规模和功能上面的逐步扩展，一个 PKI 实体拥有两个(或多个)密钥对的情况将会成为一种非常典型且普遍的情况。

目前，随着应用环境的变化以及安全层次的提高，PKI 已得到进一步的发展，其一是由原先的单证书机制演变到双证书机制，就是用户可以拥有签名证书和加密证书，这可以解决原来由于证书更新而引起的 PKI 操作环境不稳定和不安全的问题。

### 8.3.2 双证书机制的优点

一个实体拥有两个(多个)密钥对在许多情况下是完全合理的。反之，用一个密钥对来满足 PKI 实体在任何时间、任何情况和任何角色的所有需求的方法，在实际应用中也遇到更大的困难。采用双证书(双密钥对)机制与采用单证书(单密钥对)机制相比较，具有如下主要的优点。

**1. 支持密钥备份和抗抵赖的需求**

在单证书系统中，用户采用同一对密钥进行数字签名和信息加密。为了保证签名密钥的不可否认性，不能将这对密钥备份在第三方。这样，用户由于害怕因为密钥的丢失(如忘记保护密钥的口令等)而导致无法解密重要信息的情况发生，常常不敢对重要的信息进行加密处理。

在双证书系统中，用户的签名密钥和加密密钥是分开的。签名密钥由用户自己保存，对第三方是保密的。加密密钥可以在第三方备份，当用户的加密密钥丢失时，如忘记密钥保护口令，用户可以从第三方将密钥恢复。这样用户就不用担心由于加密密钥的丢失而导致加密信息的丢失。

**2. 对于加密和数字签名采用不同算法的需求**

在单证书系统中，用户采用同一对密钥进行数字签名和信息加密，加密操作和签名操作也采用同样的算法和密钥强度。这样就无法满足用户关于签名密钥对和加密密钥对采用不同算法和密钥强度的需求。而在双证书系统中，签名密钥对和加密密钥对是分开的。对两对密钥中的任何一对密钥，用户都可以任意指定算法和密钥强度，应用更加灵活。

**3. 更新加密密钥对，管理解密密钥历史和更新签名密钥对，销毁签名密钥的需求**

对于签名密钥对，密钥过期后，应该更新签名密钥对，同时必须将原来的签名密钥销毁，以防止第三方冒充签名。在密钥过期后,应该更新加密密钥对,同时将原来的解密密钥归档。通过对密钥历史的管理,可以防止由于用户历史解密密钥的丢失而无法解密历史信息的情况发生。

在单证书系统中,解密密钥和签名密钥是相同的。如果将签名密钥销毁,因为没有签名密钥历史记录,就无法解密以前使用该密钥加密的信息,如果该密钥备份存档,又不符合销毁签名密钥的要求。因此,单证书(单密钥对)机制无法满足既备份解密密钥又销毁签名密钥的需求。

双证书系统中,解密密钥和签名密钥是不同的。可以充分满足在密钥到期时,更新加密密钥对,管理解密密钥历史和更新签名密钥对,销毁签名密钥的需求。

## 8.3.3 双证书机制的实现

双证书机制中最重要的部分是双证书的格式与双证书的管理机制,是我们研究的重点。双证书均采用 ITU - T X.509 标准中规定的证书格式。与其他证书不同的是密钥用法扩展域。签名证书的密钥用法扩展域标识为该证书所对应的密钥对只可以用作数字签名和验证签名操作;而加密证书密钥用法扩展域标识为该证书所对应的密钥对只可以用作对信息的加密和解密操作。对于双证书的管理也有两种方式。

(1)将两张证书封装到一个证书文件中,该文件中还保存与两张证书相关的证书控制信息,如拥有证书的用户的信息、证书存储库的地址等。这些信息可以使用户很方便地获取证书的状态,维护证书的有效性。但在实际应用中,证书文件的文件格式并不都一致,因此需要专用的客户端证书管理软件对双证书进行管理。目前多数安全应用的双证书都采用这种方式,这也是本节讨论的重点。

(2)使用分别独立的两张证书,通过应用程序将这两张证书进行关联。在应用时由应用或用户自身判断使用哪张证书。这种做法虽然可以不需要专门的证书管理软件,但对于两张证书的管理具有一定的复杂度,需要用户更多地参与证书管理工作。

在 X.509 中,签名证书和加密证书的区别主要体现在扩展域 Keyusage,签名证书的 KeyUsage = {Digital Signature},加密证书的 KeyUsage = {Key EncIPherment},所以实际应用中,用签名证书识别身份,加密证书加密数据或交换密钥。

### 1. 双证书的格式

采用上节中(1)方式的双证书机制定义双证书的格式如下。

```
[MAIN]
Version = 版本号
! Password = 用户口令(加密存放)
[PERSONAL]
Alias = 用户别名
! AuthCode = 用户授权码
! SignCertificate = 签名证书
! SignPrivateKey = 签名私钥(机密存放)
! CryptCertificate = 加密证书!
CryptPrivateKey = 加密私钥(加密存放)
CRLDP = 0
```

文件中定义的各个字段的含义解释如表 8.3 所示。

**表 8.3 文件中定义的各字段含义解释**

| 字段名称 | 注释 |
|---|---|
| [MAIN] | 文件中证书信息的入口 |
| Version = 版本号 | 使用的 ITU - T X.509 的版本信息 |
| ! Password = 用户口令(加密存放) | 用于保护该文件的用户口令 |
| [PERSONAL] | 文件中关于用户个人信息的入口 |
| Alias = 用户别名 | 用户的别名(全局唯一) |
| ! AuthCode = 用户授权码 | 用户用于管理证书(下载、注销)的号码 |
| ! SignCertificate = 签名证书 | 签名证书 |
| ! SignPrivateKey = 签名私钥(加密存放) | 用户用于数字签名的私钥 |
| ! CryptCertificate = 加密证书 | 用户用于信息加密的证书 |
| CryptPrivateKey = 加密私钥(加密存放) | 用户用于解密数据的私钥 |
| CRLDP = 0 | 证书注销的分布点位置 |

**2. 双证书机制中证书及配置文件的申请**

(1)双证书用户到证书注册机构(RA)提出关于双证书的使用申请;

(2)RA 审核用户身份的合法性;

(3)RA 审核通过后,为用户提供签名证书的 RefNum/AuthCode;

(4)在 RA 处,通过证书申请终端,用户输入 RefNum/AuthCode 及用于保护用户私钥的口令;

(5)RA 为用户生成签名证书的申请书;

(6)RA 以安全方式将用户私有信息保存在本地数据库中;

(7)RA 向证书签发服务器(Authority)发出签证申请,并以安全方式将用户信息传给 Authority;

(8) Authority 验证 RefNum/AuthCode 及用户签名证书的申请书;

(9) 验证通过;

(10)向密钥管理中心(KMC)发送密钥申请请求,同时将用户口令以安全方式传递给 KMC;

(11)KMC 为用户生成加密密钥对,将该密钥对发送至 Authority;

(12)Authority 签发加密证书;

(13)Authority 签发用户签名证书;

(14)Authority 保存用户数据;

(15)Authority 在其证书发布服务器上面发布用户签名证书及加密证书;

(16)通知 RA。

**3. 双证书机制中证书及配置文件的下载**

双证书用户只能通过专用的客户端软件下载签名证书、加密证书及加密私钥。具体的流程如下。

(1)用户在双证书客户端软件中输入签名证书的用户识别码(RefNum)和授权码(AuthCode);

(2)客户端软件以安全方式将 RefNum/AuthCode 传给 Authority;

(3)Authority 验证用户身份通过;

(4)Authority 向 KMC 请求相应加密证书的私钥;

(5)Authority 检索用户签名证书及对应的加密证书;

(6)Authority 检索用户加密证书的 RefNum/AuthCode;

(7)将用户信息安全传给客户端软件;

(8)客户端软件根据用户要求,制作证书文件。

## 8.4 ECIA:一个高效 CRL 发布机制

随着公钥基础设施(PKI)规模的扩大和用户数量的增加,运行和管理一个大型的 PKI 体系面临着很多未解决的问题。这些问题包括如何将独立的认证中心(CA,Certification Authority)连接起来,实现交叉认证;如何将证书的状态信息高效地发布出去;等等。1994 年美国 MITRE 公司的 PKI STUDY 的报告中指出,证书状态信息的发布所导致的系统开销可能成为一个大型 PKI 体系开销最不容忽视的方面。

针对 PKI 体系中证书注销信息的发布问题,可提出一种基于 CRL 的高效的证书状态信息发布模式,同时对这种模式进行定量的分析。为了更好地定义模式,现做出如下假设。

(1)证书的接收方仅在需要执行证书校验操作的时候向 CA 申请证书注销表(没有预先缓存 CRL);

(2)证书的接收方有很好的证书缓存机制(CRL 在过期之前一直有效);

对于任何一种选择,计算 CRL 的申请概率都是时间的函数。PKI 体系都存在一个专门用于处理证书注销请求的证书状态存储库。我们的目的是研究一种发布证书注销信息的机制来减小对 CRL 访问的尖峰负载,而不是降低对 CRL 访问的平均负载。

### 8.4.1 传统的证书注销表的发布机制(TCRL,Traditional CRL)

传统的对证书状态信息的发布机制是将 CA 签发的 CRL 阶段性地放入到一个 CRL 的存储数据库中(通常采用目录服务的方式来管理)。CRL 包括所有由该 CA 签发的、在证书有效期之内被 CA 注销的证书,CRL 的格式如下。

| 版本号 | CA 的数字签名 | 发行人 | 本次发行时间 | 下次更新时间 | 被注销证书的序列号表 |
|---|---|---|---|---|---|

其中每一个 CRL 均包含一个下次更新时间字段(NextUpdate),用它来表示下一次将要发布 CRL 的时间。安全通信过程中任何需要证书状态信息的信任方(Relying-Parties),都要从存

储 CRL 的数据库中获取和检索当前的 CRL。为了提高 PKI 的性能,应该将 CRL 的副本分布存储在多个站点上面。为了研究方便,我们这里假定一个 PKI 体系内的所有对 CRL 的请求方均从同一个存储 CRL 的数据库中获得 CRL。若 CRL 分布存储在多个站点上,则每一个站点 CRL 的存储库的负载大致是总负载数除以 CRL 的存储数据库数目。

CRL 存储数据库的负载,用一段时间内对 CRL 存储数据库中 CRL 表的访问率来表示。对于传统的 CRL 发布机制,每一个信任方在执行证书校验操作时才需要检索和获取最新的 CRL。当信任方检索和获得最新的 CRL 以后,它将不再访问 CRL 数据库,直到新的 CRL 发布出来。新 CRL 的发布时间主要是根据当前 CRL 中的下次更新时间字段确定。因此,在一个 CRL 有效的时间段内(例如,现在),每一个信任方只需要访问 CRL 存储数据库一次,就是在新的 CRL 发布后,信任方第一次进行证书校验的时刻。

为了评价传统 CRL 发布机制中 CRL 存储数据库的负载(即对 CRL 访问的概率),我们必须知道一个信任方进行证书校验操作的密集度函数。如果一个 CA 在时刻 0 发布了一个新的 CRL,我们可以确定如下事实:对于任意时刻 t,信任方均有可能在此时刻进行第一次证书校验操作。如果信任方的数目达到一定的数量,则我们可以假设对证书校验操作的次数是相互独立的。基于这样一种假设,一个指数密度函数可以用来描述对校验操作的定时评价。在这样一个模型下,一个信任方第一次试图进行证书校验操作将发生在区间[$t \cdots t+\mathrm{d}t$]内,当 $\mathrm{d}t \to 0$ 时,有

$$ve^{-vt}\mathrm{d}t \tag{8.1}$$

这里 $v$ 是校验率(即单位时间内,信任方试图校验证书的平均数量)。因为每一个信任方在 0 时刻后第一次进行证书校验操作时下载了一个 CRL,这个公式也描述了任何已知的信任方在[$t \cdots t+\mathrm{d}t$]时间间隔内对 CRL 存储数据库的访问率。如果此时有多个信任方同时执行证书校验操作,例如数目为 $N$,同时分布在 $\mathrm{d}t$ 时间段上,则 $t$ 时刻对于 CRL 存储数据库的访问率 $R(t)$ 为

$$R(t) = N \cdot v \cdot e^{-vt} \tag{8.2}$$

图 8.17 描述在 24 小时内,使用传统方法发布 CRL 时,信任方对 CRL 存储数据库的访问率。图中假设在时刻 0 发布了一个新的 CRL,即 CRL 的发布周期为 24 小时图中也假定了信任方的数量 $N$ 为 300 000,每个信任方平均每天校验十张数字证书。

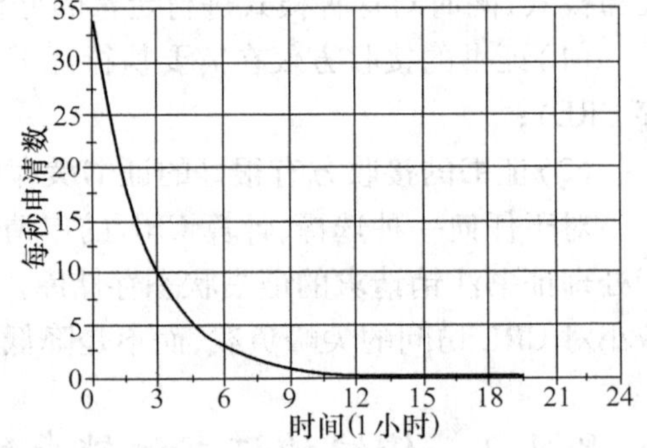

**图 8.17 常规 CRL 的查询率**

## 8.4.2 改进的 CRL 发布机制 ECIA(Efficient CRL Issuing Algorithm)

在图 8.17 中可以发现,使用传统的 CRL 发布机制存在着一个潜在的问题,即被每个信任方缓存的 CRL 均在同一个时刻同时过期。假设在当前 CRL 过期的一瞬间,一个新的 CRL 发布出来后,每一个信任方均可在此时进行证书校验操作,即要从 CRL 存储数据库中获取一个新的 CRL。由此可见,一个新 CRL 发布出来以后,在一段时间内都存在着一个相对较高的 CRL 访问率,之后该访问率以指数形式下降。如果 CRL 在一个相当长的时间内有效,则存储

CRL 的数据库在一个相当长的时间内是不可用的。实际上一个 CRL 有效的时间越长，在这段时间内获取该 CRL 的 PKI 应用就越多，因此该 CRL 过期时，可能导致 CRL 更新时的负载就越高。正如图 8.17 中显示的那样，CRL 的访问率从 34.72 个/秒开始，在 12 小时后降到 0.24 个/秒。在 24 小时后，请求率仅有 $1.6\times10^{-4}$ 个/秒。

从上面的分析可以看出，减小对 CRL 存储数据库访问的尖峰负载的一个有效办法是分散 CRL 的访问请求。因此可以采取一种新的 CRL 发布机制，使各信任方得到的 CRL 不在同一时刻过期，从而保证各信任方发出 CRL 的更新请求不在同一时刻，以降低 CRL 存储数据库的尖峰负载。

应用传统的 CRL 发布机制，仅在当前使用的 CRL 的下次更新时间字段所标识的时间到达之后，一个新的 CRL 才会发布。信任方所缓存的 CRL 的下次更新时间字段的时间到达之后，所有信任方都可能有证书校验操作，都向 CRL 存储数据库发起 CRL 更新请求，会导致 CRL 存储数据库过高的访问负载。如果我们在一个 CRL 过期之前提前发布一个新的 CRL，则该 CRL 发布之后来访问 CRL 存储库的信任方取回的 CRL 是这个新的 CRL。此时，另一些已经获得 CRL 的信任方仍然应用前一个 CRL。这样就将信任方分成了若干个组，每一个组中的信任方缓存的 CRL 具有相同的更新时间，不同组中的 CRL 具有不同的更新时间，不同组发布和更新 CRL 的时间是不一样的。通过这种方法，我们将各信任方进行 CRL 更新的时间分散开，从而降低了 CRL 存储数据库访问的尖峰负载。图 8.18 显示了用新算法发布 CRL 时的 CRL 存储数据库的负载状况。

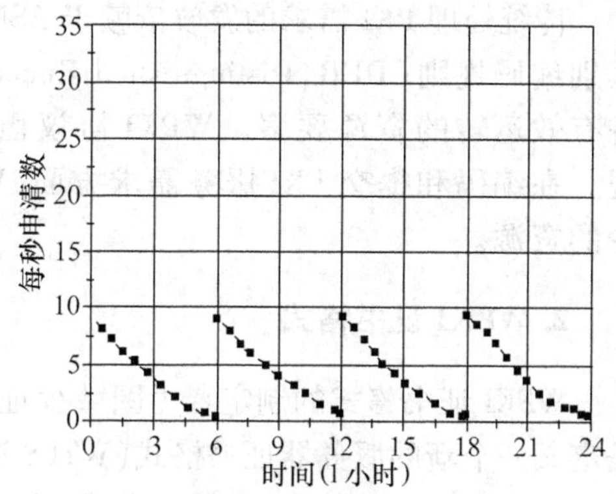


**图 8.18　改进后的 CRL 查询率**

图 8.17 和图 8.18 形象地显示了 ECIA 同传统的证书注销表发布机制的缺点与优点。同时可以看出，这种证书注销表发布机制的尖峰负载主要取决于信任方对 CRL 的校验率和 CRL 的有效期。一般地，信任方高的证书校验率和长的 CRL 有效期将提高 CRL 访问的尖峰负载。

# 8.5　无线 PKI(WPKI)

与有线通信相比，无线通信在通信设备的尺寸和使用者的位置上提供了更大的便利性。目前为止，无线设备给人们提供的服务主要是语音服务。无线应用协议(WAP, Wireless Application Protocol)使移动设备可以连入 Internet。WAP 标准定义了个人无线设备的应用程序框架结构和网络协议，其目的就是给无线设备提供更多的数据服务，如 Internet 浏览和事务处理等。WAP 定义了 Internet 与无线设备数据传输的标准，因而电子商务也可以使用无线设备作为传输媒介。移动电子商务(Mobile Commerce，或 M - Commerce)就是使用无线设备的电子商务。WAP 协议通过定义无线设备的 Internet 数据传输标准确保移动商务的安全。移动商务和电子商务都有特殊的安全需求，密码技术和 PKI 服务可以最大限度地满足这种需求。WPKI

(Wireless Application Protocol PKI)是有线 PKI 的一种扩展,适合无线环境下应用。

### 8.5.1 无线 PKI 与传统 PKI 的比较

在 WPKI 中,代替 RA 的功能组件是 PKI 门户(PKI Portal),它是一个网络服务器,与 WAP 网关类似,其逻辑功能与 RA 一样,负责把 WAP 客户的需求转发给 PKI 中的 RA 和 CA。WML 是优化的 HTML,WTLS 是优化的 TLS,WPKI 也是对 IETF PKIX 标准的优化,使之更适合无线环境。WPKI 与 PKI 的主要区别体现在 WPKI 对 PKI 的优化方面。WPKI 对 PKI 的优化主要有以下三个方面。

**1. WPKI 编码规则**

传统处理 PKI 需求的发放依赖于 ASN.1 的基本编码规则(BER,Basic Encoding Rules)和区别编码规则(DER,Distinguished Encoding Rules)。BER 和 DER 所需的资源比 WAP 设备有效运转的资源要多。WPKI 协议由 WML 和 WMLSCrypt(WML ScrIPt Crypto API)实现。在编码和提交 PKI 服务需求方面,WML 和 WMLSCrypt 中的 signText 机制确保耗费较少的资源。

**2. WPKI 证书格式**

WPKI 证书格式的制定者力图减少证书的大小,使之需要更少的存储空间。方法之一就是定义一个新的服务器证书格式(WTLS 证书格式),与标准的 X.509 证书相比,WTLS 格式证书的长度有很大的减小;另外一个减小证书长度的方法是使用椭圆曲线密码系统(ECC,EllIPtic Curve Cryptography)。与其他签名方案相比,使用 ECC 密码系统的证书长度要比其他的小 100 字节。另外,WPKI 也严格限制证书其他数据字段的长度。WPKI 证书格式是 PKIX 证书格式的一个子集,因此,证书在它们之间可以互用。

**3. WPKI 的加密算法和密钥**

WAP 安全标准也可以支持传统的数字签名方案,如 RSA,但由于 WAP 应用环境中硬件能力的限制,在无线设备上难以实现它们。与 ECC 相比,传统的签名方案需要更多的处理能力、内存和存储空间,ECC 密码系统更适合在无线设备中使用。同样强度的密钥(指的不是穷举密钥攻击),ECC 的密钥长度(163 比特)只是其他方案的六分之一(1024 比特)。WAP 的安全标准全面支持 ECC,并且 WAP 设备制造商也接受 ECC。在穷举密钥攻击的情况下,163 比特密钥的安全性比 1024 比特的密钥要低得多。即使 163 比特的密钥长度对穷举密钥攻击是绝对安全的,穷尽 163 比特的密钥个数有 $1.156\times10^{49}$ 个,按每秒钟测试 1 亿个密钥计算,也要花费 $3.6\times10^{32}$ 年。

无线通信在电子商务中扮演越来越重要的角色,无线环境不再是孤立的,WAP 标准已经将它和 Internet 连在一起。不论有线还是无线环境,电子商务的安全都有保证,而 PKI 总是在电子商务的安全中起重要的作用。WPKI 是传统 PKI 的一个扩展,包括大多数 PKI 的技术和概念。同 WAP 中所有的安全和应用服务一样,WPKI 必须用更有效的密码系统和数据传输技术优化,以适应个人无线设备硬件运算能力和无线网络的窄带宽。

## 8.5.2 WPKI 小证书(Mini-Cert)的实现

根据无线 PKI 论坛的无线证书格式标准,定义 WPKI 小证书的格式如表 8.4 所示。

**表 8.4 WPKI 小证书的格式**

| 证书内容项 | 说明 | 长度(字节) | 例值 |
|---|---|---|---|
| version | EXPLICIT | 1(无长度指示) | 01(无扩展域) |
| Signature Algorithm | Algorithm Identifier | 1(无长度指示) | 02(RSA_SHA) |
| Issuer | | | |
| Identifier Type | Character Set RFC1345 | 1(无长度指示) | 01(textual) |
| Character Set | Character Set RFC1345 | 2(无长度指示) | 0004(INNA) |
| Length | NAME 长度值 | 1 | 41 |
| Name | Issue Name | 可变 | |
| Time | UNIX | 8(无长度指示) | |
| Subject | | | |
| PublicKey Type | Algorithm Identifier | 1(无长度指示) | 02 |
| Exponent Length | 定义后边 e 值的大小与所选算法有关 | 3 | 000003 |
| Modules Length | 定义公钥长度 | 2 | 0080 |
| n | 公钥 | 128 | |
| Signature(Root) Length | CA 的签字长度 | 2 | 0080 |
| Signature | CA 的签字 | 128 | |

### 1. 无线证书格式的具体定义

```
char version; //01 - 没有包含任何扩展
char sig_nalgorithm; //02 - RSA_SHA1
//Issuer 信息:
```

```
char i_identifier_type; // 01 text value name with character set
char i_character_set[2]; //0004 IANA(RFC1345)
//Issuer DN:
char issuer_name_length; /* 长度指以下所有的和,不含自己 */
char i_countryName[32]; //可变
char i_stateName[32]; //可变
char i_provinceName[32]; //可变
char i_organizationName[32]; //可变
char i_organizationalUnitName[32]; //可变
char i_commonName[32]; //可变
char i_serialNumber[36]; /* issuer_name_length 长度到此为止
以上 32 位字符串在处理时,根据实际的长度计算。
算法:对于字符数组初始化时,写入 FF
从 PKCS#10 包中读取的数据放入数组中,判断 FF 为结束符。 */
char certificate_time[8]; //有效期(Non_UTCTime)
//Subject 信息(同 Issuer):
char s_idenfifier_type;
char s_character_set[2];
//Subject DN:
char subject_name_length; /* 长度如上含义 */
char s_countryName[32];
char s_stateName[32];
char s_provinceName[32];
char s_organizationName[32];
char s_organizationalUnitName[32];
char s_commonName[32];
char s_serialNumber[36]; /* JIT ,VERSION 为 32 位 */
char public_key_type; //02 - RSA
char e_length[3]; //00 00 03
char e_value[3];
char modulus[2]; //128
char modulus_n[128];
char digest;
char signature_length;
char signature[128];
```

**2. 经过 PEM 编码后的无线 CA 的证书**

——BEGIN WTLS CERTIFICATE——

AQIBAARBQzlDSC9PPWtleW9Ul09VPVRlc3QgUHVycG9zZXMgT25seS4Gtm8gQXNzDXJhbm

N1cy9DTjlXVExTIFRlc3QgQ0E4ouFiQgji4gEABEFDPUNIL089a2V5b24v

T1U9VGVzdCBQdXJwb3NlcyBPbmx5LiBObyBBc3N1cmFuY2VzL0NOPVdUTFMgVGVDCBDQ QIAAAMBAAEAgKAIUxFl4Dotnqsa7B8TkZA7FD8xC9vgilvFbSxD/oRdP419 + kBvdZ4hE72HXnlE XX7dEBjSFQfPqrH6f5zNGZLDcbs8RhMX3Va12PwoF3DvsIPDAAZ7P4O8hOxglZ5EFDt5vlShEOZD vmgSm9o57ZsI + dTIKixLvRwtqmpMHqC/AIBkCPU4qA345SZ3CjdkYZZc9FJ25tIZcLPMctjmvXwvp hfukFo7G + ayV95GpelrmDTaOJ + 4e8a + 8YlnPU2rqs87AMnxpyTHZMltUep0mVZugZzhiYTWOyA Rzq75teApVT5d

INsBsXGSayAedle1PWWM + jFKBhl4/qnupOShb5iQ7g = =

——END WTLS CERTIFICATE——

certificate_version = 01

signature_algorithm:rsa_sha

Issuer {

identifier_type:01

character_set:0004

name:C = CH/O = JIT/OU = TestPerposesOnly. No Assurances/CN = WTLS Test CA}

Not Valid defore:Thu Feb 10 17:03:46 2000

Not valid after:Tue Feb 8 17:03:46 2005

Subject {

identifier_type:01

character_set:0004

name:C = CH/O = JIT/OU = Test Purposes Only. No Assurances/CN = WTLS Test CA}

m_pulicKeyType:rsa

Length of the public exponet e = 3 bytes

Length of the public modulus n = 128 bytes

00000000　A0 08 53 11 65 E0 33 AD 9e AB 1A ED BF 2D 2B 36

00000010　BB 15 DF 31 0B DB E0 8B 5B C5 6D 2C 43 FE 84 5D

00000020　3F 8D 7D FA 40 6F 75 9E 21 13 BD 87 5E 7D 44 5D

00000030　7E DD 10 18 D2 15 07 CF AA B1 FA 7F 9C CD 19 92

00000040　C3 71 BB 3C 46 13 17 DD 56 B5 D8 F5 A8 17 70 D5

00000050　B2 2A 43 00 06 7B 3F 83 DB 84 EC 60 95 9E 44 14

00000060　3B 79 BF 54 A1 10 E6 43 BE 68 12 9B DA 39 ED 9B

00000070　08 F9 D4 C8 2A 2C 4B BD 1C 2D AA 6A 4C 1E A0 BF

Fingerprint:

00000000　4D 7C B2 F7 E5 76 9C 83 6D DB C8 23 16 2E C7 D8

00000010　8C 18 45 0B

### 8.5.3　无线安全认证系统 WSCA 的设计

在定义了无线应用中数字证书的格式后，我们针对具体的应用设计并实现了一套无线安全认证系统——WSCA。下面从系统概述、CA 证书业务流程、证书应用流程三个方面提出 WSCA 的具体设计。

**1. 系统概述**

通常,无线安全认证系统组成如图 8.19 所示。密钥管理系统、签发服务系统和注册系统的搭建和初始化与通用的有线 CA 系统的相关部分相同。无线安全认证系统的设计和开发以通用的(现有的)CA 产品为基础,采用目前无线环境下可行的开发技术,增加相应的手机证书和 WTLS 证书的管理模块,实现对手机证书和 WTLS 证书的各个管理功能。无线安全认证系统(WSCA)由密钥管理系统、签发服务系统、注册系统、发布系统、查询系统、WTLS 证书门户、制证系统等几个子系统组成。无线安全认证系统的设计和开发中将把开发和设计 JAVA 环境下的加密模块作为开发工作的主要内容。

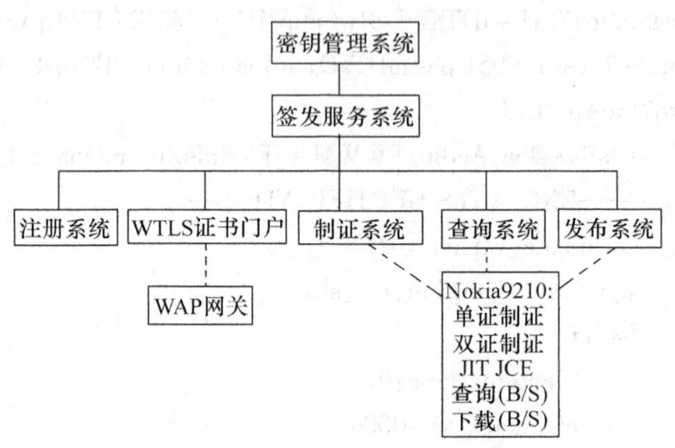


**图 8.19 无线安全认证系统**

密钥管理中心采用硬加密设备,利用硬加密设备的特性,即主密钥不认任何形式出现在加密设备之外的优点,将用户信息以该密钥、设备加密密钥、管理服务器的密钥加密密钥和主密钥处理后存放于数据库中,而加密设备的主密钥由在工作中,工作性质互斥的三位主用户来管理,从而保证数据的可靠性。在该设计中采用符合我国国家密码管理政策的密钥管理中心系统。

签发服务系统(Authority)是整个 WSCA 系统的核心部分,它不但负责签发证书及 CRL,还管理中央数据库,对其他模块提出的请求给出应答。Authority 在整个 CA 系统中处于主导地位,享有最高的安全级别。Authority 的主要功能包括对 CA 证书和私钥(包括根证书)的管理,对数据库、LDAP 进行管理以及对人员权限的管理。签发服务系统主要具有如下功能。

(1)接受经过 WTLS 证书管理门户转发过来的 WAP 网关或 WAP 服务器的证书申请 request10,根据 WTLS 证书的格式签发 WTLS 证书,并将 WTLS 证书发给 WTLS 证书管理门户,同时对处理过程中的适当信息进行存储,但 WTLS 证书不需发布到目录服务器。

(2)接受手机证书注册服务器发来的手机用户注册的主要信息,根据此信息,进行相关数据库的管理,并发给注册服务器用户的参考号和授权码,此处的参考号和授权码的长度设置不能超过 8 个 16 进制数。

(3)接受经过单证制证门户转发过来的用户单证的制证信息,根据制证信息对用户进行确认,签发用户证书,发布用户证书至目录服务器,并将用户证书发给单证制证门户。

(4)接受经过双证制证门户转发过来的用户双证的制证信息,根据制证信息对用户进行确认,签发用户证书,发布用户证书至目录服务器,并将用户证书发给双证制证门户。

手机证书注册系统的主要功能是负责无线安全认证系统的申请注册、审核机构,是系统中的重要组成部分,完成用户对证书申请、注销、更新请求的处理,处理包括请求信息的录入、审核、查询等管理功能。

证书发布系统负责完成证书的对外公布和证书下载,包括证书在目录服务器、WEB 服务器、WAP 服务器中的公布以及配合完成终端证书的下载过程。

证书在线查询系统,主要为基于证书的应用系统提供在线证书状态查询服务。应用系统主要通过系统提供的开发工具包与 OCSP 服务器进行实时在线连接进行查询。无线安全认证系统利用 OCSP 服务器,开发手机端的 OCSP 模块,同时提供手机端的 OCSP 类库。

WTLS 证书管理门户是 WTLS 证书管理门户服务器、配置和状态管理终端。WTLS 证书管理门户服务器主要完成在签发服务器和 WAP 网关或 WAP 服务器之间的信息转发和格式转换,配置和状态管理终端主要完成 WTLS 证书管理门户服务器的配置文件的设置,以及通信记录的管理。

单证制证系统包括单证制证门户和单证制证终端,单证制证门户包括单证制证门户服务器与配置和状态管理终端,单证制证门户服务器主要完成签发服务器和 WAP 网关或 WAP 服务器之间的信息转发和格式转换。配置和状态管理终端主要完成单证制证门户服务器的配置文件的设置,以及通信记录的管理。单证制证终端主要利用手机端的密码类库产生用户证书的密钥,并利用用户输入的授权码和参考号、公钥等信息进行安全封装,将封装的信息发给单证制证门户服务器,接受单证制证门户服务器发来的证书,并对证书进行安装。

双证制证系统包括双证制证门户和双证制证终端,双证制证门户包括双证制证门户服务器和配置与状态管理终端,双证制证门户服务器主要完成签发服务器和 WAP 网关或 WAP 服务器之间的信息转发和格式转换。配置和状态管理终端主要完成双证制证门户服务器的配置文件的设置,以及通信记录的管理。双证制证终端主要利用手机端的密码类库产生用户证书的密钥,并利用用户输入的授权码和参考号、公钥等信息进行安全封装,将封装的信息发给双证制证门户服务器,接受双证制证门户服务器发来的双证书和加密过的加密私钥,然后对加密过的加密私钥进行解密,安装双证书并对加密私钥保护存储。

**2. 证书业务流程**

(1)单证书申请:

①用户到 RA 注册;

②获得参考号和授权码;

③用户打开手机,通过拨号连接到单证制证门户;

④和单证制证门户建立连接;

⑤输入参考号和授权码;

⑥手机端产生签名密钥对;

⑦产生 Request10;

⑧产生 Request10 的 MAC;

⑨形成签发服务器所需的 Request;

⑩单证制证门户接受和解析 Request;

⑪单证制证门户从签发服务器获取授权码;

⑫单证制证门户验证 Request 中 MAC;

⑬向签发服务器发送 Request;

⑭签发服务器解析 Request；

⑮签发服务器签发用户证书；

⑯签发服务器返回 result 给单证制证门户；

⑰单证制证门户返回 result 给手机；

⑱手机解析 result；

⑲证书以 DER 编码本地存储（文件）；

⑳签名私钥以 EncryptedPrivateKey 的 DER 编码存储（文件）。

（2）双证书申请：

①用户到 RA 注册；

②获得参考号和授权码；

③用户打开手机，通过拨号连接到双证制证门户；

④输入参考号和授权码；

⑤和双证制证门户建立连接；

⑥输入参考号和授权码；

⑦手机端产生签名密钥对和临时密钥对；

⑧产生 Request10；

⑨产生 Request10 的 MAC；

⑩形成签发服务器所需的 Request；

⑪双证制证门户接受和解析 Request；

⑫双证制证门户从签发服务器获取授权码；

⑬双证制证门户验证 Request 中 MAC；

⑭向签发服务器发送 Request；

⑮签发服务器解析 Request；

⑯签发服务器签发用户签名证书；

⑰签发服务器向密钥管理中心发送申请密钥的 request（包括用户的临时公钥）；

⑱密钥管理中心接受 request；

⑲密钥管理中心产生加密密钥对和密钥加密密钥；

⑳密钥管理中心利用密钥加密密钥对加密密钥对进行加密，用用户的临时公钥对密钥加密密钥加密形成 result；

㉑密钥管理中心返回 result 给签发服务器；

㉒签发服务器解析 result，签发加密证书；

㉓签发服务器返回 result 给双证制证门户；

㉔双证制证门户返回 result 给手机；

㉕手机解析 result；

㉖签名证书和加密证书以 DER 编码本地存储（文件）；

㉗签名私钥和加密私钥以 EncryptedPrivateKey 的 DER 编码存储（文件）。

（3）WTLS 证书申请（WAP 网关先拥有自身的 X.509 数字证书）：

①WAP 网关基于 HTTPS 以网页方式提交 CSR（Certificate Signing Request：Request10）；

②WTLS 证书门户服务器解析 CSR；

③验证 CSR 并检查该 WAP 网关的付费情况；
④将 CSR 转换成签发服务器所需的 request 消息格式；
⑤签发服务器根据 request 签发 WTLS 证书；
⑥WTLS 证书门户服务器将 WTLS 证书以网页的形式转发给 WAP 网关。

## 8.6　本章小结

PKI 的目的是实现高效的证书和密钥管理，支持以公钥加密为基础的安全服务。它针对开放式互联网络环境设计，为实现松散实体间的相互认证和安全通信提供一个标准通用的公证机制。PKI 就是一个以公钥加密技术为基础、以数字证书为核心，为电子商务和电子政务等应用提供完善安全服务的标准基础设施。

# 第9章 VPN技术

## 9.1 VPN的基本概念

VPN(Virtual Private Network,虚拟专用网)是近年来随着 Internet 的广泛应用迅速发展起来的一种新技术,实现了在公用网络上构建私人专用网络。“虚拟”主要是指这种网络是一种逻辑上的网络。

VPN 对用户透明,用户感觉不到它的存在,就好像在自己的计算机和远程的企业内部网络之间使用了一条专用线路,或者在两个异地的内部网络之间建立连接,以进行数据的安全传输。虽然 VPN 建立在公共网络的基础上,但是用户在使用 VPN 时感觉如同在使用专用网络进行通信,所以称之为“虚拟”专用网络,如图 9.1 所示。

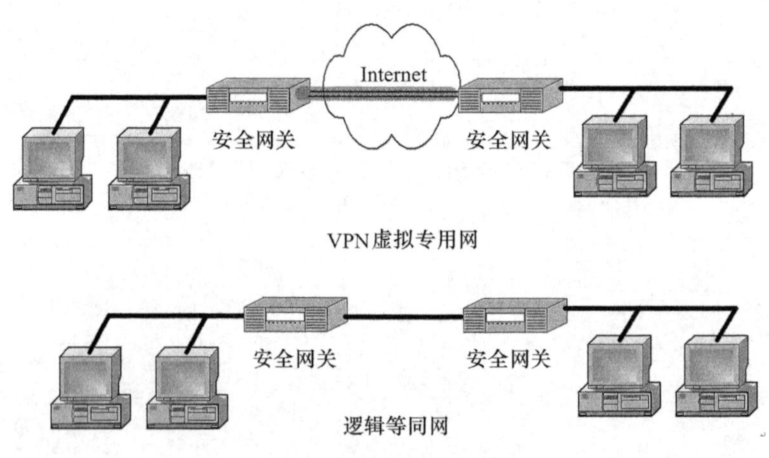


图9.1 VPN的连接示意图

## 9.2 VPN的系统特性

### 9.2.1 安全保障

虽然实现 VPN 的技术和模式很多,但所有的 VPN 均应保证通过公用网络平台传输数据的专用性和安全性。在非面向连接的公用 IP 网络上建立一个逻辑的、点对点的连接,称为建立一个隧道,可以利用加密技术对经过隧道传输的数据进行加密,以保证数据仅被指定的发送者和接收者了解。由于VPN直接构建在公用网上,尽管实现简单、方便、灵活,但其安全问题也更为突出。企业必须确保其VPN上传送的数据不被攻击者窥视和篡改,并且要防止非法用户对网络资源或私有信息的访问。Extranet VPN将企业网扩展到合作伙伴和客户,对安全性提出了更高的要求。

### 9.2.2 服务质量保证

VPN网应当为企业数据提供不同等级的服务质量保证(QoS)。不同的用户和业务对服务质量保证的要求差别较大。对于移动办公用户,提供广泛的连接和覆盖性是保证VPN服务的一个主要因素;对于拥有众多分支机构的专线VPN网络,交互式的内部企业网应用要求网络能提供良好的稳定性;其他应用(如视频等)则对网络提出了更明确的要求,如网络时延及误码率等。所有以上网络应用均要求网络根据需要提供不同等级的服务质量。在网络优化方面,构建VPN的另一重要需求是充分有效地利用有限的广域网资源,为重要数据提供可靠的带宽。广域网流量的不确定性使其带宽的利用率很低,在流量高峰时产生网络瓶颈,使实时性要求高的数据得不到及时发送;而在流量低谷时又有大量的网络带宽空闲。QoS通过流量预测与流量控制策略,可以按照优先级分配带宽资源,使得各类数据能够被合理地先后发送,并预防阻塞的发生。

### 9.2.3 可扩充性和灵活性

VPN必须能够支持通过Intranet和Extranet的任何类型的数据流,方便增加新的节点,支持多种类型的传输媒介,可以同时满足传输语音、图像和数据等新应用对高质量传输以及带宽增加的需求。

### 9.2.4 可管理性

从用户角度和运营高角度方面,应可方便地进行管理、维护。在VPN管理方面,VPN要求企业将其网络管理功能从局域网无缝隙地延伸到公用网,甚至是客户和合作伙伴。虽然可以将一些次要的网络管理任务交给服务提供商去完成,企业自己仍需要完成许多网络管理任务。所以,一个完善的VPN管理系统是必不可少的。VPN管理的目标为减小网络风险,使其具有高扩展性、经济性、高可靠性等优点。事实上,VPN管理主要包括安全管理、设备管理、配置管理、访问控制列表管理、QoS管理等内容。

### 9.2.5 降低成本

VPN利用现有的Internet或其他公共网络的基础设施为用户创建安全隧道,不需要专门的租用线路,如DDN和PSTN,这样就节省了专门线路的租金。如果采用远程拨号进入内部网络,访问内部资源,需要长途话费;而采用VPN技术,只需拨入当地的ISP就可以安全地接入内部网络,这样也节省了长途话费。

# 9.3 VPN 的原理与协议

虽然 VPN 技术非常复杂,但目前实现 VPN 的几种主要技术及相关协议都已经非常成熟,并且都有广泛应用,尤其以 L2TP,IPSec 和 SSL 协议应用最广,因此作为本节的主要内容。MPLS VPN 是网络运营商提供的服务,不作详细介绍。

## 9.3.1 实现 VPN 的隧道技术

为了能够在公网中形成企业专用的链路网络,VPN 采用了所谓的隧道(Tunneling)技术,模拟点到点连接技术,依靠 ISP 和其他的网络服务提供商在公网中建立自己专用的“隧道”,让数据包通过隧道传输。

网络隧道技术指的是利用一种网络协议传输另一种网络协议,也就是将原始网络信息进行再次封装,并在两个端点之间通过公共互联网络进行路由,从而保证网络信息传输的安全性。它主要利用网络隧道协议来实现这种功能,具体包括第二层隧道协议(用于传输二层网络协议)和第三层隧道协议(用于传输三层网络协议)。

第二层隧道协议是在数据链路层进行的,先把各种网络协议封装到 PPP 包中,再把整个数据包装入隧道协议中,这种经过两层封装的数据包由第二层协议进行传输。第二层隧道协议有以下几种。

(1) PPTP(RFC 2637,Point-to-Point Tunneling Protocol);

(2) L2F(RFC 2341,Layer 2 Forwarding);

(3) L2TP(RFC 2661,Layer Two Tunneling Protocol)。

第三层隧道协议是在网络层进行的,把各种网络协议直接装入隧道协议中,形成的数据包依靠第三层协议进行传输。第三层隧道协议有以下几种。

(1) IPSec(IP Security)是目前最常用的 VPN 解决方案;

(2) GRE(RFC 2784,General Routing Encapsulation)。

隧道技术包括了数据封装、传输和解包在内的全过程。

封装是构建隧道的基本手段,它使 IP 隧道实现了信息隐蔽和抽象。封装器建立封装报头,并将其追加到纯数据包的前面。当封装的数据包到达解包器时,封装报头被转换回纯报头,数据包被传送到目的地。隧道的封装具有以下特点。

(1) 源实体和目的实体不知道任何隧道的存在;

(2) 在隧道的两个端点使用该过程,需要封装器和解包器两个新的实体;

(3) 封装器和解包器必须相互知晓,但不必知道在它们之间的网络上的任何细节。

## 9.3.2 PPTP 协议

点对点隧道协议(Point-to-Point Tunneling Protocol,PPTP) 是常用的协议。这主要是因为微软的服务器操作系统占有很大的市场份额。PPTP 是点对点协议(Point-to-Point Protocol,

PPP)的扩展,而PPP是为在串行线路上进行拨入访问而开发的。PPTP是在1996年被引入因特网工程任务组织(Internet Engineering Task Force,IETF)的,它在Windows NT 4.0中就已完全实现了。PPTP将PPP帧封装成IP数据报,以便在基于IP的互联网上传输。

PPTP协议是一个为中小企业提供的VPN解决方案,但PPTP协议在实现上存在着重大安全隐患。有研究表明,其安全性甚至比PPP还弱,因此不用于需要一定安全保证的通信。如果条件允许,用户最好选择完全替代PPTP的下一代二层协议L2TP。

### 9.3.3　L2F协议

L2F是Cisco公司提出的隧道技术。作为一种传输协议,L2F支持拨号接入服务器,将拨号数据流封装在PPP帧内通过广域网链路传送到L2F服务器(路由器)。它把数据包解包之后重新注入网络。与PPTP和L2TP不同,L2F没有确定的客户方,且L2F只在强制隧道中有效。

### 9.3.4　L2TP协议

根据IETF提供的设计标准协议的建议,微软和Cisco设计了第二层隧道协议(Layer 2 Tunneling Protocol,L2TP)。正是由于这一事实,从1996年开始,在IETF采纳这一协议之前,微软和Cisco就一直领导着L2TP方的工作。现代的L2TP结合了PPTP和Cisco的L2F协议。

二层隧道协议L2TP是基于点对点协议PPP的。在由L2TP构建的VPN中,有两种类型的服务器,一种是L2TP访问集中器LAC(L2TP Access Concentrator),它是附属在网络上的具有PPP端系统和L2TP协议处理能力的设备,LAC一般就是一个网络接入服务器,为用户提供网络接入服务;另一种是L2TP网络服务器LNS(L2TP Network Server),是PPP端系统上处理L2TP协议服务器端部分的软件。

L2TP层的数据传输具有非常强的扩展性和可靠性。控制消息中的参数用AVP值对(Attribute Value Pair)来表示,使得协议具有很好的扩展性;控制消息的传输过程中应用了消息丢失重传和定时检测通道连通性等机制来保证L2TP层传输的可靠性。数据消息用于承载用户的PPP会话数据包。L2TP构建VPN除了有上述的优点外还有如下优势。

#### 1. 灵活的身份验证机制以及高度的安全性

L2TP是基于PPP协议的,因此它除继承了PPP的所有安全特性外,还可以对隧道端点进行验证,这使得通过L2TP所传输的数据更加难以被攻击。而且根据特定的网络安全要求,还可以方便地在L2TP上采用隧道加密、端对端数据加密或应用层数据加密等方案来提高数据的安全性。

#### 2. 内部地址分配支持

LNS可以放置在企业网的防火墙之后,它可以对远端用户的地址进行动态的分配和管理,可以支持DHCP和私有地址应用。远端用户所分配的地址不是Internet地址而是企业内部的私有地址,这样方便了地址的管理并可以增加安全性。

**3. 网络计费的灵活性**

L2TP 能够提供数据传输的出入包数、字节数及连接的起始、结束时间等计费数据，根据这些数据可以方便地进行网络计费。

**4. 可靠性**

L2TP 协议可以支持备份 LNS，当一个主 LNS 不可达之后，LAC 可以重新与备份 LNS 建立连接，这样增加了 VPN 服务的可靠性和容错性。

**5. 统一的网络管理**

L2TP 协议将很快成为标准的 RFC 协议，有关 L2TP 的标准 MIB 也将很快得到制定，这样可以统一地采用 SNMP 网络管理方案进行方便的网络维护与管理。

## 9.3.5 IPSec 协议

IPSec 是一个第三层 VPN 协议标准，它支持信息通过 IP 公网的安全传输。IPSec 可有效保护 IP 数据报的安全，所采取的具体保护形式包括访问控制、数据源验证、无连接数据的完整性验证、数据内容的机密性保护、抗重放保护等。

IPSec 在任何通信开始之前，要在两个 VPN 节点或网关之间协商一个安全联盟（SA），安全联盟在两个需要保证通信安全的设备之间建立将要进行的安全通信时所需要的参数，包括是否加密、是否进行认证或两者都进行，同时还要指明端点使用的加密和认证协议，例如用 DES 进行加密、MD5 进行认证、在算法中使用的密钥和其他安全参数。SA 是单向的，如果需要一个对等的关系用于双向的安全交换，就要有两个 SA。

IPSec 主要由 AH（认证头）协议、ESP（封装安全载荷）协议及负责密钥管理的 IKE（因特网密钥交换）协议组成，各协议之间的关系如图 9.2 所示。

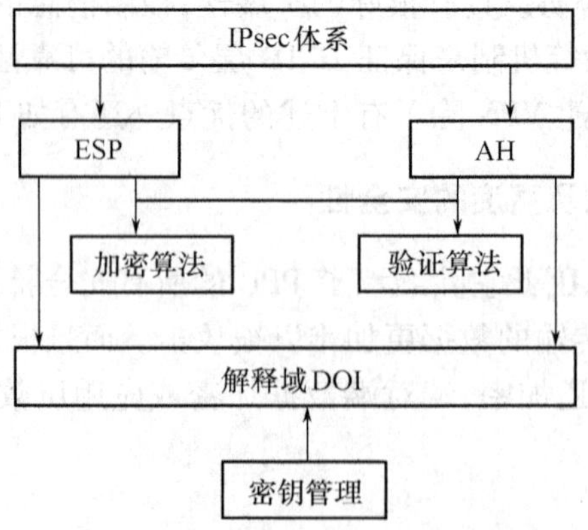


**图 9.2 IPSec 各协议之间的关系**

（1）AH 为 IP 数据包提供无连接的数据完整性和数据源身份认证，同时具有防重放攻击的能力。数据完整性校验通过消息认证码（如 MD5）产生的校验值来保证；数据源身份认证通过在待认证的数据中加入一个共享密钥来实现;AH 报头中可以防止重放攻击。

(2) ESP 为 IP 数据包提供数据的保密性(通过加密机制)、无连接的数据完整性、数据源身份认证以及防重放攻击保护。与 AH 相比,数据保密性是 ESP 的新增功能,数据源身份认证、数据完整性检验以及重放保护都是 AH 可以实现的。

(3) AH 和 ESP 可以单独使用,也可以配合使用。通过这些组合模式,可以在两台主机、两台安全网关(防火墙和路由器)或者主机与安全网关之间配置多种灵活的安全机制。

(4) 解释域 DOI 将所有的 IPSec 协议捆绑在一起,是 IPSec 安全参数的主要数据库。

(5) 密钥管理包括 IKE 协议和安全联盟(SA)等部分。IKE 在通信系统之间建立安全联盟,提供密钥管理和密钥确定的机制,是一个产生和交换密钥材料并协调 IPSec 参数的框架。IKE 将密钥协商的结果保留在 SA 中,供 AH 和 ESP 在以后通信时使用。

AH 和 ESP 都支持两种模式:传输模式和隧道模式。

(1) 传输模式 IPSec 主要对上层协议提供保护,通常用于两个主机之间端到端的通信。

(2) 隧道模式 IPSec 提供对所有 IP 包的保护,主要用于安全网关之间,可以在公共 Internet 上构成 VPN。使用隧道模式,在防火墙之后的网络上的一组主机可以不实现 IPSec 而参加安全通信。局域网边界的防火墙或安全路由器上的 IPSec 软件会建立隧道模式 SA,主机产生的未保护的包通过隧道连到外部网络。

### 1. 认证头(AH)协议

IPSec 认证头是一个用于提供 IP 数据报完整性、身份认证和可选的抗重放保护的机制,但不提供数据机密性保护。其完整性是保证数据包不被无意的或恶意的方式改变,而认证则是验证数据的来源(识别主机、用户、网络等)。AH 为 IP 包提供尽可能多的身份认证保护,认证失败的包将被丢弃,这种操作方式可以减少拒绝服务攻击成功的机会。AH 提供 IP 头认证,也可以为上层协议提供认证。AH 可单独使用,也可以和 ESP 结合使用。

(1) AH 协议头格式

AH 头如图 9.3 所示。

| 下一个头 | 载荷长度 | 保留 |
|---|---|---|
| 安全参数索引 SPI(Security Param ters Index) | | |
| 序列号(Sequence Nunmber) | | |
| 认证数据(变长)(Authentication Data) | | |

**图 9.3　AH 头**

① 下一个头是一个 8 位字段,识别在 AH 头后的下一个载荷的类型。在传输模式下,下一个头将是载荷中受保护的上层协议的值,比如 UDP 或 TCP 协议的值。在隧道模式下,表示 IPv4 封装时,这个值为 4;表示 IPv6 封装时,这个值为 41。

② 载荷长度是一个 8 位字段,表示 AH 的长度。

③ 预留字段是一个 16 位字段。

④ SPI 是一个任意的 32 位值,和外部 IP 的目的地址一起用于识别数据报的安全联盟。

⑤ 序列号为 32 位字段,是一个单向递增的计数器。

⑥ 认证数据是一个可变长度的字段,其中包括完整性校验值(1CV),是 32 位的整数倍。

(2) AH 的工作模式

AH 的工作模式有传输模式和隧道模式两种。原始 IP 包如图 9.4 所示。

| 原始 IP 报头 | TCP | 数据 |
|---|---|---|

图 9.4　原始 IP 包

① 传输模式 AH 使用原来的 IP 报头,把 AH 插在 IP 报头的后面,如图 9.5 所示。

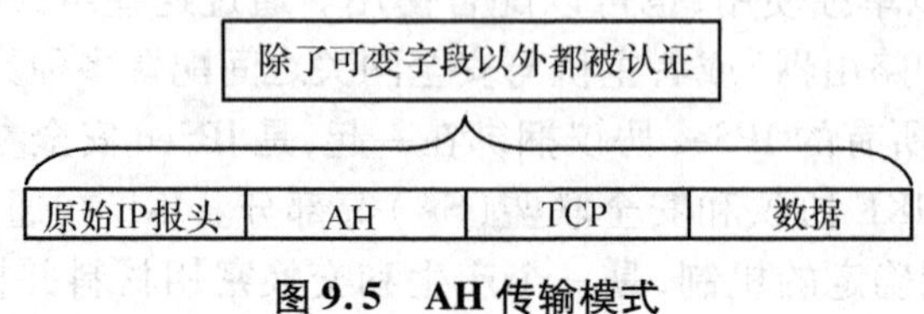


图 9.5　AH 传输模式

② 隧道模式 AH 把需要保护的 IP 包封装在新的 IP 包中,作为新报文的载荷,然后把 AH 插在新的 IP 报头的后面,如图 9.6 所示。

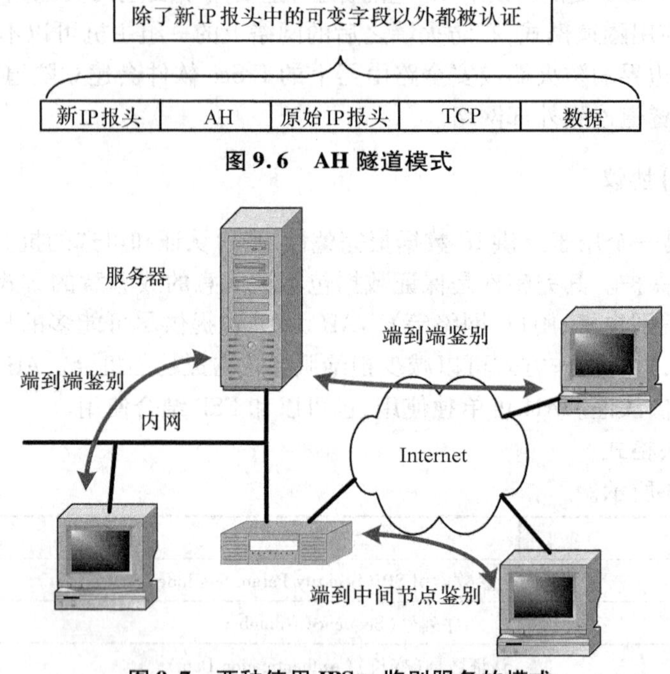


图 9.6　AH 隧道模式

图 9.7　两种使用 IPSec 鉴别服务的模式

图 9.7 显示了两种使用 IPSec 鉴别服务的模式。一种情况是在服务器和客户机之间直接提供鉴别服务,工作站可以与服务器同在一个网络中,也可以在外部网络中。只要工作站和服务器共享保护的密钥,鉴别处理就是安全的。这种情况使用了传输模式的 SA。另一种情况是远程工作站向公司的防火墙鉴别自己的身份,或者是为了访问整个内部网络,或者是因为请求的服务器不支持鉴别特征。这种情况使用了隧道模式的 SA。

**2. 封装载荷(ESP)协议**

ESP 为 IP 数据包提供数据的保密性(加密)、无连接的数据完整性、数据源身份认证以及防重放攻击保护。其中数据保密性是 ESP 的基本功能,而数据源身份认证、数据完整性检验以及防重放攻击保护都是可选的。

(1) ESP协议头格式

ESP协议的头格式如图9.8所示。

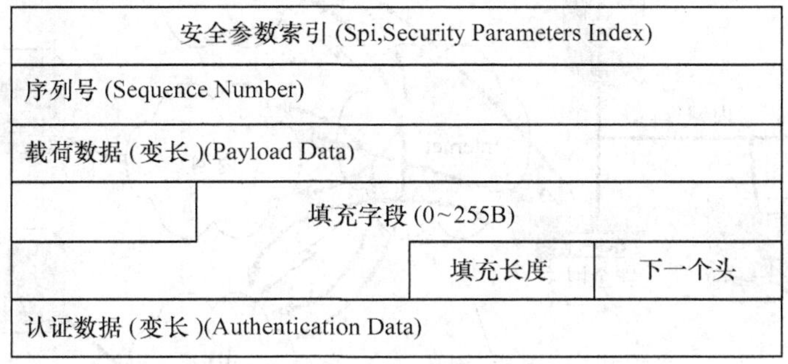

| 安全参数索引 (Spi,Security Parameters Index) | | |
|---|---|---|
| 序列号 (Sequence Number) | | |
| 载荷数据 (变长)(Payload Data) | | |
| 填充字段 (0~255B) | | |
| | 填充长度 | 下一个头 |
| 认证数据 (变长)(Authentication Data) | | |

**图9.8　ESP协议的头格式**

① SPI是32位的必选字段,与目标地址和协议(ESP)结合起来唯一标识处理数据包的特定SA。数值可任选,一般是在IKE交换过程中由目标主机设定。SPI经过验证,但是不加密。

② 序列号是32位的必选字段,是一个单向递增的计数器。对序列号的处理由接收端确定。当建立一个SA时,发送者和接收者的序列号都设置为0。如果使用抗重放服务,传送的序列号不允许循环。序列号经过验证,但是不加密。

③ 载荷数据是变长的必选字段,整字节数长,包含有下一个报头字段描述的数据。加密同步数据,可能包含加密算法需要的初始化向量(IV),IV是没有加密的。

④ 由于加密算法可能要求整数倍字节数,而且为了保证认证数据字段对齐以及隐藏载荷的真实长度,实现部分通信流保密,就需要填充项。填充内容与指定提供机密性的加密算法有关。发送者可添加0~255B。

⑤ 填充长度字段是一个必选字段,它表示填充字段的长度,合法的填充长度是0~255B,0表示没有填充。

⑥ 下一个头是8位长的必选字段,表示在载荷中的数据类型。通道模式下,这个值是4,表示IP-in-IP;传送模式下是载荷数据的类型,由RFCl700定义,如TCP为6。

⑦ 验证数据是变长的可选字段,只有SA中包含了认证业务时,才包含这个字段。认证算法必须指定认证数据的长度、比较规则和验证步骤。

(2) ESP的工作模式

ESP的工作模式也包括传输模式和隧道模式两种,分别如图9.9和图9.10所示。

图9.9和图9.10显示了使用IPSec ESP服务的两种模式。图9.9直接在两个主机之间提供加密(和可选的鉴别)服务。图9.10显示了怎样使用隧道模式操作来建立虚拟专用网。在这个例子中,一个组织有4个专用网络,通过Internet互相连接起来。内部网络上的主机使用Internet是为了传输数据,而不是同其他基于Internet的主机进行交互。通过在每个内部网络的安全网关上终止隧道,允许主机避免实现安全能力。前一种技术通过传输模式SA来支持,而后一种技术使用隧道模式SA。

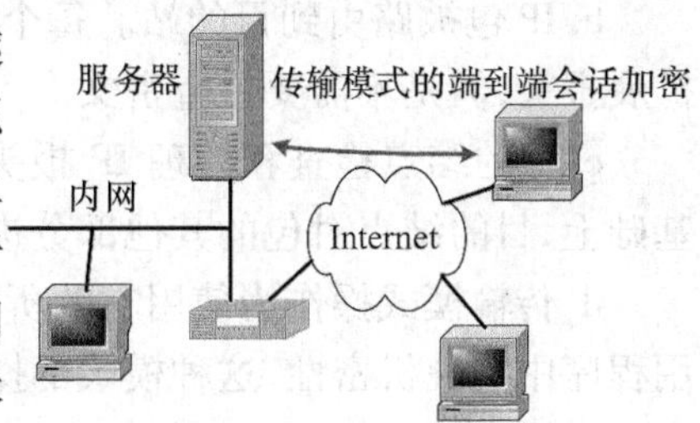


**图9.9　ESP的传输模式**

①传输模式ESP用于对IP携带的数据(例如TCP报

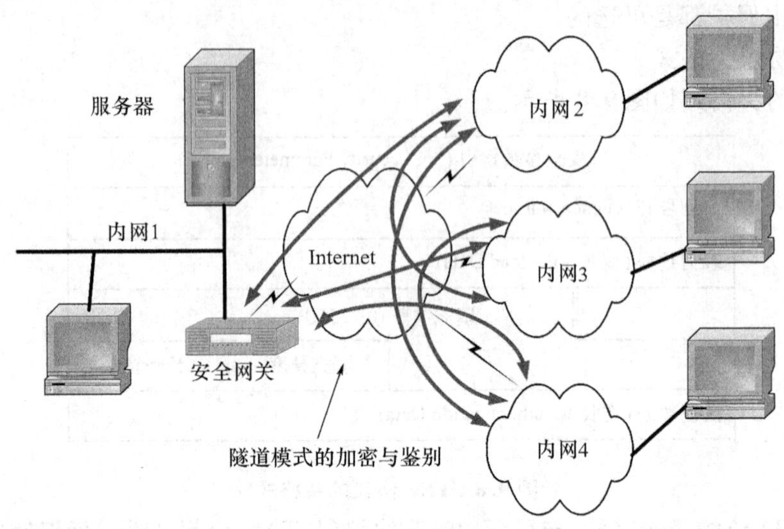


**图 9.10 ESP 的隧道模式**

文段)进行加密和可选的鉴别,如图 9.11 所示。对于使用 IPv4 的情况,ESP 报头被插在 IP 包中紧靠传输层报头(例如 TCP,UDP 和 ICMP)之前的位置,而 ESP 尾部(填充、填充长度和下个报头字段)被放置在 IP 包之后;如果选择了鉴别服务,则 ESP 鉴别数据字段被附加在 ESP 尾部之后。整个传输级报文段加上 ESP 尾部被加密,鉴别覆盖了所有的密文与 ESP 报头。

传输模式的操作可以总结如下。

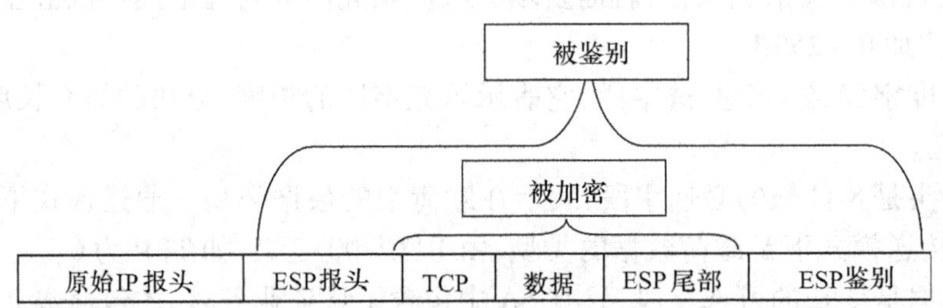


**图 9.11 ESP 传输模式**

a. 在源站,由 ESP 尾部加上整个传输级的报文段组成的数据块被加密,这个数据块的明文被其密文所代替,以形成用于传输的 IP 包。如果"鉴别"选项被选中,还要加上鉴别。

b. IP 包被路由到目的站。每个中间路由器都需要检查和处理 IP 报头加上任何明文的 IP 扩展报头,但是不需要检查密文。

c. 目的结点检查和处理 IP 报头加上任何明文的 IP 扩展报头。然后,在 ESP 报头的 SPI 基础上,目的结点对包的其他部分进行解密以恢复明文的传输层报文段。

d. 传输模式操作为使用它的所有应用程序提供了机密性,因此避免了在每一个单独的应用程序中实现机密性,这种模式的操作也是相当有效的,几乎没有增加 IP 包的总长度。这种模式的一个缺陷在于对传输的包进行通信量分析是可能的。

② 隧道模式的 ESP 用于对整个 IP 包进行加密,如图 9.12 所示。在包的前面加上 ESP 报

头,然后对包加上ESP的尾部进行加密。这种模式可以用来对抗通信量分析。

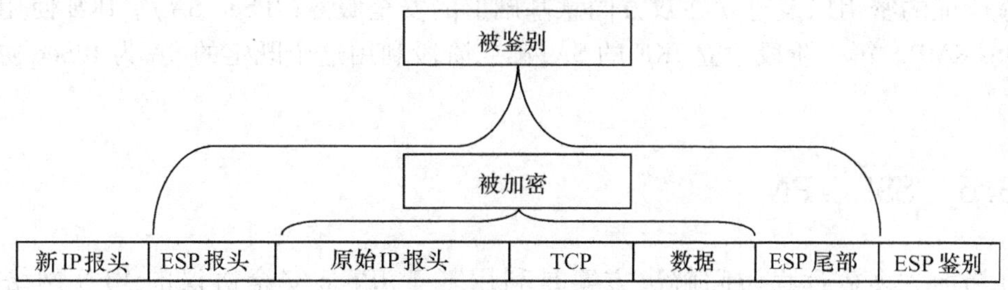


**图9.12 ESP隧道模式**

因为IP报头中包含了目的地址、可能的源站路由选择指示和逐跳选项信息,所以简单的传输前面附加ESP报头加密的IP包是不可能的。中间的路由器不能处理这样的包,因此用一个新的IP报头来包装整个块(ESP报头加上密文,再加上可能存在的鉴别数据),这个新的IP报头将包含用于路由选择的足够信息,但不能进行通信量分析。

传输模式对于保护两个支持ESP特征的主机之间的连接是合适的,而隧道模式对于那些包含了防火墙或其他种类的安全网关(用于从外部网络保护一个被信赖的网络)的配置也是有用的。在后一种情况下,加密只发生在外部的主机和安全网关之间或者在两个安全网关之间,这样使得内部网络的主机解脱了处理加密的责任,并且通过减少需要密钥的数量简化了密钥分配任务,而且它阻碍了基于最终目的地址的通信量分析。

如果外部主机想要与被防火墙保护的内部网络上的主机进行通信,并且在外部主机和防火墙上都实现了ESP。当从外部主机向内部主机传输传输层的报文段时,其步骤如下。

a. 源主机准备目的地址是目标内部主机的内部IP包。在这个包的前面加上ESP报头,然后对包和ESP尾部进行加密并且可能增加鉴别数据。再用目的地址是防火墙的新的IP报头对结果数据块进行包装,这样就形成了外部的IP包。

b. 外部包被路由到目的防火墙。每个中间路由器都要检查和处理外部IP报头加上任何外部IP扩展报头,但不需要检查密文。

c. 目的防火墙检查和处理外部IP报头加上任何外部IP扩展报头。然后,在ESP报头SPI字段的基础上,目的防火墙对包的剩余部分进行解密,以恢复明文的内部IP包。然后,这个包在内部网络中传输。

d. 内部包在内部网络中经过零个或多个路由器到达了目的主机。

**3. IKE**

在IPSec保护一个包之前,需要先建立一个SA。SA可以手工建立,也可以自动建立。当用户数量不多,而且密钥的更新频率不高时,可以手工建立SA。但当用户较多,网络规模较大时,就应该选择使用自动模式。IKE就是IPSec规定的一种用来自动管理SA的协议,包括建立、协商、修改和删除SA等。

ISAKMP,Oakelay和SKEME这3个协议是IKE的基础。沿用ISAKMP的基础、Oakelay的模式以及SKEME的密钥更新技术,定义出自己独一无二的验证加密材料生成技术以及协商共享策略。

IKE 利用 ISAKMP 语言来定义密钥交换,是对安全服务进行协商的手段。最终结果是一个通过验证的密钥以及建立在双方同意基础上的安全服务(IPSec SA)。IKE 使用了两个阶段的 ISAKMP。第一阶段建立 IKE 的 SA;第二阶段利用这个既定的 SA 为 IPSec 协商具体的 SA。

## 9.3.6 SSL VPN

就在当前大多数远程访问解决方案是利用基于 IPSec 安全协议的 VPN 网络的情况下,一项研究表明,近 90% 的企业利用 VPN 进行的内部网和外部网的连接都只用来进行 Web 访问和电子邮件通信,10% 的用户利用诸如聊天协议和其他私有客户端应用。而这些 90% 的应用都可以利用一种更加简单的 VPN 技术——SSL VPN 来提供更加有效的解决方案。基于 SSL 协议的 VPN 远程访问方案更加容易配置和管理,网络配置成本比起主流的 IPSec VPN 要低许多,所以许多企业已经开始利用基于 SSL 加密协议的远程访问技术来实现 VPN 通信。

**1. SSL 的概念**

SSL 的英文全称是"Secure Sockets Layer",中文名为"安全套接层协议层",它是 Netscape 公司提出的基于 Web 应用的安全协议。SSL 是一种在 Web 服务协议(HTTP)和 TCP/IP 之间提供数据连接安全性的协议。它为 TCP/IP 连接提供数据加密、用户和服务器身份验证以及消息完整性验证。SSL 被视为因特网上 Web 浏览器和服务器的安全标准。

**2. SSL VPN 的功能**

SSL 安全协议主要提供 3 方面的服务。

(1) 用户和服务器的合法性认证

认证用户和服务器的合法性,使得它们能够确保数据被发送到正确的客户机和服务器上。客户机和服务器都有各自的识别号,这些识别号由公开密钥进行编号,为了验证用户是否合法,安全套接层协议要求在握手交换数据时进行数字认证,以确保用户的合法性。

(2) 加密数据以隐藏被传送的数据

安全套接层协议所采用的加密技术既有对称密钥技术,也有公开密钥技术。在客户机与服务器进行数据交换之前,交换 SSL 初始握手信息,在 SSL 握手信息中采用了各种加密技术对其加密,以保证其机密性和数据的完整性,并且用数字证书进行鉴别,这样就可以防止被非法用户破译。

(3) 保护数据的完整性

安全套接层协议采用 Hash 函数和机密共享的方法提供信息的完整性服务,建立客户机与服务器之间的安全通道,使所有经过安全套接层协议处理的业务在传输过程中全部完整且准确无误地到达目的地。

**3. SSL VPN 的工作机制**

SSL 包括两个阶段:握手和数据传输。在握手阶段,客户端和服务器用公钥加密算法计算出私钥。在数据传输阶段,客户端和服务器都用私钥来加密和解密传输过来的数据。

SSL 客户端在 TCP 链接建立之后,发出一个 Hello 消息来发起握手,这个消息里面包括自己可实现的算法列表和其他需要的消息。SSL 的服务器回应一个类似 Hello 的消息,这里面确定了此次通信所需要的算法,然后发送自己的证书。客户端在收到这个消息后会生成一个消息,用 SSL 服务器的公钥加密后传送过去,SSL 服务器用自己的私钥解密后,会话密钥协商成功,双方可以用私钥算法来进行通信。

证书实质上是标明服务器身份的一组数据,一般第三方作为 CA,生成证书,并验证它的真实性。为获得证书,服务器必须用安全信道向 CA 发送它的公钥。CA 生成证书,包括它自己的 ID、服务器的 ID、服务器的公钥和其他信息。然后 CA 利用消息摘要算法生成证书指纹,最后,CA 用私钥加密指纹生成证书签名。

为证明服务器的证书合法,客户端首先利用 CA 的公钥解密签名读取指纹,然后计算服务器发送的证书指纹,如果两个指纹不相符,说明证书被篡改过。当然,为解密签名,客户端必须事先可靠地获得 CA 的公钥。客户端保存一个可信赖的 CA 和它们的公钥清单。当客户端收到服务器的证书时,要验证证书的 CA 在它所保存的清单之列。CA 的数量很少,一般通过网站公布它们的公钥。很多浏览器把主要 CA 的公钥直接编入它们的源码中。一旦服务器通过了客户端的鉴别,两者就已经通过公钥算法确定了私钥信息。当两边均表示做好了私钥通信的准备后,用完成(Finished)消息来结束握手过程,连接进入数据传输阶段。在数据传输过程中,两端都将发送的消息拆分成片断,并附上 MAC(散列值)。传送时,客户端和服务器将数据片断、MAC 和记录头结合起来并用密钥加密形成完整的 SSL 接收,客户端和服务器解密数据包,计算 MAC,并比较计算得到的 MAC 和接收到的 MAC。

**4. SSL VPN 的主要优势和不足**

SSL VPN 就像任何新技术的产生一样,相对于传统的技术肯定会存在一些突出的优点,当然不足之处也是存在的,下面就分别予以介绍。

(1) SSL VPN 的主要优点

① 无须安装客户端软件。大多数执行基于 SSL 协议的远程访问不需要在远程客户端设备上安装软件。只需通过标准的 Web 浏览器连接因特网,即可以通过网页访问到企业总部的网络资源。这样无论是从软件协议购买成本上,还是从维护、管理成本上都可以节省一大笔资金,特别是对于大、中型企业和网络服务提供商。

② 适用于大多数设备。基于 Web 访问的开放体系在运行标准的浏览器下可以访问任何设备,包括非传统设备,如可以上网的电话和 PDA 通信产品。这些产品目前正在逐渐普及,因为它们在不进行远程访问时也是一种非常理想的现代通信工具。

③ 适用于大多数操作系统。可以运行标准的因特网浏览器的大多数操作系统都可以用来进行基于 Web 的远程访问,不管操作系统是 Windows,Macintosh,UNIX 还是 Linux,都可以对企业内部网站和 Web 站点进行全面的访问。

④ 支持网络驱动器访问。用户通过 SSL VPN 通信可以访问网络驱动器上的资源。

⑤ 良好的安全性。用户通过基于 SSL 的 Web 访问并不是网络的真实节点,就像 IPSec 安全协议一样,还可代理访问公司的内部资源。因此,这种方法非常安全,特别是对于外部用户

的访问。

⑥ 较强的资源控制能力。基于 Web 的代理访问允许公司为远程访问用户进行详尽的资源访问控制。

⑦ 减少费用。对远程访问用户（仅需进入公司内部网站或者进行 E-mail 通信），基于 SSL 的 VPN 网络可以非常经济地提供远程访问服务。

⑧ 可以绕过防火墙和代理服务器进行访问。基于 SSL 的远程访问方案中，使用 NAT（网络地址转换）服务的远程用户或者因特网代理服务的用户可以从中受益。因为这种方案可以绕过防火墙和代理服务器访问公司资源，这是采用基于 IPSec 安全协议的远程访问很难或者根本做不到的。

（2）SSL VPN 的主要缺点

虽然 SSL VPN 技术具有很多优势，但并不是所有用户都使用 SSL VPN，据权威机构调查显示，目前绝大多部分企业仍采用 IPSec VPN，这是由于 SSL VPN 仍存在不足之处。下面介绍 SSL VPN 的主要不足之处。

① 必须依靠因特网进行访问。为了通过 SSL VPN 进行远程工作，必须与因特网保持连通性。因为此时 Web 浏览器实质上是扮演客户服务器的角色，远程用户的 Web 浏览器依靠公司的服务器进行所有进程。如果因特网没有连通，远程用户就不能与总部网络进行连接，只能单独工作。

② 对新的或者复杂的 Web 技术提供有限支持。基于 SSL 的 VPN 方案是依赖于反代理技术来访问公司网络的。因为远程用户是从公用因特网来访问公司网络的，而通常情况下，公司内部网络信息不仅处于防火墙后面，而且处于没有内部网 IP 地址路由表的空间中。反代理的工作就是翻译出远程用户 Web 浏览器的需求，通常使用常见的 URL 地址重写方法。例如，内部网站也许使用内部 DNS 服务器地址链接到其他的内部网链接，而 URL 地址重写必须完全正确地读出链接信息，并且重写这些 URL 地址，以便这些链接可以通过反代理技术获得路由，当有需要时，远程用户可以轻松地通过点击路由进入公司内部网络。URL 地址重写器完全正确理解所传输的网页结构是极其重要的，只有这样才可正确显示重写后的网页，并在远程用户计算机浏览器上进行正确的操作。

③只能有限地支持 Windows 应用或者其他非 Web 系统。因为大多数基于 SSL 的 VPN 都是基于 Web 浏览器工作的，远程用户不能在 Windows，UNIX，Linux，AS400 或者大型系统上进行非基于 Web 界面的应用。虽然有些提供商已经开始合并终端服务来提供上述非 Web 应用，但 SSL VPN 还未正式提出全面支持。

④只能为访问资源提供有限安全保障。当使用基于 SSL 协议通过 Web 浏览器进行 VPN 通信时，对用户来说外部环境并不是完全安全的。因为 SSL VPN 只对通信双方的某个应用通道进行加密，而不是对通信双方的主机之间的整个通道进行加密。通信时，在 Web 页面中呈现的文件也基本无法保证只出现类似于上传的文件和邮件附件等简单文件，这就很难保证其他文件不被暴露在外部，故存在一定的安全隐患。

**5. SSL VPN 与 IPSec VPN 的比较列表**

表 9.1 是 SSL VPN 与 IPSec VPN 的主要性能比较，从表中可以看出各自的主要优势与不足。

**表 9.1　SSL VPN 与 IPSec VPN 主要性能比较**

| 选　项 | SSL VPN | IPSec VPN |
|---|---|---|
| 身份验证 | 单项身份验证<br>双项身份验证<br>数字证书 | 双向身份验证<br>数字证书 |
| 加密 | 强加密<br>基于 Web 浏览器 | 强加密<br>依靠执行 |
| 全程安全性 | 端到端安全<br>从客户到资源端全程加密 | 网络边缘到客户端<br>仅对从客户到 VPN 网关之间的通信加密 |
| 可访问性 | 适合于任何时间、任何地点访问 | 适用于受控用户的访问 |
| 费用 | 低(无须附加任何客户软件) | 高(需要管理客户端软件) |
| 安装 | 即插即用安装<br>无须安装任何附加的客户端软、硬件 | 通常需要长时间的配置,还需要客户端软件或者硬件 |
| 用户的易使用性 | 对用户非常友好,使用非常熟悉的 Web 浏览器<br>无须终端用户的培训 | 对没有相应技术的用户比较困难<br>需要培训 |
| 支持的应用 | 基于 Web 的应用<br>文件共享<br>E-mail | 所有基于 IP 协议的服务 |
| 用户 | 客户、合作伙伴用户、远程用户、供应商等 | 更适用于企业内部 |
| 可伸缩性 | 容易配置和扩展 | 在服务器端容易实现自由伸缩,在客户端比较困难 |

由于企业的争相部署,SSL VPN 已经取得了很大的发展。同时,由于 NetScreen 等公司都已将该技术集成到其当前产品线中,最初的服务可能仅限于比较单一的内容,但最终将与企业各自的管理应用相结合。

## 9.3.7　Windows 2000 的 VPN 技术

**1. Windows 2000 支持的数据链路层隧道协议**

在 Windows 2000 中,提供了两种隧道协议,可以让我们方便地创建虚拟专用网:PPTP 和附带 IPSec 的 L2TP。

(1) PPTP

PPTP 是在 Windows NT 4.0 中就有的 VPN 协议,建立在 PPP(点对点协议)基础上,它提高了 PPP 的安全级别,让 PPP 可以对 PPTP 服务器与 PPTP 客户机之间的数据进行加密传输(使用 Microsoft 点对点加密来加密 PPP 帧),并使 PPTP 服务器可以对远程用户的身份进行验证(使用可扩展身份验证协议 EAP)。Internet 只允许使用 TCP/IP 通信,而 PPTP 解决了在 Internet 上用多种协议进行通信的问题,PPTP 通过将 IP,IPX 或 NetBEUI 封装在 PPP 数据包里来支持使用这些协议,这意味着我们可以远程运行依赖特殊网络协议的应用程序。PPTP 能够用于 LAN,WAN,Internet 及其他基于 TCP/IP 的网络。具体的过程是:一个 PPTP 客户机通过两次拨号连接来建立一条 PPTP 隧道,第一次通过 PPP 协议与 ISP 建立连接,第二次在上一次的 PPP 连接的基础上再次建立一个与企业局域网的 PPTP 服务器的 VPN 连接。拨号拨的是当地 ISP 的电话,而不是企业内部电话,节省了长话费用。在局域网中也可以使用 PPTP,如果客户机直接连接到 IP 局域网,并且和服务器建立一个 IP 连接,就可以通过局域网建立 PPTP 隧道。

(2) 带 IPSec 的 L2TP

带 IPSec 的 L2TP 是 Windows 2000 新增加的隧道协议。L2TP 隧道化数据包格式如图9.13 所示。

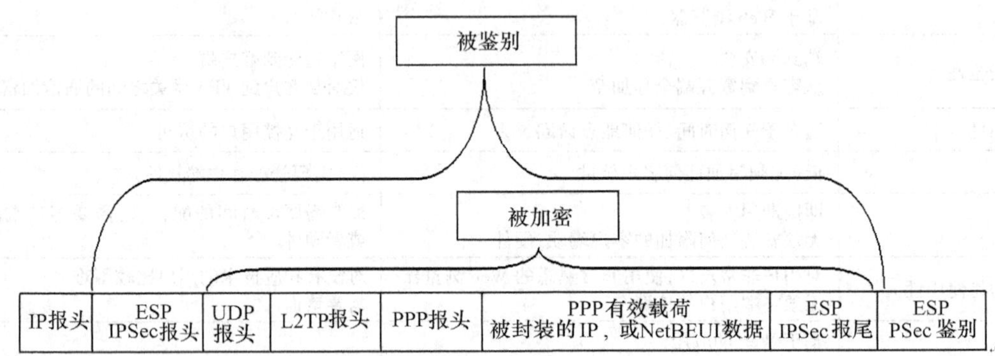


**图 9.13　带 IPSec 的 L2TP**

这里 L2TP 所使用的 IPSec 策略是由 RAS 管理服务专门创建的,而不是默认的 IPSec 策略或某个用户所创建的 IPSec 策略,这与后面介绍的 Windows 2000IPSec 策略在使用模式上不同。其中 L2TP 负责为任何类型的网络通讯提供封装和隧道管理,传输模式的 IPSec 提供 L2TP 隧道数据包的安全。L2TP 和 PPTP 的功能差不多,是 PPTP 的增强版,L2TP 加强了 PPP 身份验证和压缩机制。与 PPTP 不同的是,Windows 2000 中的 L2TP 不是利用 Microsoft 点对点加密(MPPE)来加密 PPP 帧。L2TP 依赖加密服务的网际协议安全 (IPSec),所以基于 L2TP 的虚拟专用网络连接是 L2TP 和 IPSec 的组合。所连接的两个网络中的 VPN 服务器都必须支持 L2TP 和 IPSec,因为它们的结合可在任何 IP 网络上为 IP,IPX 和其他协议包提供基于隧道和安全性。IPSec 可以脱离 L2TP 单独执行,但一般只在某个路由器不支持 L2TP 和 PPTP 时提供互通性。L2TP 将原始数据包封装在 PPP 帧内并进行压缩,在 UDP 类型的数据包内部指派端口 1701。因为 UDP 数据包格式是 IP 包,所以根据 L2TP 隧道的用户配置中的安全设置,L2TP 自动使用 IPSec 保护隧道。在默认情况下,IPSec Internet 密钥交换(IKE)协议使用基于证书的身份验证来协商 L2TP 隧道的安全性。此验证使用计算机证书而不使用用户证书来验证源计算机和目标计算机之间的信任关系。当成功建立 IPSec 传输安全性时,L2TP 将协商隧道,包括压缩和用户身份验证选项(通过企业内部的安全服务器如 RADIUS(远程身份验证拨入用户服务)鉴定用户)以及执行基于用户标识的访问控制。因而,无论是客户远程拨号访问 VPN 还是路由器到路由器的 VPN 隧道,L2TP/IPSec 都是最方便、最灵活、互通性最好而且较为安全的隧道选项。L2TP/IPSec VPN 远程拨号客户可使用网络和拨号连接配置。VPN 远程访问服务器和路由器到路由器隧道可使用路由和远程访问控制台配置。

**2. Windows 2000 IPSec 策略**

Windows 2000 通过实现基于策略的网际协议安全 (IPSec) 管理避免了大幅度增加管理开销,简化了网络安全性的配置和管理。

Windows 2000 IP 安全通过与 Windows 2000 域和活动目录服务集成,建立在 IETF IPSec 结构上。活动目录使用组策略向 Windows 2000 域成员提供 IPSec 策略指定和分配。

IKE 的实现提供了 3 种基于 IETF 标准的身份认证方法,以在计算机之间建立信任关系。

(1) 基于 Windows 2000 的域基础结构提供的 Kerberos v5.0 身份认证方法用作在同一域中或信任的域之间的计算机中配置安全通信。

(2) 公开/私有密钥使用与包括 Microsoft, Entrust, VeriSign 和 Netscape 在内的认证系统兼容的认证进行签名。

(3) 密码和预共享身份认证密钥严格地用在为应用程序数据包保护建立的信任上。

一旦端计算机通过了相互身份认证,它们会为加密应用程序数据包的目的产生整体加密密钥。这些密钥仅被这两台计算机知道,防止网络上可能的攻击者对数据进行修改或翻译。每端都使用 IKE 协商保护应用程序通信所使用的密钥的类型和强度以及安全性类型,这些密钥根据 IPSec 策略设置自动刷新。

以下是 Windows 2000 中预定义的 3 种 IP 安全策略,用户可以根据实际通信需要自行创建新的 IP 安全策略。

(1) 客户端(只响应)

这是一个计算机策略示例,它根据请求来保护通信。该策略允许其活动的计算机正确响应安全通信请求,包含默认响应规则,该规则根据正在保护通信请求协议与端口通信为入站与出站通信创建动态 IPSec 筛选器。

(2) 服务器(请求安全设置)

这是一个应该在多数情况下保护通信的计算机策略示例,同时也允许与不支持 IPSec 的计算机进行不安全通信。在该策略中,计算机接受不安全通信,但总是通过从原始发送方那里请求安全性来试图保护其他通信。如果另一台计算机没有启用 IPSec,则该策略允许整个通信都是不安全的。例如,允许服务器以不安全方式通信来适应组合客户机(有些客户机支持 IPSec,而有些不支持 IPSec)时,与特定服务器的通信是安全的。

要测试该策略的使用情况,就要把该策略指派给服务器计算机,并把客户端(只响应)策略指派给客户端计算机。当不支持 IPSec 功能的客户端试图与服务器通信时,服务器将请求安全的通信,但是,协商会失败,而不支持 IPSec 性能的计算机会通过不安全通信与服务器建立连接。

(3) 安全服务器(要求安全设置)

这是一个在 Intranet 上要求进行安全通信的计算机策略示例,如传输高度敏感的数据的服务器。管理员可将该 IPSec 策略作为示例创建自己用于生产的自定义 IPSec 策略。在该策略中使用的筛选器要求对所有出站通信进行保护,同时允许不保护的初始入站通信请求。

要测试该策略的使用情况,应把该策略指派给服务器计算机,并把客户端(只响应)策略指派给客户端计算机。当不支持 IPSec 功能的客户端试图与服务器通信时,服务器将请求安全的通信,但协商会失败,不支持 IPSec 性能的计算机无法与服务器建立连接。

### 3. Windows 2000 SSL

Microsoft Windows 2000 IIS 的身份认证除了匿名访问、基本验证和 Windows NT 请求/响应模式外,还有一种安全性更高的认证,就是通过 SSL(Security Socket Layer)安全机制使用数字证书。SSL(加密套接字协议层)位于 HTTP 层和 TCP 层之间,建立用户与服务器之间的加密通信,确保所传递信息的安全性。SSL 是工作在公共密钥和私人密钥基础上的,任何用户都可以获得公共密钥来加密数据,但解密数据必须要通过相应的私人密钥。使用 SSL 安全机制时,客户端首先与服务器建立连接,服务器把它的数字证书与公共密钥一并发送给客户端,客户端随机生成会话密钥,用从服务器得到的公共密钥对会话密钥进行加密,并把会话密钥在网络上传递给服务器,而会话密钥只有在服务器端用私人密钥才能解密,这样,客户端和服务器端就建立了一个唯一的安全通道。建立了 SSL 安全机制后,只有 SSL 允许的客户才能与 SSL 允许的 Web 站点进行通信,并且在使用 URL 资源定位器时,应输入 https://,而不是 http://。

# 9.4 构建 VPN 的解决方案与相关设备

企业构建 VPN 系统涉及很多因素,需要结合自身应用需求与发展,以及客观环境提供的条件,以安全、经济、实用、可靠和高效为原则,制定解决方案。

企业构建 VPN 时,既可以选择硬件 VPN 方案,也可以选择软件 VPN 方案。由于 VPN 的加密传输机制需要消耗系统性能,硬件 VPN 将加密和解密置于高速的硬件中,提供了较好的性能;硬件 VPN 可以提供强大的物理和逻辑安全,更好地防止非法入侵,同时配置和操作也更为简单。一般情况下,硬件方案的价格比较高。对于中小型网络应用来说,如果网络规模不大,最好选择面向中小企业或小型办公室的 VPN 产品。

## 9.4.1 VPN 硬件方案

可选的 VPN 硬件产品主要包括带有 VPN 功能的防火墙、路由器或专用 VPN 硬件设备。在防火墙中集成 VPN 是比较普遍的解决方案。许多企业网络都通过防火墙来连接 Internet,让防火墙直接支持 VPN 是一种不错的选择,因为这样可以将防火墙的安全策略和 VPN 隧道控制结合起来,便于集中管理。

路由器是一种最常用的网络边界设备,在路由器上集成 VPN 也比较实用,与基于防火墙的 VPN 相比,总体安全性要差一些。有许多防火墙和路由器不集成 VPN 功能,这就需要选择专用的 VPN 产品。

随着中小企业信息化程度的提高和宽带网的兴起,VPN 不再是大型企业的专利,越来越多的中小企业需要采用 VPN 技术实现局域网远程互联和远程用户的接入访问。许多厂商都针对中小企业或大型企业分支机构提供高性价比的 VPN 产品。

此类 VPN 产品多为集成 VPN 的防火墙、VPN 路由器,有时称为安全路由器或访问路由器,性价比非常高,且支持多种宽带接入方式,还提供方便的管理工具,支持主流的 VPN 协议。例如,Cisco 1700 系列访问路由器,Netgear FVL328、NetScreen-50、Vigor 系列路由器。许多 VPN 产品还支持动态 IP 地址接入方式,对于采用 ADSL 连接的许多中小型企业非常有用。此类产品非常丰富,这里不作进一步介绍。

### 9.4.2　VPN 软件方案

软件 VPN 方案的价格低廉，更具灵活性，如提供更加方便的用户管理，便于升级等。但在性能、安全性、可靠性以及安装和管理的便捷性等方面，软件方案不如硬件方案。软件 VPN 方案适用于安全要求相对较低、规模较小的网络，能满足许多中小企业的联网业务需求。基于软件的产品很多，包括单一的 IPSec 软件、现有路由器、网关和防火墙中的各种数据封装产品。

软件 VPN 一般采用 Windows 操作系统，硬件 VPN 一般采用专用操作系统。Windows 是桌面办公系统，如果采用 Windows Sever 系统，需要消耗大量的硬件资源。软件 VPN 采用 Windows 系统作为系统的根基，其可靠性取决于安装这个软件的 PC 机。这在一定程度上说明了软件 VPN 的可靠性是不可控制的。而且依赖于 Windows 系统，系统其他软件导致的冲突或者资源占用的情况也会对 VPN 的可靠性带来影响。Windows 除内核外还包括用户界面（UI）以及大量的应用软件，这些大量的软件、GUI 等都可能导致更多的Windows技术漏洞。

实际上，目前许多中小型 VPN 解决方案都是软硬件结合的，以现有网络设备为基础，再配以适当的 VPN 软件可实现 VPN。

### 9.4.3　微软的 VPN 解决方案

在纯软件 VPN 解决方案中，最为常见的就是微软的解决方案。微软最早在其网络操作系统 Windows NT Server 4.0 中引入 PPTP。首次推出的 PPTP 出现了严重的安全问题，但问题并非源于 PPTP 协议本身，而是因为微软在这个协议的实现方案中有许多缺陷。

微软对此进行重新修改后，推出了路由与远程访问服务（简称 RRAS）作为 Windows NT Server 4.0 的免费组件，进一步完善了 PPTP 协议的实现方案，它支持请求拨号路由，并提供基于图形界面的管理工具。

微软的 Windows 2000/2003 集成了路由和远程访问服务，不再局限于自己的标准，而是全面支持 IETF 标准，包括主流的 VPN 解决方案 L2TP 和 IPSec，可实现跨平台的 VPN 组网方案。

Windows 2000/2003 服务器版本已将 PPTP 和 L2TP 服务器都纳入路由和远程访问服务组件进行统一配置和管理，使得实现 VPN 方案变得更加容易。Windows 2000/XP 的 IPSec 基于策略进行配置和管理，支持传输模式和隧道模式。当然，最新的网络操作系统 Windows .NET Server 也支持这些新特性。

至于 VPN 客户端解决方案，Windows 95/98/Me、Windows NT/2000 和 Windows XP 都支持 PPTP 客户端。现在微软的 L2TP/IPSec 客户端不再局限于 Windows 2000/XP，最新发布的 Microsoft L2TP/IPSec VPN Client 软件包，使运行 Windows 98/Me/NT 的计算机可以创建 L2TP/IPSec 远程访问连接。

微软的 Windows 2000/XP，Windows. NET Server 充分利用 Active Directory 特性来简化 VPN 布置和管理。Windows 操作系统并不是一个专业的 VPN 支持系统，因此在很多方面都可能存在漏洞和不足。要构建一个真正的高安全性的 VPN，应该使用 VPN 专业产品。

## 9.5 本章小结

本章介绍了 VPN 技术的基本概念、系统特性。比较详细地讲述了企业计算机网络实现 VPN 的三种协议,分别是数据链路层隧道协议 PP2P,L2F 和 L2TP;网络层隧道协议 IPSEC;安全套接字协议 SSL。对这些协议数据报格式和协议涉及的关键技术进行了分析和阐述。

# 第10章　计算机病毒

## 10.1　病毒的定义

从广义上定义,凡能够引起计算机故障,破坏计算机数据的程序统称为计算机病毒。计算机病毒一直没有公认的明确定义,直至1994年2月18日,我国正式颁布实施了《中华人民共和国计算机信息系统安全保护条例》,在《条例》第二十八条中明确指出:计算机病毒,是指编制或者在计算机程序中插入的破坏计算机功能或者毁坏数据,影响计算机使用,并能自我复制的一组计算机指令或者程序代码。此定义具有法律性、权威性。

## 10.2　计算机病毒简史

自从1946年第一台冯－诺依曼型计算机ENIAC问世以来,计算机已被应用到人类社会的各个领域。然而,1988年发生在美国的蠕虫病毒事件,给计算机技术的发展罩上了一层阴影。蠕虫病毒由美国CORNELL大学研究生莫里斯编写,虽然并无恶意,但在当时,"蠕虫"在Internet上大肆传染,使得数千台连网的计算机停止运行,并造成巨额损失,成为一时的舆论焦点。在国内,最初引起人们注意的病毒是80年代末出现的黑色星期五病毒,米氏病毒,小球病毒等。当时软件种类不多,用户之间的软件交流较为频繁且反病毒软件并不普及,造成了病毒的广泛流行。后来出现的word宏病毒及win95下的CIH病毒,使人们对病毒的认识加深了一步。最初对病毒理论的构思可追溯到科幻小说,美国作家雷恩在70年代出版的《P1的青春》一书中构思了一种能够自我复制、利用通信进行传播的计算机程序,并称之为计算机病毒。进入21世纪,以蠕虫病毒与木马病毒为主的网络病毒,成为电脑病毒的主流。蠕虫病毒与木马病毒是近年爆发最为频繁的病毒。据统计,蠕虫病毒占2004年所有病毒感染的35%,木马病毒占据49%以上的比例,黑客病毒占据14%的比例,其余2%的比例被脚本病毒所占据。

## 10.3　计算机病毒的发展及分类

1994年2月18日,我国正式颁布实施了《中华人民共和国计算机信息系统安全保护条例》。在该条例的第二十八条中是这样定义计算机病毒的:计算机病毒,是指编制或者在计算机程序中插入的破坏计算机功能或者毁坏数据、影响计算机使用、并能自我复制的一组计算机指令或者程序代码。

这个定义勾画了我们通常称为计算机病毒的一类程序及其行为特征。根据这个定义,计算机病毒不仅可能破坏计算机系统,而且还能传染到其他系统。计算机病毒通常隐藏在正常程序中,能生成自己的复件并插入到其他的程序中,很可能对计算机系统进行恶意的破坏。

纯生物学中的病毒是一种寄生生命,也就是说离开了其他生命,病毒不可能独立存在。因此某些生物学家认为,病毒虽然是最简单的生命形式,但却不是最早的生命,它可能是从其他生物的基因中分离出来的片段。计算机病毒之所以被称为病毒在于它的类似生命的自我复制、自我维持的特征和破坏性。生物病毒是亿万年自然选择的产物,非常复杂,计算机病毒是人编写的,比生物界的病毒简单得多。

传统的引导型病毒和文件型病毒的病毒代码一般都包含三部分:引导部分、传染部分、表现部分。

(1)引导部分的作用是将病毒主体加载到内存,为传染部分作准备(如驻留内存,修改中断,修改高端内存,保存原中断向量等操作)。

(2)传染部分的作用是将病毒代码复制到传染目标上去。不同类型的病毒在传染方式、传染条件上各有不同。自我复制是病毒最重要的特征。

(3)表现部分是病毒间差异最大的部分,前两部分也是为这部分服务的。大部分的病毒都是在一定条件下才会触发其表现部分。如以时钟、计数器作为触发条件或用键盘输入的特定字符为触发条件。这一部分是最为灵活的,根据编制者的不同目的而千差万别,也可能不存在。

## 10.3.1 病毒技术发展

在病毒的发展史上,病毒的产生和发展是有规律的,一般情况下,一种新的病毒技术出现后,会迅速发展,接着反病毒技术的发展会抑制其流传。伴随着操作系统的更新换代,病毒也会采用新的技术实现其功能,产生新型病毒,但不同病毒的行为特征仍是基本相同的。病毒技术的发展可大致划分为以下几个阶段。

### 1. DOS 阶段

1987 年,计算机病毒主要是引导型病毒,具有代表性的是“小球”和“石头”病毒。当时的计算机硬件较少,功能简单,一般需要通过软盘启动。引导型病毒利用了软盘的启动原理工作,它们修改系统启动扇区,在计算机启动时首先取得控制权。而且通过减少系统内存,修改磁盘读写中断,进一步控制机器,并在系统存取磁盘时进行传播。1989 年,引导型病毒发展为可以感染硬盘,典型的代表有“石头 2”。

1989 年,可执行文件型病毒出现,它们利用 DOS 系统加载执行文件的机制工作,代表为耶路撒冷病毒和星期天病毒,病毒代码在系统运行可执行文件时取得控制权,然后修改 DOS 中断,在系统调用时进行传染,将自己附加在其他可执行文件中。1990 年,这种病毒发展为复合型病毒,可感染 COM 和 EXE 文件。

1994 年,病毒编写者利用了汇编语言可用不同的方式实现同一功能的特点,发展了生成多种功能相同、代码不同的程序的技术。幽灵病毒就是利用这个技术,每感染一次就产生不同的代码。例如一半病毒就是产生一段有上亿种可能的解码运算程序,病毒体被隐藏在解码前的数据中，查找这类病毒必须对这段数据进行解码，查毒的难度很大。

在汇编语言中，使用不同的通用寄存器进行相同的运算和随机的插入一些空操作和无关指令，都不影响运算结果。病毒生成器和变体机利用了这些特点，典型的代表是病毒制造机 VCL，它可以快速地制造出成千上万种不同的病毒，查毒时不能使用传统的特征识别法，需要分析指令，根据程序语义查毒。

**2. Windows 阶段**

目前微机操作系统平台已经完成了从 DOS 到 Windows 转移，大量出现的 Windows 病毒标志着病毒也同样完成了这个转移。随着 Windows 的日益普及，利用 Windows 进行工作的病毒开始发展，这类病毒的原理和解除方法也比较复杂。

1996 年，出现了使用 Word 宏语言编制的宏病毒，这种病毒使用类 Basic 语言，编写容易，只感染 Word 文档文件。在 Excel 和 AmIPro 中出现的相同工作机制的病毒也归为此类。

**3. 互连网阶段**

1997 年，随着 Internet 的发展，各种病毒开始利用 Internet 传播，一些携带病毒的数据包和邮件越来越多，一旦打开这些邮件，机器就有可能中毒。"蠕虫"是典型的代表，它不占用除内存以外的任何资源，不修改磁盘文件，利用网络将自身向下一地址进行传播，有时也在网络服务器和启动文件中存在。蠕虫病毒多数利用了系统的漏洞，通过网络复制传播自己。

由于 Internet 上 Java 的普及，利用 Java 语言进行传播和工作的病毒出现，典型的代表是 JavaSnake 病毒。

## 10.3.2　计算机病毒分类

从计算机病毒的定义中我们知道，不同的病毒就是病毒在不同平台、使用不同方法的各种实现。本节按照病毒存在的媒体、工作的方式对常见计算机病毒进行了分类，各类之间的界限不严格，一些病毒可同时属于不同分类。

**1. 按破坏性分**

(1) 良性病毒；
(2) 恶性病毒；
(3) 极恶性病毒；
(4) 灾难性病毒。

**2. 按传染方式分**

(1) 引导区型病毒：引导区型病毒主要通过软盘在操作系统中传播，感染引导区，蔓延到硬盘，并能感染到硬盘中的主引导记录。

(2) 文件型病毒：文件型病毒是文件感染者，也称为寄生病毒。它运行在计算机存储器中，通常感染扩展名为 COM，EXE，SYS 等类型的文件。

(3) 混合型病毒：混合型病毒具有引导区型病毒和文件型病毒两者的特点。

(4) 宏病毒:宏病毒是指用 BASIC 语言编写的病毒程序寄存在 Office 文档上的宏代码。宏病毒影响对文档的各种操作。

**3. 按连接方式分**

(1) 源码型病毒:源码型病毒攻击高级语言编写的源程序,在源程序编译之前插入,并随源程序一起编译、连接成可执行文件。源码型病毒较为少见,亦难以编写。

(2) 入侵型病毒:入侵型病毒可用自身代替正常程序中的部分模块或堆栈区。因此这类病毒只攻击某些特定程序,针对性强。一般情况下也难以被发现,清除起来较困难。

(3) 操作系统型病毒:操作系统型病毒可用其自身部分加入或替代操作系统的部分功能。因其直接感染操作系统,这类病毒的危害性也较大。

(4) 外壳型病毒:外壳型病毒通常将自身附在正常程序的开头或结尾,相当于给正常程序加了个外壳。大部份的文件型病毒都属于这一类。

## 10.3.3 病毒发展趋势

本节我们从计算机病毒的传播载体、实现技术以及活动平台这几个方面,来探讨病毒的发展趋势。

**1. 网络成为计算机病毒传播的主要载体**

当计算机病毒于 1983 年 11 月在美国计算机专家的实验室里面诞生时,计算机网络还只是在科学界使用。到 1994 年,计算机网络才真正在美国实现商业化的运作。1994 年以前,计算机病毒的传播载体主要是软盘,我们现在还可以清楚地记得学校里面,老师在上机之前对软盘进行杀毒。到了 1998 年,计算机病毒才真正在网络上打出自己的天地,那就是 1998 年年底出现的 Happy99 病毒,这款病毒是网络蠕虫病毒的始祖,从此,计算机病毒几乎完全与软盘脱离关系。计算机病毒的传播越来越依靠网络,1998 年以后出现的影响较大的病毒,几乎都利用了网络以传播到全世界的每一个角落。CIH 病毒也是利用了当时"小龙女"屏幕保护程序在网上传播。现在,我们在生活和工作中,已经很少使用软盘,网络成为传播文件的主要方式,因此,网络成为计算机病毒传播的最主要载体。

**2. 传统病毒日益减少,网络蠕虫成为最主要和破坏力最大的病毒类型**

网络应用日益广泛以后,计算机病毒不会最关注传统的传播介质,因此,网络蠕虫成为病毒设计者的首选(也有人认为蠕虫并不是病毒,蠕虫和病毒是有区别的,见 Internet 标准 RFC2828)。除了传播广、速度快的优点以外,蠕虫的一些特征也促使病毒制造者特别中意这种病毒类型:蠕虫病毒主要利用系统漏洞进行传播,在控制系统的同时,为系统打开后门;蠕虫病毒编写简单,不需要经过复杂的学习,一些蠕虫病毒的源代码是用 VBS 来编写的,只要仔细研究它们的源代码,很快就可以自己编写一个相似的病毒出来,甚至可以编写出专门生产病毒的程序,尽管这一类程序在技术上可能没有太多创新,但在当前的反病毒技术下,防病毒软件并不能识别这些具有相似性的病毒。

**3. 恶意网页是木马还是病毒**

实际上，现在已经有很多网页使用了这种技术，这些网页有以下特点。

(1)在用户(浏览者)不知道的情况下，修改用户的浏览器选项，包括首页、搜索选项、浏览器标题栏、浏览器右键菜单、浏览器工具菜单等，以达到使浏览者再次访问该网页的目的；这类网页不会对用户的文件资料和硬件造成损害，但是，给用户浏览时造成不便；

(2)用户(浏览者)注册表选项，锁定注册表、修改系统启动选项、在用户桌面生成网页快捷访问方式；这类网页，目的也是迫使用户访问其网页，但是在客观上造成了对用户的恶意干扰甚至破坏；

(3)格式化用户硬盘，这样的网页在理论上已经可以实现，但在实际的网络上，似乎还没有大规模的出现；现在使用此技术的往往是一些纯技术的网站。

以上提到的三种情况，就使用技术而言是相似甚至相同的，都使用了 IE 的 ActiveX 漏洞，但现在的杀毒软件一般没有防范此恶意网页的功能，因此，很多用户的计算机都遭到过恶意的网页修改。在当前的病毒定义下，不能称恶意网页为病毒，因为它少了病毒最明显的一个特征——自我复制；当然，也不能称这种恶意网页为木马，因为它没有远程文件控制；而在实际中，我们往往认为这就是病毒，那么，该叫恶意网页什么呢？病毒的定义在当前的网络环境下，是否会有适当地变化或发展呢？这也是我们需要考虑的问题。

**4. 病毒与木马技术相互结合，出现带有明显病毒特征的木马或者木马特征的病毒**

在有木马以前，病毒的危害比较直接，那就是简单地破坏；有了木马以后，我们看到了木马的“聪明”，因为它们的背后往往有一个人来控制，中了木马以后，控制端的人会通过木马来控制计算机；现在，我们似乎已经看到这两种技术的结合品，那就是尼姆达病毒。尼姆达病毒没有木马的最直接特征，但是，感染尼姆达病毒的计算机会留下漏洞。这是不是比较间接地对计算机的控制呢？在病毒技术越来越平民化的现在，制造木马的黑客们，会放弃病毒技术来加大木马的传播速度和破坏效果吗？可能不久我们就会看到木马与病毒的结合体。

**5. 技术的遗传与结合**

当一种最新的技术或者计算机系统出现的时候，病毒总会找到这些技术的薄弱点并进行利用。同时，病毒制造者们也不断吸取已经发现的病毒技术，试图将这些技术融合在一起，制造更具有破坏力的新病毒。在尼姆达病毒的身上，我们看到了这种趋势。尼姆达病毒同时利用了几种有名病毒的传播方式进行传播。

(1)FunLove 的共享传播方式，这是尼姆达病毒传播的主要方式之一，利用病毒的扫描功能，找出网络上完全共享的资源，然后进入这些资源，将计算机的磁盘进行共享，继续寻找类似的资源。

(2)利用邮件病毒的特点，传播自己。

(3)利用系统软件漏洞，传播自己，可能是曾经让我们大为恼火的几种病毒传播方式，也可能是利用系统漏洞来传播的方式。

**6. 传播方式多样化**

这里的传播方式不是指网络等介质的传播，而是指吸引用户上当的方式。用户对病毒自投罗网是从 AnnaKournikova. jpg. vbs 开始的,美丽女球星的照片吸引了很多用户将病毒激活,这些病毒利用了人们好奇的心里,引诱用户打开邮件感染病毒。现在的投票病毒和求职信病毒也是这一类。

**7. 跨操作系统的病毒**

现在已经发现了 Linux 下的病毒,随着 Linux 的普及,该系统下的病毒会越来越多。例如可以同时感染 Windows 操作系统和 Linux 操作系统的 W32. Winux 病毒。

**8. 手机病毒、信息家电病毒的出现**

手机病毒流传已久,现在发现的所谓手机病毒其实就是计算机病毒,只是这种病毒将资料发向手机或者发送短信息给手机。还有资料说有的手机病毒可以修改用户信息,令手机连续发出警告声音或者锁定键盘。这些资料都没有得到权威部门的证实,在这里只作为参考。

随着 WAP 和信息家电的普及,手机和信息家电将逐步复杂和智能化。同时,手机、信息家电和互联网的结合日益紧密,我们不得不考虑在将来是否真的有手机和信息家电病毒。在理论上说,信息产品越复杂,和网络联系越紧密,这些信息产品的软件部分开放的程度就会越高,利用软件缺陷制造和传播病毒的几率也就越大。

# 10.4 计算机病毒原理

## 10.4.1 引导型病毒

想要了解引导型病毒的原理,首先要了解引导区的结构。软盘只有一个引导区,称为 dos boot secter。其作用为查找盘上有无 io. sys dos. sys,若有则引导,若无则显示 no system disk... 等信息。硬盘有两个引导区,在 0 面 0 道 1 扇区的称为主引导区,内有主引导程序和分区表,主引导程序查找激活分区,该分区的第一个扇区即为 dos boot secter。绝大多数病毒感染硬盘主引导扇区和软盘 dos 引导扇区。下面给出基本引导病毒的原理。

带毒硬盘引导------ >bios 将硬盘主引导区读到内存 0:7c00 处,控制权转到主引导程序(这是千古不变的)(病毒)------ >将 0:413 单元的值减少 1k 或 nk------ >计算可用内存高段地址,将病毒移到高段继续执行------ >修改 int13 地址,指向病毒传染段,将原 int13 地址保存在某一单元------ >病毒任务完成,将原引导区调入 0:7c00 执行------ >机器正常引导带毒软盘引导------ >判断硬盘是否有毒,若无毒则传染------ >以下同上(传染时将病毒写入主引导扇区,将原引导程序存入某一扇区)。这是引导型病毒的基本框图,不论是最古老的,还是最新的,万变不离其宗。

驻留内存:一般采取修改 0:413 地址的方法,但有很大的缺点,启动后用 mem 查看会发现常规内存的总量少于 640k,不够隐蔽,解决方法是修改 int 8,检测 int 21 是否建立,若建立则可采用 dos 功能驻留内存。

隐形技术:当病毒驻留时,读写引导区均对原引导区操作,就好象没有病毒一样。

加密技术:一般加密分区表,使无毒盘启动,无法读取硬盘。

引导型病毒的优点为隐蔽性强、兼容性强、通用于 dos windows win95 操作系统。缺点是传染速毒慢,一定要带毒软盘启动才能传到硬盘;杀毒容易,只需改写引导区即可。如 fdisk/mbr ,kv300,rav 能查出所有引导型病毒,底板能对引导区写保护,所以现在纯引导型病毒已很少了。

## 10.4.2 文件型病毒

文件型病毒与引导区型病毒工作的方式是完全不同的，在各种 PC 机病毒中，文件型病毒占的数目大,传播广,采用的技巧也多。文件型病毒是对源文件进行修改,使其成为新的文件。文件型病毒分两类:一类是将病毒加在 COM 前部,一类是加在文件尾部,如图 10.1 所示。文件型病毒传染的对象主要是. COM 和. EXE 文件。

```
A B
-------- ---------------
| -病毒 | |JMP XXXX:XXXX| (原文件的前 3 字节被修改)
------------------------
|原文件| ├ 原程序 ┤
-------- -------------
├ 病毒 ┤
-------------
```

EXE 文件比较复杂,每个 EXE 文件都有一个文件头,结构如下:
EXE 文件头信息

```
------------------------------------------------------------------
├ 偏移量 ┤ 意义 ┤
├00h - 01h ┤ MZ'EXE 文件标记 ┤
├2h - 03h ┤ 文件长度除 512 的余数 ┤
├04h - 05h ┤ ............... 商 ┤
├06h - 07h ┤ 重定位项的个数 ┤
├08h - 09h ┤ 文件头除 16 的商 ┤
├0ah - 0bh ┤ 程序运行所需最小段 数 ┤
├0ch - 0dh ┤ ............... 大..... ┤
├oeh - 0fh ┤ 堆栈段的段值 (SS) ┤
├10h - 11h ┤ ........sp ┤
├12h - 13h ┤ 文件校验和 ┤
├14h - 15h ┤ IP ┤
├16h - 17h ┤ CS ┤
├18h - 19h ┤ ............ ┤
├1ah - 1bh ┤ ............ ┤
├1ch ┤ ............ ┤
-------------------------------
```

**图 10.1　文件型病毒**

当 DOS 加载 EXE 文件时,根据文件头信息,调入一定长度的文件,设置 SS,SP 从 CS:IP 开始执行。病毒一般将自己加在文件的末端,修改 CS,IP 的值指向病毒起始地址,并修改文件长度信息和 SS,SP。

### 10.4.3 典型病毒及原理

每一种病毒都有其既定的攻击和传染对象,都有其特定的实现原理、传染方式和危害方式,通过一定的传播渠道对计算机系统实施危害。虽然病毒越来越多,但绝大多数病毒都是模仿其他病毒编写的,这些病毒的传播、感染、加载、破坏等行为特点都可以从已经存在的病毒中找到。因此,通过分析典型的几种病毒,就可快速将新病毒分类,找出查杀方法。

**1. 红色代码 2 病毒**

"红色代码 2"(Code Red II)是一种新型的网络病毒,造成的破坏主要是涂改网页、对网络上的其他服务器进行攻击,被攻击的服务器又可以继续攻击其他服务器。它在每月的 20 ~ 27 日,向特定 IP 地址 198.137.240.91(www. whitehouse. gov)发动攻击,同时对系统进行软硬件扫描,因而还可能导致上网及浏览速度明显减慢。这是一个蠕虫 + 木马型病毒,和第一版红色代码蠕虫病毒相比,并不是一个简单的变种,因为它不是简单地修改主页,而是通过微软 IIS Web 服务器漏洞实现对一个木马文件的下载和运行。受影响系统主要是未安装补丁程序的微软 IIS Web 服务器。

红色代码蠕虫病毒采用了缓存区溢出技术,利用网络上使用微软 IIS 系统的服务器的端口 80 来进行病毒的传播。与其他病毒不同的是,红色代码并不将病毒信息写入被攻击服务器的硬盘,它只是驻留在被攻击服务器的内存中,并借助这个服务器的网络连接攻击其他的服务器。这种病毒还可以在遭到攻击的机器上植入特洛伊木马,使得被攻击的机器"后门大开"。"红色代码 2"拥有极强的可扩充性,通过程序自行完成的木马植入工作,使得病毒作者可以通过修改此程序达到不同的破坏目的。

目前,红色代码病毒已经发展到了第三代,是典型的恶性病毒。一个独立的研究公司报道,仅 2001 年 7 月和 8 月份,红色代码病毒在全球就造成了大约 26 亿美元的损失。

下面,以"红色代码 2"为例,分析这个病毒。其英文名称为"I-worm redcode",该病毒的活动可以分为三部分:感染 、传播、特洛伊木马程序。下面我们分析病毒的三个活动的全过程。

当本地 IIS 服务程序收到某个来自 Code Red II 发的请求数据包时,由于存在漏洞,导致处理函数的堆栈溢出(Overflow)。当函数返回时,原返回地址已被病毒数据包覆盖,程序运行进入到病毒代码中,此时病毒被激活,并运行在 IIS 服务程序中。病毒代码首先会判断内存中是否已注册了一个名为 Code Red II 的 Atom(系统用于对象识别),如果已存在此对象,表示此机器已被感染,病毒进入无限休眠状态,未感染则注册 Atom 并创建 300 个病毒线程,当判断到系统默认的语言 ID 是中华人民共和国或中国台湾时,线程数猛增到 600 个。创建完毕后初始化病毒体内的一个随机数发生器,此发生器产生用于病毒感染的目标电脑 IP 地址。每个病毒线程每 100 毫秒就会向一个随机地址的 80 端口发送一个长度为 3 818 字节的病毒传染数据包。完成上述工作后病毒将系统目录下的 CMD. EXE 文件分别复制到系统根目录\inetpub\scrIPts 和系统根目录\progra~1\common~1\system\MSADC 下,并取名为 root. exe。然后从病毒体内释放出一个木马程序,复制到系统根目录下,并取名为explorer. exe,此木马运行后会调用系统原explorer. exe,运行效果和正常explorer程序无异,但注册表中的很多项已被修改。由于释放木马的代码是个循环,如果目的目录下的explorer. exe被删除,会再释放出一个病毒。当病毒线程在判断日期大于2002年10月时,会立刻强行重启计算机。

**2. CIH病毒**

CIH病毒是迄今为止发现的破坏性最大的病毒之一,是首例直接破坏计算机系统硬件的病毒。它发作时不仅破坏硬盘的引导区和分区表,而且破坏计算机系统flashBIOS芯片中的系统程序,导致主板被损坏。CIH首先在台湾被发现,是由24岁的陈盈豪(Chen Ing-Halu)编制的,由于其名字第一个字母分别为C,I,H,所以这可能是计算机病毒名称的由来。其别名有Win95. CIH,Spacefiller,Win32. CIH,PE_CIH,主要感染Windows95/98下的可执行文件(PE格式,Portable Executable Format),目前的版本不感染DOS以及WIN 3. X下的可执行文件,并且在Win NT中无效。其发展过程经历了v1. 0,v1. 1,v1. 2,v1. 3,v1. 4总共5个版本。

最初的V1.0版本只有656字节,雏形比较简单,与普通类型的病毒在结构上并无多大区别,其最大的创新是可感染Microsoft Windows PE类可执行文件,被其感染的程序文件长度增加,此版本的CIH不具有破坏性。当发展到v1. 1版本时,病毒长度为796字节,此版本的CIH病毒具有可判断Windows NT操作系统的功能,一旦判断用户运行的是Windows NT,则进行自我隐藏,以避免产生错误提示信息,同时对代码进行优化,缩减长度。此版本的CIH另外一个特点在是可以利用WIN PE类可执行文件中的"空隙",将自身根据需要分裂成几段后,分别插入到PE类可执行文件中,这样做的优点是在感染大部分WIN PE类文件时,不会导致文件长度增加。

当发展到v1. 2版本时,除改正了一些缺陷之外,还增加了破坏用户硬盘以及用户主机BIOS程序的代码,这使其步入恶性病毒的行列。v1. 2版本的CIH病毒最大的缺陷在于当其感染ZIP自解压文件时,将导致ZIP压缩包在自解压时出现错误警告信息:

WinZIP Self-Extractor header corrupt.

Possible cause: disk or file transfer error.

v1. 3版本的CIH病毒的改进方法是一旦判断开启的文件是WinZIP类的自解压程序,则不进行感染。同时,此版本的CIH病毒修改了发作时间。v1. 4版本的CIH病毒改正了上几个版本中的缺陷,不感染ZIP自解压包文件,同时修改了发作日期及病毒中的版权信息(版本信息被更改为:"CIH v1. 4 TATUNG",在以前版本中的相关信息为"CIH v1. x TTIT"),此版本的病毒长度为1019字节。

CIH属恶性病毒,当其发作条件成熟时,将破坏硬盘数据,同时有可能破坏BIOS程序,其发作特征如下。

(1)以2048个扇区为单位,从硬盘主引导区开始依次往硬盘中写入垃圾数据,直到硬盘数据被全部破坏为止。最坏的情况为硬盘所有数据(含全部磁盘分区数据)均被破坏。

(2)某些主板上的Flash Rom中的BIOS信息将被清除。

CIH病毒属于文件型病毒,它的原理主要是使用Windows的VxD(虚拟设备驱动程序)编程方法,获取高的CPU权限,CIH病毒使用的方法是首先使用SIDT取得IDT base address(中断描述符表基地址),然后把IDT的INT 3的入口地址改为指向CIH的INT3程序入口部分,再利用自己产生一个INT 3指令运行至CIH自身的INT 3入口程序处,这样CIH病毒就可以获得最高级别的权限(即权限0),接着病毒将检查DR0寄存器的值是否为0,用以判断先前是否有CIH病毒已经驻留。如DR0的值不为0,则表示CIH病毒程序已驻留,则此CIH副本将恢复原先的INT 3入口,然后正常退出(这一特点也可以被我们利用来欺骗CIH程序,以防止它驻留在内存中,但是应当防止其可能的后继派生版本)。如果判断DR0值为0,则CIH病毒将尝试进行驻留,首先将当前EBX寄存器的值赋给DR0寄存器,以生成驻留标记,然后调用INT 20中断,使用VxD call Page Allocate系统调用,要求分配Windows系统内存(system memory),Windows系统内存地址范围为C0000000h ~ FFFFFFFFh,它用来存放所有的虚拟驱动程序的内存区域,如果程序想长期驻留在内存中,必须申请到此区段内的内存。

如果内存申请成功,则将从被感染文件中将原先分成多段的病毒代码收集起来,进行组合后放到申请到的内存空间中。完成组合、放置过程后,CIH病毒将再次调用INT 3中断进入CIH病毒体的INT 3入口程序,接着调用INT 20来完成调用一个IFSMgr_InstallFileSystemApiHook的子程序,截取文件调用的操作,接着修改IFSMgr_InstallFileSystemApiHook的入口,这样就完成了挂接钩子的工作,同时Windows默认的IFSMgr_Ring0_FileIO(InstallableFileSystem-Manager,IFSMgr)服务程序的入口地址将被保留,以便于CIH病毒调用。一旦出现要求开启文件的调用,CIH将在第一时间截获此文件,并判断此文件是否为PE格式的可执行文件。如果是,则感染,如果不是,则放过去,将调用转接给正常的Windows IFSMgr_IO服务程序。

CIH不会重复多次地感染PE格式文件,同时可执行文件的只读属性是否有效,不影响感染过程。感染文件后,文件的日期与时间信息将保持不变。绝大多数的PE程序被感染后,程序的长度也将保持不变。因为CIH将会把自身分成多段,插入到程序的空域中。完成驻留工作后的CIH病毒将把原先的IDT中断表中的INT 3入口恢复成原样。

**3. 爱虫**

爱虫病毒是一种蠕虫病毒,是通过OutLook电子邮件系统传播的。邮件的主题为"I Love You",并包含一个附件。一旦在outlook里打开这个邮件,该脚本就开始运行,将自身拷贝到

$ windir/Win32DLL. vbs ( $ windir = c:\windows on most windows systems)

$ systemdir/MSKernel32. vbs ( $ systemdir = c:\windows\system)

$ windir/LOVE-LETTER-FOR-YOU. TXT. vbs

然后将这些文件加载到注册表中以便在启动时自动运行。接下来它将改变默认的IE浏览页面,通过该页面下载一个可执行的代码,下载完毕后它会将其加入注册表而且把IE的默认浏览页面再改回about:bland。系统就会自动复制并向地址簿中的所有邮件地址发送病毒。病毒运行后会将共享密码及IP地址通过E-mail发送给作者。

爱虫病毒可以改写本地及网络硬盘上面的某些文件。用户机器染毒以后,邮件系统将会变慢,并可能导致整个网络系统崩溃。该病毒感染力极强,可寻找本地驱动器和映射驱动器,并扫描硬盘及网络共享硬盘,寻找后缀为vbs, vbe, js, jse, css, wsh, sct, hta, vbs, jpg, jpeg的文件。当蠕虫找到有以上扩展名的文件时,用病毒代码覆盖文件原来的内容,并将扩展名修改为vbs,随后删除宿主文件。

一旦病毒运行,将会在系统中留下以下文件:\windows\Win32DLL. vbs、\system\MSKernel32. vbs和\system\LOVE-LETTER-FOR-YOU. TXT. vbs。

为了达到Wmdows启动时自动运行的目的,爱虫病毒修改了注册表中的一些健值,这些键

值是：

HKEY_CURRENT_USER \ Software \ Microsoft \ Windows \ CurrentVersion \ Run \ MSKernel32 \ Windows \ system \ MSKernel32. vbs

HKEY_ CURRENT _ USER \ Software \ Microsoft \ Windows \ CurrentVersion \ RunServer \ Win32DLL \ windows \ Win32DLL. vbs

爱虫病毒的杀毒可通过如下过程进行。

打开注册表编辑工具并且删除下列键值：

HKEY_CURRENT_USER \ Software \ Microsoft \ CurrentVersion \ Run \ MSKernel32

HKEY_CURRENT_USER \ Software \ Microsoft \ CurrentVersion \ RunServer \ Win32DLL

HKEY_CURRENT_USER \ Software \ Microsoft \ CurrentVersion \ Run \ WIN_BUGSF IX。

查找一个叫 WIN-BUGFIX. exe 的文件并删除它，删除文件 $ dirsystem \ LOVE-LETTER-FOR-YOU. HTM。检查所有后缀为 vbs，vbe，js，jse，css，wsh，sct，hta，vbs，jpg，jpeg 的文件，看是否已被感染，如果是就删除它们。

如果安装了 mIRC，应删除 script. ini 文件。删除所有相关的 E-mail，不要打开任何可疑的文件，如果条件允许，可以关掉所有的脚本。

## 10.5　计算机病毒的检测及清除

计算机病毒的防治要从防毒、查毒、杀毒三方面来进行，系统对于计算机病毒的实际防治能力和效果也要从防毒能力、查毒能力和杀毒能力三方面来评判。

防毒是指根据系统特性，采取相应的系统安全措施预防病毒侵入计算机。查毒是指对于确定的环境，能够准确地报出病毒名称，该环境包括内存、文件、引导区（含主导区）、网络等。杀毒是指根据不同类型病毒对感染对象的修改，并按照病毒的感染特性所进行的恢复。该恢复过程不能破坏未被病毒修改的内容。感染对象包括内存、引导区（含主引导区）、可执行文件、文档文件、网络等。

防毒能力是指预防病毒侵入计算机系统的能力。通过采取防毒措施，可以准确地、实时地监测预警，对经由光盘、软盘、硬盘不同目录之间，局域网，Internet（包括 FTP 方式、E－mail、HTTP 方式）或其他形式的文件下载等多种方式进行传输的病毒发出警告；能够在病毒侵入系统时发出警报，发现携带病毒的文件，并即时清除；对网络而言，能够向网络管理员发送关于病毒入侵的信息，记录病毒入侵的工作站，必要时还要能够注销工作站，隔离病毒源。

查毒能力是指发现和追踪病毒来源的能力。通过查毒应该能准确地发现计算机系统是否感染有病毒，准确查找出病毒的来源，并给出统计报告；查解病毒的能力由查毒准确率和误报率来评判。解毒能力是指从感染对象中清除病毒，恢复被病毒感染前的原始信息的能力，解毒能力应用解毒率来评判。

### 10.5.1　计算机病毒检测

在与病毒的对抗中，及早发现病毒很重要。早发现，早处置，可以减少损失。检测病毒方法有特征代码法、校验和法、行为监测法、软件模拟法，这些方法依据的原理不同，实现时所需开销不同，检测范围也不同。

**1. 特征代码法**

特征代码法是使用最为普遍的病毒检测方法，国外专家认为特征代码法是检测已知病毒的最简单、开销最小的方法。

特征码查毒就是检查文件中是否含有病毒数据库中的病毒特征代码。采用病毒特征代码法的检测工具，必须不断更新版本，否则检测工具便会老化，逐渐失去实用价值。病毒特征代码法对从未见过的新病毒无法检测。

**2. 校验和法**

对正常文件的内容，计算其校验和，写入文件中保存。定期检查文件的校验和与原来保存的校验和是否一致，可以发现文件是否感染病毒，这种方法叫校验和法，它既可发现已知病毒又可发现未知病毒。

由于病毒感染并非文件内容改变的唯一的非他性原因，文件内容的改变有可能是正常程序引起的，所以校验和法常常误报警，而且此种方法也会影响文件的运行速度。因而用监视文件的校验和来检测病毒不是最好的方法。

校验和法的优点是：方法简单，能发现未知病毒和被查文件的细微变化。缺点是：对文件内容的变化过于敏感、会误报警、不能识别病毒名称、不能对付隐蔽型病毒。

**3. 行为监测法**

利用病毒的特有行为特征性来监测病毒的方法，称为行为监测法。通过对病毒多年的观察、研究，有一些行为是病毒的共同行为，而且比较特殊。当程序运行时，监视其行为，如果发现了病毒行为，立即报警。

行为监测法的优点是可发现未知病毒、可相当准确地预报未知的多数病毒。缺点是可能误报警、不能识别病毒名称、实现时有一定难度。

**4. 软件模拟法**

软件模拟法以后演绎为虚拟机查毒、启发式查毒技术，是相对成熟的技术。

### 10.5.2 计算机病毒清除

传统意义上的计算机病毒的清除主要分为以下五种。

**1. 文件型病毒的解除**

计算机病毒中绝大部分是文件型。所谓文件型病毒是指病毒寄生在可执行文件上，传播的途径也是可执行文件。清除病毒的过程实际上是病毒感染过程的逆过程，通过检测工作已经得到了病毒体的全部代码，则有可能依照一定的程序或方法将文件恢复，也就是说可能将病毒解除。

### 2. 引导型病毒的解除

这类病毒的种类也比较多,它们占据软盘或硬盘的第一个扇区,在开机后先于操作系统得到对计算机的控制,影响系统的 I/O 存取速度,干扰系统的正常运行。此类病毒可用地址法、相对法、逻辑法、覆盖法、特殊法予以解除。

### 3. 内存解毒

因为内存中的活病毒体会干扰反病毒软件的检测结果,所以几乎所有反病毒软件设计者都要考虑到内存解毒。新的内存解毒技术是找到病毒在内存中的位置,重构其中部分代码,使其传播功能失效。

### 4. 包裹文件病毒检测

一些常见的工具软件可以包裹可执行文件,减小磁盘占用空间,加快运行速度。但把一个病毒包裹后,病毒就会被保护起来,各种反病毒软件都无法查到。已被包裹并含有病毒的可执行文件在执行时,病毒会到处传播,使用解毒软件将病毒解除之后,被包裹的可执行文件中的病毒却保留下来,危害较大。通过特有的解包裹模块,可以既查解被包裹后的病毒,又不破坏被包裹后没有病毒的可执行文件。

### 5. 检测被压缩工具处理过的文件

文件压缩可以节省磁盘空间,便于保密和携带。但如果将被病毒传染的文件使用压缩工具压缩,那么按照检测正常文件的方法就无法将病毒从压缩文件中查出,采用解压缩算法和流程处理可以根治这种病毒。目前大多数杀毒软件都具有这个功能。

随着病毒技术和反病毒技术的反战,目前的杀毒软件基本上都能够清除以上类型的病毒,如果计算机有疑似感染病毒的症状,可以采取如下应急措施。

(1)将杀毒软件升级至最新版,进行全盘杀毒。

(2)如果杀毒软件不能清除病毒,或者重启计算机后病毒再次出现。则应该进入安全模式进行查杀。

(3)有些病毒造成杀毒软件无法启动,则需要根据现象判断病毒的种类,使用相应的专杀工具进行查杀。使用专杀工具查杀后,升级或重装杀毒软件,再进行杀毒。

## 10.6　本 章 小 结

本章介绍了病毒的基本知识、发展历史和分类。病毒的发展大致经历了 DOS 病毒、Windows 病毒、网络病毒等阶段。以网络为主的多种传播手段、与黑客技术相结合、手机病毒是病毒发展的新动向。本章还较为详细地分析了几个典型病毒,包括“红色代码 2”病毒、CIH 病毒和“爱虫”病毒。

# 第11章　无线网络安全

## 11.1　WLAN的应用现状

### 11.1.1　Wi-Fi在全球范围迅速发展的趋势

无线局域网(WLAN)作为一种能够帮助移动人群保持网络连接的技术,在全球范围内受到来自多个领域用户的支持,目前已经获得迅猛发展。无线局域网(WLAN)的发展主要从公共热点(在公共场所部署的无线局域网环境)和企业组织机构内部架设两个方向铺开。世界范围内的公共无线局域网(WLAN)热点数量三年内增加了近60倍。

市场调查公司Gartner Dataquest指出,公共无线局域网(WLAN)服务在亚太地区将保持强劲的发展势头。在澳大利亚、香港、日本、新加坡、韩国和台湾这六大市场,热点的数量在迅速增加。

### 11.1.2　在企业、学校等组织机构内部,笔记本电脑的普及也带动了无线局域网(WLAN)的普及

以英特尔公司为例,全球79 000名员工中有65%以上的人使用笔记本电脑,其中80%以上的办公室都部署了无线局域网(WLAN),英特尔围绕具备无线能力的笔记本电脑如何改变其员工的生活习惯和工作效率进行了调查,结果表明,员工的工作效率平均每周提高了两小时以上,远远超过了所花费的升级成本,而且完成一般办公室任务的速度提高了37%。此外,无线移动性还迅速改变了员工的工作方式,使其能够更加灵活自主地安排自己的工作。

## 11.2　WLAN面临的安全问题

由于无线局域网采用公共的电磁波作为载体,电磁波能够穿过天花板、玻璃、楼层、砖、墙等物体,因此在一个无线局域网接入点(Access Point)所服务的区域中,任何一个无线客户端都可以接受到此接入点的电磁波信号,这会使一些恶意用户也能接收到其他无线数据信号。这样,恶意用户在无线局域网中相对于在有线局域网当中窃听或干扰信息就容易得多。WLAN所面临的安全威胁主要有以下几类。

**1. 网络窃听**

一般说来,大多数网络通信都是以明文(非加密)格式出现的,这会使处于无线信号覆盖

范围之内的攻击者乘机监视并破解(读取)通信。这类攻击是企业管理员面临的最大安全问题。如果没有基于加密的强有力的安全服务,数据就很容易在空气中传输时被他人读取并利用。

**2. AP 中间人欺骗**

在没有足够的安全防范措施的情况下,很容易受到利用非法 AP 进行的中间人欺骗攻击。解决这种攻击的通常是采用双向认证方法(即网络认证用户,同时用户也认证网络)和基于应用层的加密认证(如 HTTPS + WEB)。

**3. WEP 破解**

现在互联网上存在一些程序,能够捕捉位于 AP 信号覆盖区域内的数据包,收集到足够的 WEP 弱密钥加密的包,并进行分析以恢复 WEP 密钥。根据监听无线通信的机器速度、WLAN 内发射信号的无线主机数量,以及由于 802.11 帧冲突引起的 IV 重发数量最快可以在两个小时内攻破 WEP 密钥。

**4. MAC 地址欺骗**

即使 AP 起用了 MAC 地址过滤,使未授权的黑客的无线网卡不能连接 AP,也不意味着能阻止黑客进行无线信号侦听。通过某些软件分析截获的数据,能够获得 AP 允许通信的 STA MAC 地址,这样黑客就能利用 MAC 地址伪装等手段入侵网络。

## 11.3　WLAN 业界的安全技术

早期的无线网络标准安全性并不完善,技术上存在一些安全漏洞。但是另一方面,由于 WLAN 标准是公开的,随着使用的推广,更多的专家参与了无线标准的制定,使其安全技术迅速成熟起来。现在 WLAN 不只是在家庭、学校、中小企业里边得到广泛的应用,在安全性最敏感的大企业、大银行户头(例如全球财富 500 强)、政府机构,WLAN 的安全可靠性也得到了认可,并大量地被推广使用。

具体地讲,为了有效保障无线局域网(WLAN)的安全性,就必须实现以下几个安全目标。

(1)提供接入控制:验证用户,授权他们接入特定的资源,同时拒绝为未经授权的用户提供接入;

(2)确保连接的保密与完好:利用强有力的加密和校验技术,防止未经授权的用户窃听、插入或修改通过无线网络传输的数据;

(3)防止拒绝服务(DoS)攻击:确保不会有用户占用某个接入点的所有可用带宽,从而影响其他用户的正常接入。

无线局域网的安全技术在这几年得到了快速的发展和应用。下面是业界常见的无线网络安全技术。

(1)服务区标识符(SSID)匹配;

(2)无线网卡物理地址(MAC)过滤;

(3)有线等效保密(WEP);

(4)端口访问控制技术(IEEE802.1x)和可扩展认证协议(EAP);

(5)WPA (Wi-Fi 保护访问) 技术;

(6)高级的无线局域网安全标准——IEEE 802.11i。

## 11.3.1 SSID

SSID(Service Set Identifier)将一个无线局域网分为几个不同的子网络,每一个子网络都有其对应的身份标识(SSID),只有无线终端设置了配对的 SSID 才接入相应的子网络。所以可以认为 SSID 是一个简单的口令,提供了口令认证机制,实现了一定的安全性。但是这种口令极易被无线终端探测出来,企业级无线应用绝不能只依赖这种技术做安全保障,只能作为区分不同无线服务区的标识。

## 11.3.2 MAC 地址过滤

每个无线工作站网卡都由唯一的物理地址(MAC)标识,该物理地址编码方式类似于以太网物理地址,是 48 位。网络管理员可在无线局域网访问点 AP 中手工维护一组(不)允许通过 AP 访问的网络地址列表,以实现基于物理地址的访问过滤。MAC 地址过滤的好处和优势如下。

(1)简化了访问控制;

(2)接受或拒绝预先设定的用户;

(3)被过滤的 MAC 不能进行访问;

(4)提供了第 2 层的防护。

MAC 地址过滤的缺点如下。

(1)当 AP 和无线终端数量较多时,大大增加了管理负担;

(2)容易受到 MAC 地址伪装攻击。

## 11.3.3 802.11 WEP

IEEE80211.b 标准规定了一种被称为有线等效保密(WEP)的可选加密方案,其目的是为 WLAN 提供与有线网络相同级别的安全保护。WEP 是采用静态的有线等同保密密钥的基本安全方式。静态 WEP 密钥是一种在会话过程中不发生变化也不针对各个用户变化的密钥。

### 1. WEP 的优点

WEP 在传输上提供了一定的安全性和保密性,能够阻止有意或无意的无线用户查看到在 AP 和 STA 之间传输的内容,其优点在于:

(1)全部报文都使用校验和加密,提供了一些抵抗篡改的能力;

(2)通过加密来维护一定的保密性,如果没有密钥,就难把报文解密;

(3)WEP 非常容易实现;

(4) WEP 为 WLAN 应用程序提供了非常基本的保护。

**2. WEP 的缺点**

(1) 静态 WEP 密钥对于 WLAN 上的所有用户都是通用的,这意味着如果某个无线设备丢失或者被盗,所有其他设备上的静态 WEP 密钥都必须进行修改,以保持相同等级的安全性。这将给网络的管理员带来费时费力的、不切实际的管理任务。

(2) 缺少密钥管理,WEP 标准中并没有规定共享密钥的管理方案,通常是手工进行配置与维护。由于同时更换密钥费时且困难,所以密钥通常长时间使用而很少更换。

(3) ICV 算法不合适,ICV 是一种基于 CRC - 32 的用于检测传输噪音和普通错误的算法。CRC - 32 是信息的线性函数,这意味着攻击者可以篡改加密信息,并很容易地修改 ICV,使信息表面上看起来是可信的。

(4) 认证信息易于伪造,基于 WEP 的共享密钥认证的目的就是实现访问控制,然而事实却截然相反,只要通过监听一次成功的认证,攻击者就可以伪造认证。启动共享密钥认证实际上降低了网络的总体安全性,使猜中 WEP 密钥变得更为容易。

为了提供更高的安全性,WiFi 工作组提供了 WEP2 技术,该技术相比 WEP 算法,只是将 WEP 密钥的长度由 40 位加长到 128 位,初始化向量 IV 的长度由 24 位加长到 128 位。然而 WEP 算法的安全漏洞是 WEP 机制本身引起的,与密钥的长度无关,即使增加加密密钥的长度,也不可能增强其安全程度。

### 11.3.4　802.1x/EAP 用户认证

**1. 802.1x 认证技术**

802.1x 是针对以太网而提出的基于端口进行网络访问控制的安全性标准草案。基于端口的网络访问控制利用物理层特性对连接到 LAN 端口的设备进行身份认证。如果认证失败,则禁止该设备访问 LAN 资源。

尽管 802.1x 标准最初是为有线以太网设计制定的,但它也适用于符合 802.11 标准的无线局域网,且被视为 WLAN 的一种增强性网络安全解决方案。802.1x 体系结构包括三个主要的组件。

(1) 请求方(Supplicant):提出认证申请的用户接入设备,在无线网络中,通常指待接入网络的无线客户机 STA。

(2) 认证方(Authenticator):允许客户机进行网络访问的实体,在无线网络中,通常指访问接入点 AP。

(3) 认证服务器(Authentication Sever):为认证方提供认证服务的实体。认证服务器对请求方进行验证,然后告知认证方该请求者是否为授权用户。认证服务器可以是某个单独的服务器实体,也可以不是,后一种情况通常是将认证功能集成在认证方 Authenticator 中。

802.1x 草案为认证方定义了两种访问控制端口,即受控端口和非受控端口。受控端口分配给那些已经成功通过认证的实体进行网络访问;而在认证尚未完成之前,所有的通信数据流从非受控端口进出。非受控端口只允许通过 802.1x 认证数据,一旦认证成功通过,请求方就可以通过受控端口访问 LAN 资源和服务。802.1x 认证前后的逻辑示意图如图 11.1 所示。

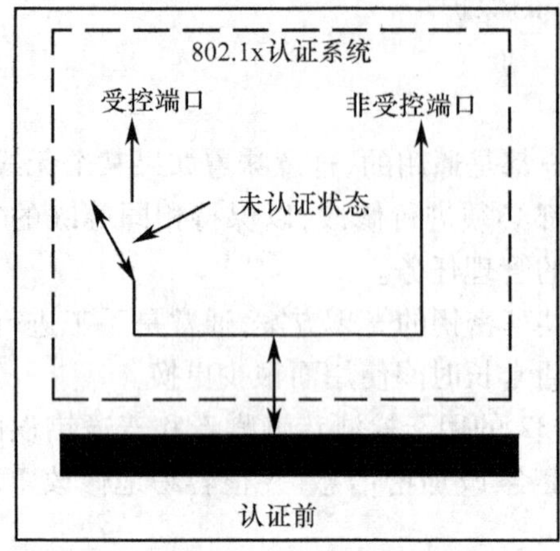


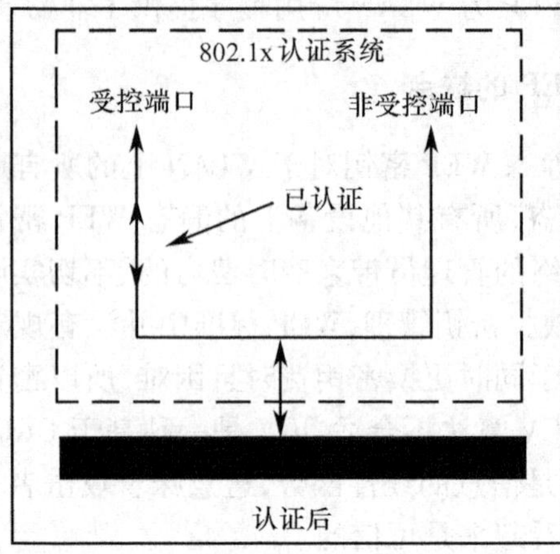


**图 11.1　802.1x 认证前后的逻辑示意图**

802.1x 技术是一种增强型的网络安全解决方案。在采用 802.1x 的无线 LAN 中,无线用户端安装 802.1x 客户端软件作为请求方,无线访问点 AP 内嵌 802.1x 认证代理作为认证方,同时它还作为 Radius 认证服务器的客户端,负责用户与 Radius 服务器之间认证信息的转发。

802.1x 认证一般包括以下几种 EAP(Extensible Authentication Protocol)认证模式:

(1)EAP－MD5;

(2)EAP－TLS(Transport Layer Security);

(3)EAP－TTLS(Tunnelled Transport Layer Security);

(4)EAP－PEAP(Protected EAP);

(5)EAP－LEAP(Lightweight EAP);

(6)EAP－SIM。

**2.802.1x 认证技术的优点**

(1)802.1x 协议仅仅关注受控端口的打开与关闭;

(2)接入认证通过之后,IP 数据包在二层普通 MAC 帧上传送;

(3)由于是采用 Radius 协议进行认证,所以可以很方便地与其他认证平台进行对接;

(4)提供基于用户的计费系统。

**3.802.1x 认证技术的缺点**

(1)只提供用户接入认证机制,没有提供认证成功之后的数据加密;

(2)一般只提供单向认证;

(3)它提供 STA 与 RADIUS 服务器之间的认证,而不是与 AP 之间的认证;

(4)用户的数据仍然是使用 RC4 进行加密。

## 11.3.5　新一代 WLAN 安全标准

为了使 WLAN 技术从安全性没有保障的困境中解脱出来,IEEE 802.11 的 i 工作组致力于制订被称为 IEEE 802.11i 的新一代安全标准,这种安全标准是为了增强 WLAN 的数据加密和认证性能,定义了 RSN(Robust Security Network)的概念,并且针对 WEP 加密机制的各种缺陷做了多方面的改正。

IEEE 802.11i 规定使用 802.1x 认证和密钥管理方式,在数据加密方面,定义了 TKIP(Temporal Key Integrity Protocol)、CCMP(Counter-Mode/CBC-MAC Protocol)和 WRAP(Wireless Robust Authenticated Protocol)三种加密机制。其中 TKIP 采用 WEP 机制里的 RC4 作为核心加密算法,可以通过在现有的设备上升级固件和驱动程序的方法达到提高 WLAN 安全的目的。CCMP 机制基于 AES(Advanced Encryption Standard)加密算法和 CCM(Counter-Mode/CBC-MAC)认证方式,使 WLAN 的安全程度大大提高,是实现 RSN 的强制性要求。

然而,市场对于提高 WLAN 安全的需求是十分紧迫的,IEEE 802.11i 的进展并不能满足这一需要。在这种情况下,Wi-Fi 联盟制定了 WPA(Wi - Fi Protected Access)标准。WPA 是 IEEE802.11i 的一个子集,其核心就是 IEEE 802.1x 和 TKIP。WPA 与 IEEE 802.11i 的关系如图 11.2 所示。

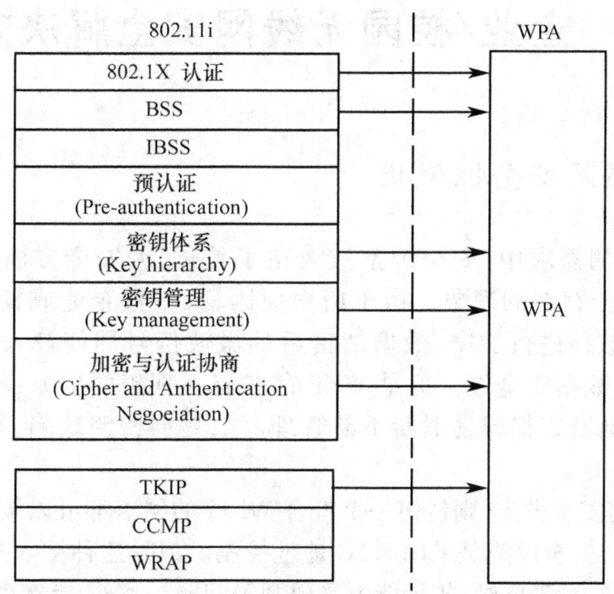

**图 11.2　WPA 与 IEEE 802.11i 的关系示意图**

WPA 采用了 802.1x 和 TKIP 来实现 WLAN 的访问控制、密钥管理与数据加密。802.1x 是一种基于端口的访问控制标准。TKIP 虽然与 WEP 同样都基于 RC4 加密算法,但却引入了 4 个新算法。

(1)扩展的 48 位初始化向量(IV)和 IV 顺序规则(IV Sequencing Rules);

(2)每包密钥构建机制(per-packet key construction);

(3)Michael(Message Integrity Code,MIC)消息完整性代码;

(4)密钥重新获取和分发机制。

WPA 系统在工作的时候,先由 AP 向外公布自身对 WPA 的支持,在 Beacons,Probe Response 等报文中使用新定义的 WPA 信息元素(Information Element),这些信息元素中包含了

AP 的安全配置信息(包括加密算法和安全配置等信息)。STA 根据收到的信息选择相应的安全配置,并将所选择的安全配置表示在其发出的 Association Request 和 Re-Association Request 报文中。WPA 通过这种方式来实现 STA 与 AP 之间的加密算法以及密钥管理方式的协商。

在 STA 以 WPA 模式与 AP 建立关联之后,如果网络中有 RADIUS 服务器作为认证服务器,那么 STA 就使用 802.1x 方式进行认证;如果网络中没有 RADIUS,STA 与 AP 就会采用预共享密钥(PSK,Pre-Shared Key)的方式。

在 WPA 中,AP 支持 WPA 和 WEP 无线客户端的混合接入。在 STA 与 AP 建立关联时,AP 可以根据 STA 的 Association Request 中是否带有 WPA 信息元素来确定哪些客户端支持使用 WPA。但是在混合接入的时候,所有 WPA 客户端所使用的加密算法都要使用 WEP,这就降低了无线局域网的整体安全性。

尽管 WPA 在安全性方面较 WEP 有了很大的改善,但 WPA 只是一个临时的过渡性方案,在 WPA2(802.11i)中将会全面采用 AES 加密机制机制。

## 11.4 企业/校园无线网安全解决方案

### 11.4.1 无线网安全性现状

企业对无线网络的需求中,安全因素被放在了首位,因安全方面的担心而不愿采用 Wi-Fi,是目前很多企业存在的现象。由于历史原因,大多数企业或校园的无线局域网主要依靠 WEP 方式对数据进行加密,数据加密后的微波信号即使被人截获,也不易破解,从而保证客户传输的数据安全性。但是 WEP 存在着不理想的地方:一是密钥共享,由于每个人都知道密钥,则密钥很容易泄漏不易管理。二是弱密钥缺陷,导致 WEP 不能很好地抵御密码学破解攻击。

如果 AP 不做任何安全设定,则任何一个符合 Wi-Fi 的网卡都可以接入网络,所以大多数无线局域网的用户接入安全保障是采用 MAC 地址控制。但是这种接入控制方法对于大型企业或校园无线网,会存在管理麻烦、扩展能力受限制等问题。另外,黑客也可能会使用 MAC 欺骗技术入侵网络。

所以对于企业或校园无线网络系统,如果不从整体上进行规划和设计,只孤立地采用单一的某项安全技术是无法满足企业或校园的高安全性要求的。只会造成无线网络不安全的印象,导致不能充分利用无线网络所能提供的诸多特性和优点进行资源共享和提高工作效率。

### 11.4.2 解决方案概述

为了解决企业无线应用的首要难题——安全性,该解决方案采用了 WPA 安全架构的设计。同时,为了向企业外部来访的用户提供无线接入的灵活性和方便性,该方案还应用了基于英特尔架构的无线网络控制器(WNC)和支持多 SSID 的 AP(Cisco 1100/1230),使企业无线网络在保证企业信息安全的前提下,对多种接入认证方式提供必要的支持。为了使无线网络系统能满足企业或校园在功能性、灵活性和可扩展性方面的需求,采用 Ocamar WNC(昂科无线网络控制器)作为无线网络管理和控制设备。昂科 WNC 除实现了 AC 设备应该具备的接入控制、身份认证等功能,还能够向企业提供策略路由、流量控制、无线设备管理、用户管理和计费等极具价值的功能,这使其成为对企业和校园无线应用架构起关键作用的设备。

## 11.5 本章小结

本章详细介绍了 WLAN 技术定义、技术特点及应用领域,并结合方案予以阐述。

# 第12章　网络信息对抗及其相关技术

## 12.1　国内外信息对抗理论与技术研究现状及发展趋势

信息安全是一门综合学科,它要综合利用数学、物理、通信和计算机诸多学科的长期知识积累和最新发展成果,进行自主创新研究,加强顶层设计,提出系统的、完整的、协同的解决方案。与其他学科相比,信息安全的研究更强调自主性和创新性。

现代信息系统中的信息安全核心问题是密码理论及其应用,总的来说,目前在信息安全领域人们所关注的焦点主要有:(1) 密码理论与技术;(2) 安全协议理论与技术;(3) 安全体系结构理论与技术;(4) 信息对抗理论与技术;(5) 网络安全与安全产品。下面就简要介绍一下国内外在这几方面的研究现状及发展趋势。

**1. 国内外密码理论与技术研究现状及发展趋势**

密码理论与技术主要包括两部分,即基于数学的密码理论与技术(包括公钥密码、分组密码、序列密码、认证码、数字签名、Hash 函数、身份识别、密钥管理、PKI 技术等)和非数学的密码理论与技术(包括信息隐形、量子密码、基于生物特征的识别理论与技术)。

自 1976 年公钥密码的思想提出以来,国际上已经提出了许多种公钥密码体制,但比较流行的主要有两类:一类是基于大整数因子分解问题的,其中最典型的代表是 RSA;另一类是基于离散对数问题的,比如 ElGamal 公钥密码和影响比较大的椭圆曲线公钥密码。公钥密码主要用于数字签名和密钥分配。当然,数字签名和密钥分配都有自己的研究体系,形成了各自的理论框架。目前数字签名的研究内容非常丰富,包括普通签名和特殊签名,特殊签名有盲签名、代理签名、群签名、不可否认签名、公平盲签名、门限签名、具有消息恢复功能的签名等,它与具体应用环境密切相关。我国学者在这些方面也作了一些跟踪研究,发表了很多论文,按照 X.509 标准实现了一些 CA。认证码是一个理论性比较强的研究课题,自 80 年代后期以来,其构造等方面已经取得了长足的发展,我国学者在这方面的研究工作也非常出色。

**2. 国内外安全协议理论与技术研究现状及发展趋势**

目前,在这一领域中比较活跃的群体包括:以 Meadows 及 Syverson 为代表的美国空军研究实验室;以 Lowe 为代表的英国 Leicester 学院;以 Schneider 为代表的英国 London 学院;以 Roscoe 为代表的英国 Oxford 学院;以 Millen 为代表的美国 Carnegie Mellon 学院;以 Stoller 为代表的美国 Indiana 大学;以 Thayer,Herzon 及 Guttman 为代表的美国 MITRE 公司;以 Bolignano 为代表的美国 IBM 公司;以 J. Mitchell 及 M. Mitchell 为代表的美国 Stanford 大学;以 Stubblebine

为代表的美国 AT&T 实验室；以 Paulson 为代表的英国 Cambridge 学院；以 Abadi 为代表的美国数据设备公司系统研究中心等。除了这些群体外，许多较有实力的计算机科学系及公司都有专业人员从事这一领域的研究。

# 12.2 常用攻击方法及原理

## 12.2.1 获取口令

每个安全的操作系统都有自己的识别和验证（I&A）实体程序来保护系统安全，识别用于区分不同登录用户的身份，验证则是核对用户所声称的身份。在当前流行的操作系统上，识别和验证是通过核查对方提供的用户名和口令完成的。入侵者如能获得口令，便可以获得一个合法用户的权利，进入系统。作为安全策略的第一步，口令的安全非常重要。

通常有三种方法获取口令：一是通过网络监听非法得到用户口令，这类方法有一定的局限性，但危害性极大；监听者在广播式局域网上能够获得所有同网段用户的账号和口令，对局域网安全威胁很大。二是在获得用户的账号后，利用一些专门软件强行破解用户口令。这种方法不受网段限制，但需要时间和运气。三是在获得一个服务器上的用户口令文件（如 Shadow 文件）后，用暴力破解程序破解用户口令。该方法的使用前提是已经成功获得了口令 Shadow 文件，此方法危害最大，它不需要像第二种方法那样一遍又一遍地尝试登录服务器，而是在本地将加密后的口令与 hadow 文件中的口令相比较，可以非常容易地破获用户密码，尤其对那些安全意识不强的用户的弱口令。

操作系统通常将口令文件加密存放在某个目录下。由于口令文件一般采用单向加密，入侵者即使得到口令文件，也无法从中解密出明文口令。因此入侵者通常不是去尝试解密口令，而是采用搜索口令空间的办法猜口令，即利用计算机的强计算能力，对口令的所有可能的字母组合进行连续试探，以找到正确的口令。

口令空间往往极大，一般可由数字（10 个）、标点（33 个）和字母（26 ×2 个）组成，如果口令由 7 个字母和 1 位数字或符号（按顺序）组成，其可能性就多达44 万亿种。但由于很多用户的口令具有较强的规律性，攻击者可采用字典式攻击来减小搜索范围。很多用户常采用一个英语单词或自己的姓氏作为口令，以便记忆。攻击者只需运行一些程序，自动地从电脑字典中取出一个单词，作为用户的口令输入给远端的主机，申请进入系统即可，若口令错误，就依次取出下一个单词，进行下一个尝试，并一直循环下去，直到找到正确的口令或字典的单词试完为止。词汇表越大，猜中口令的机会越高。为提高成功率，通常还加入一些变换规则，如大小写进行替换；将一个单词正向拼，再反向拼，组成一个新词；单词词首（尾）加一两位数字等。这些简单的方法，在实际中有着很高的成功破解率。网络蠕虫（worm）就使用这种方法成功地破解了许多网上用户的口令。

由于系统中存在漏洞，得到一份对方的加密口令文件有时是很容易的。在 UNIX 系统中，口令以加密形式存放在/etc/passwd 或/etc/shadow 文件中，正常情况下只有特权用户和操作系统的一些应用程序才有权访问它。但很多系统中的漏洞，使得非特权用户也可得到这些信息。

比如在 Solaris 操作系统中的一个错误,可使任何用户获得该机的哈希口令文件。当一个网络应用程序被强制非正常结束时,程序会将内存的内容保存到当前目录下的 core 文件中,即使没有特权的用户也可以强制程序这样做。在这个 core 文件中包含有 shadow 文件中的哈希化口令值,Windows 系统的情况和此类似。NT 的口令文件保存在\\Winnt\system32\config 目录中,名为 SAM。当 NT 服务器正在运行时,它会锁定 SAM。不过,如果管理员已经创建了一个紧急修复盘,SAM 就会备份在\\Winnt\repair 目录下,这个文件将命名为 sam._,根据默认值这个备份,是人人都可读取的。

口令攻击程序有很多,用于攻击 UNIX 平台的有 Crack,CrackerJack,PaceCrack95,Qcrack,John the RIPper,Hades 等;用于攻击 Windows 平台的有 10phtCrack2.0,ScanNT,NTCrack,Passwd NT 等。

通常防御在线口令攻击的办法是通过配置操作系统来限制允许每个用户登录失败的次数,当到达次数限制时,该帐户将被锁定,直到系统管理员开锁。但这种方法却正中实施拒绝服务(denial of service)攻击者的下怀。这类入侵者会反复猜测系统中的用户帐户,使它们都超过失败登录范围,最终锁住所有帐户。

口令攻击之所以能成功,主要是因为用户使用了规律性较强的口令,为防御口令攻击,用户应设计包括大写、小写、数字和特殊字符的 8 字节以上的长口令,增大入侵者猜测的难度,并且要定期更换口令,也要保证口令文件的存储安全。

### 12.2.2 放置特洛伊木马程序

特洛伊木马程序可以直接侵入用户的电脑并进行破坏,它常被伪装成工具程序或者游戏等诱使用户打开带有特洛伊木马程序的邮件附件或从网上直接下载,一旦用户打开了这些邮件的附件或者执行了这些程序,它们就会像古特洛伊人在敌人城外留下的藏满士兵的木马一样留在用户的电脑中,并在计算机系统中隐藏一个可以在 Windows 启动时悄悄执行的程序。当用户连接到因特网时,这个程序就会通知黑客,报告用户的 IP 地址以及预先设定的端口。黑客在收到这些信息后,再利用这个潜伏在其中的程序,任意地修改用户计算机的参数设定,复制文件,窥视整个硬盘中的内容从而达到控制用户计算机的目的。

### 12.2.3 域名欺骗技术

在网上,用户可以利用 IE 等浏览器进行各种各样 WEB 站点的访问,如阅读新闻组、咨询产品价格、订阅报纸、电子商务等。然而很多用户很难想到有这些问题存在:正在访问的网页已经被黑客篡改过,网页上的信息是虚假的。例如黑客将用户要浏览的网页的 URL 改写为指向黑客自己的服务器,当用户浏览目标网页的时候,实际上是向黑客服务器发出请求,那么黑客就可以达到欺骗的目的。仔细分辨似是而非的页面信息、认真查看网站的电子证书是防范这类攻击时必须要注意的。

### 12.2.4 电子邮件攻击

电子邮件攻击主要表现为两种方式:一是电子邮件轰炸和电子邮件“滚雪球”,也就是通常所说的邮件炸弹，指的是用伪造的 IP 地址和电子邮件地址向同一信箱发送数以千计、万计甚至无穷多次的内容相同的垃圾邮件，致使受害人邮箱被"炸"，严重者可能会给电子邮件服务器操作系统带来危险；二是电子邮件欺骗，攻击者佯称自己为系统管理员（邮件地址和系统管理员完全相同），给用户发送邮件要求用户修改口令（口令可能为指定字符串）或在貌似正常的附件中加载病毒或其他木马程序，这类欺骗只要用户提高警惕，一般危害性不大。

### 12.2.5　通过一个节点来攻击其他节点

黑客在攻破一台主机后，往往以此主机作为根据地，攻击其他主机（以隐蔽其入侵路径，避免留下蛛丝马迹）。他们可以使用网络监听方法，尝试攻破同一网络内的其他主机，也可以通过 IP 欺骗和主机信任关系，攻击其他主机。这类攻击很狡猾，但由于一些关键技术很难被掌握，只有个别水平较高的黑客使用这项技术。

### 12.2.6　网络监听

网络监听在网络中的任何一个位置模式下都可实施。黑客一般都是利用网络监听来截取用户口令。如当有人占领了一台主机之后，那么想将战果扩大到这个主机所在的整个局域网话，监听往往是他们的捷径。很多时候一些初学的爱好者认为如果占领了某主机之后，进入它的内部网应该是很简单的。其实不然，因为除了要拿到他们的口令之外还要有他们共享的绝对路径，当然，这个路径的尽头必须有写的权限。此时，运行已经被控制的主机上的监听程序就会有大收效。这是一件费神的事情，而且还需要当事者有足够的耐心和应变能力，主要包括以下 6 点。

（1）数据帧的截获；

（2）对数据帧的分析归类；

（3）dos 攻击的检测和预防；

（4）IP 冒用的检测和攻击；

（5）在网络检测上的应用；

（6）对垃圾邮件的初步过滤。

网络监听技术研究的意义如下。

（1）我国的网络正在快速发展中，相应的问题也就显现出来，网络管理及相应应用自然越发重要，监听技术是网络管理和应用的基础，其意义当然重要，放眼当前相关工具，linux 有 Snort 拥有者拥有者拥有者 tcpdump ，snift 等，window 有 nexray，sniffer 等，这些都是国外软件，随着中国网络的发展，监听系统必将大有用武之地，因此监听技术的研究已是时事的要求。

（2）中国入世，各种针对盗版的打击力度和对正版软件的保护力度都将大大加强，windows 的盗版软件随处可见的现象将会消失，面对这样的情况，大部分的公司只有两种选择：要么花大价钱向微软购买正版软件，要么用自由操作系统 linux。北京的政府办公系统已经转用红旗 linux，而且 linux 的界面也在不断地改进，更加友好且易操作，我们有理由相信 linux 将在我国大有作为，这也是研究 Linux 下网络监听的原因。

### 12.2.7 寻找系统漏洞

许多系统都有这样那样的安全漏洞(Bugs),其中某些是操作系统或应用软件本身具有的,如 Sendmail 漏洞、win98 中的共享目录密码验证漏洞和 IE5 漏洞等,这些漏洞在补丁未被开发出来之前一般很难防御黑客的破坏,除非你将网线拔掉;还有一些漏洞是系统管理员配置错误引起的,如在网络文件系统中,将目录和文件以可写的方式调出,将未加 Shadow 的用户密码文件以明码方式存放在某一目录下,这都会给黑客带来可乘之机,应及时加以修正。

### 12.2.8 利用帐号进行攻击

有的攻击者会利用操作系统提供的缺省账户和密码实施攻击,例如许多 UNIX 主机都有 FTP 和 Guest 等缺省账户(其密码和账户名同名),有的甚至没有口令。攻击者用 Unix 操作系统提供的命令如 Finger 和 Ruser 等收集信息,可以提高自己的攻击效果。此类攻击需要系统管理员提高警惕,将系统提供的缺省账户关掉,或者提醒无口令用户增加口令,避免此类攻击的发生。

### 12.2.9 窃取特权

此类攻击利用各种特洛伊木马程序、后门程序或攻击者自编的缓冲区溢出的程序进行攻击。前者可使攻击者非法获得对用户机器的完全控制权,而后者可使攻击者获得超级用户的权限,进而还可能拥有对整个网络的绝对控制权。这种攻击手段危害性很大。

### 12.2.10 拒绝服务(DoS)攻击

拒绝服务攻击即攻击者想办法让目标机器停止提供服务,是黑客常用的攻击手段之。其实对网络带宽进行的消耗性攻击只是拒绝服务攻击的一小部分,只要能够对目标造成麻烦,使某些服务被暂停甚至主机死机,都属于拒绝服务攻击。拒绝服务攻击问题也一直得不到合理的解决,这是网络协议本身的安全缺陷造成的,因此拒绝服务攻击也成为了攻击者的终极手法。攻击者进行拒绝服务攻击,让服务器实现了两种效果:一是迫使服务器的缓冲区满,不接收新的请求;二是使用 IP 欺骗,迫使服务器把合法用户的连接复位,影响合法用户的连接。

### 12.2.11 DDoS 攻击

1999 年 7 月份左右,微软公司的视窗操作系统的一个 bug 被人发现和利用,并且进行了多次攻击,这种攻击方式被称为分布式拒绝服务攻击即 DDoS(Distributed Denial Of Service Attacks)。这也是一种特殊形式的拒绝服务攻击,它是利用多台已经被攻击者所控制的机器对某一台单机发起攻击,在这样的带宽相比之下被攻击的主机很容易失去反应能力。现在这种方式被认为是最有效的攻击形式,很难防备。但是利用 DDoS 攻击是有一定难度的,没有高超的技术很难实现,因为它不但要求攻击者熟悉入侵的技术而且还要有足够的时间和头脑。而现在黑客编写出的傻瓜式的工具使 DDoS 攻击变得相对简单了。目前网上可找到的比较杰出的此类工具有 Trin00、TFN 等,这些源代码包的安装使用过程比较复杂,因为首先得找到目标机器的漏洞,然后通过一些远程的溢出漏洞攻击程序,获取系统的控制权,再在这些机器上安装并运行 DDoS 分布端的攻击守护进程。

DDoS 的攻击方式有很多种,最基本的就是利用合理的服务请求来占用过多的服务资源,使合法用户无法得到服务的响应。

DDoS 攻击手段是在传统的 DoS 攻击基础之上产生的一类攻击方式。单一的 DoS 攻击一般是采用一对一方式,当攻击目标 CPU 速度低、内存小或者网络带宽小等各项性能指标不高时它的效果是明显的。随着计算机与网络技术的发展,计算机的处理能力迅速增长,内存大大增加,同时也出现了千兆级别的网络,这使得 DoS 攻击的困难程度加大。例如攻击软件每秒钟可以发送 3 000 个攻击包,但用户的主机与网络带宽每秒钟可以处理 10 000 个攻击包,这样一来,攻击就不会产生什么效果。

这时候分布式的拒绝服务攻击手段(DDoS)就应运而生了。如果理解了 DoS 攻击的话,它的原理就显得很简单。如果说计算机与网络的处理能力加大了 10 倍,用一台攻击机来攻击不再能起作用,攻击者可使用多台攻击机同时攻击,DDoS 就是利用更多的傀儡机来发起进攻的。

高速广泛连接的网络给大家带来了方便,也为 DDoS 攻击创造了极为有利的条件。在低速网络时代,黑客占领攻击用的傀儡机时,总是会优先考虑离目标网络距离近的机器,因为经过路由器的跳数少,效果好。而现在电信骨干节点之间的连接都是以 G 为级别的,大城市之间更可以达到 2.5G,这使得攻击可以从更远的地方或者其他城市发起,攻击者的傀儡机位置可以分布在更大的范围,选择起来更灵活。

## 12.3　扫描程序

扫描程序(Scanner)是自动检测远端主机或者本地主机安全脆弱性的程序。通过使用扫描程序,一个用户可以发现远程服务器的安全弱点。目前,绝大多数操作系统都支持 TCP/IP 协议簇,扫描程序可查询 TCP/IP 端口并记录目标机器的响应。扫描程序通过确定下列项目收集目标主机的有用信息:(1)当前主机正在进行什么服务?(2)哪些用户拥有这些服务?(3)是否支持匿名登录?(4)是否有某些网络服务需要鉴别?

### 12.3.1　扫描软件的出现和发展

1995 年 4 月,SATAN 程序发布,SATAN 的首要贡献在于其实现安全的新奇方法。它体现了这样一种观点:一个系统管理员能够确保系统安全的最佳途径是考虑一个入侵者会怎样侵入系统。SATAN 包含了一个基本的端口扫描程序。1996 年,ISS 公司发布了产品SAFEsuite。它同样包含了一个端口扫描程序。

近年来,端口扫描的技术有了长足的进展。除了那些价格昂贵的商业系统外,也出现了一些共享的或免费的专门的端口扫描软件。目前,端口扫描软件工具成了网络管理员和攻击者都要必备的工具。完善而细致的端口扫描器在一个成熟的攻击者手里有相当大的作用。利用端口扫描程序收集远程主机的操作系统和提供的网络服务等信息是攻击者实施攻击的出发点。

国外已有的一些网络安全探测产品，比如 ISS 公司的 SAFEsuite、NAI 的 Cybercop Scanner、Axent 的 NetRecon 等和流行的免费产品 SATAN、Nessus、NSS 等大多包含端口扫描功能。另外也有大量由爱好者或黑客编写的水平层次不一的专门的端口扫描程序，如 strobe、nmap 等。

当前，国内也开始出现了一些类似的产品，商业化的有中科网威的网络安全扫描系统、天行网络刺客、启明星辰天镜网络漏洞扫描系统等。非商业化的有小榕的流光等。

### 12.3.2 扫描的一般原理

端口扫描通常指用同一信息对目标计算机的所有所需扫描的端口进行发送，然后根据返回端口状态来分析目标计算机的端口是否打开、是否可用。端口扫描行为的一个重要特征是在短时期内有很多来自相同的信源地址，传向不同的目的端口的包。对于用端口扫描进行攻击的人来说，总是可以做到在获得扫描结果的同时，使自己很难被发现或者说很难被逆向寻踪。为了隐藏攻击，攻击者可以慢慢地进行扫描。除非目标系统是闲着的（这样对一个没有 listen( ) 端口的数据包都会引起管理员的注意），有很大时间间隔的端口扫描是很难被识别的。隐藏源地址的方法是发送大量的欺骗性端口扫描数据包（如 1 000 个），其中只有一个是从真正的源地址来的。这样即使全部数据包都被察觉、记录下来，也没有人知道哪个是真正的信源地址，能发现的仅仅是曾经被扫描过的地址。也正因为这样，黑客们才乐此不疲地继续大量使用这种端口扫描技术，来达到他们获取目标计算机信息并进行恶意攻击的目的。

通常进行端口扫描的工具主要是端口扫描软件，也称之为端口扫描器。端口扫描器也是一种程序，它可以对目标主机的端口进行连接，并记录目标端口的应答。端口扫描器通过选用远程 TCP/IP 协议不同的端口服务，记录目标计算机端口给予回答的方法，可以收集到很多关于目标计算机的各种有用信息（比如是否有端口在侦听，是否允许匿名登录，是否有可写的 FTP 目录，是否能用 Telnet 等）。

虽然端口扫描器可以用于正常网络安全管理，但就目前来说，它主要还是被黑客所利用，是黑客入侵、攻击前期不可缺少的工具。黑客一般先使用扫描工具扫描待入侵主机，掌握目标主机的端口打开情况，然后采取相应的入侵措施。

无论是正常的，还是非法的，端口扫描可以提供 4 个用途：(1)识别目标主机上有哪些端口是开放的，这是端口扫描的最基本目的；(2)识别目标系统的操作系统类型（Windows，Linux 或 UNIX 等）；(3)识别某个应用程序或某个特定服务的版本号；(4)识别目标系统的系统漏洞，这是端口扫描的一种新功能。

当然以上这些功能不可能是一成不变的，随着技术的不断完善，新的功能会不断地增加。端口扫描器并不是一个直接攻击网络漏洞的程序，它仅仅能帮助发现目标计算机的某些内在的弱点。一个好的扫描器还能对它得到的数据进行分析，帮助查找目标计算机的漏洞，但不会提供系统且详细的步骤。

### 12.3.3　目前主要的端口扫描技术

**1. TCP connect Scan(TCP 连接扫描)**

这种方法也称之为TCP全连接扫描。它是最简单的一种扫描技术,所利用的是TCP协议的3次握手过程。它直接连到目标端口并完成一个完整的3次握手过程(SYN,SYN/ACK和ACK)。操作系统提供“connect( )”函数完成系统调用,用来与目标计算机的端口进行连接。如果端口处于侦听状态,那么“connect( )”函数就能成功。否则,这个端口是不能用的,即没有提供服务。

TCP连接扫描技术的一个最大的优点是不需要任何权限,系统中的任何用户都有权利使用这个调用,另一个是速度快。如果对每个目标端口以线性的方式,使用单独的“connect( )”函数调用,那么将会花费相当长的时间,用户可以同时打开多个套接字加速扫描。使用非阻塞I/O允许用户设置一个低的时间以用尽周期,并同时观察多个套接字。这种方法的缺点是很容易被发觉,并且很容易被过滤掉。目标计算机的日志文件会显示一连串的连接和连接出错的服务消息,使用户发现后就能很快关闭它。

**2. TCP SYN Scan(TCP 同步序列号扫描)**

若端口扫描没有完成一个完整的TCP连接,即在扫描主机和目标主机的指定端口建立连接的时候,只完成前两次握手,在第三步时,扫描主机中断了本次连接。这种端口扫描称为“半连接扫描”,也称为“间接扫描”或“半开式扫描”(Half Open Scan)。

SYN扫描是通过本机的一个端口向对方指定的端口,发送一个TCP的SYN连接建立请求数据报,然后等待对方的应答。如果应答数据报中设置了SYN位和ACK位,那么这个端口是开放的;如果应答数据报是一个RST连接复位数据报,则对方的端口是关闭的。使用这种方法不需要完成Connect系统调用所封装的建立连接的整个过程,只完成其中有效的部分就可以达到端口扫描的目的。

此种扫描方式的优点是不容易被发现,扫描速度也比较快。同时通过对MAC地址的判断,可以对一些路由器进行端口扫描。缺点是需要系统管理员的权限,不适合使用多线程技术。因为在实现过程中需要自己完成对应答数据报的查找、分析,使用多线程容易发生数据报的串位现象,所用的时间反而会增加。

**3. TCP FIN Scan(TCP 结束标志扫描)**

这种扫描方式不依赖于TCP的3次握手过程,而是TCP连接的“FIN”(结束)位标志。原理在于TCP连接结束时,会向TCP端口发送一个设置了FIN位的连接终止数据报,关闭的端口会回应一个设置了RST的连接复位数据报;而开放的端口则会对这种可疑的数据报不加理睬,将它丢弃。可以根据是否收到RST数据报来判断对方的端口是否开放。

此扫描方式的优点比前两种都要隐秘,该方案有两个缺点:首先,要判断对方端口是否开放必须等待超时,增加了探测时间,而且容易得出错误的结论;其次,一些系统并没有遵循规定,最典型的就是 Microsoft 公司所开发的操作系统。这些系统一旦收到这样的数据报,无论端口是否开放都会回应一个 RST 连接复位数据报,这样一来,这种扫描方案对于这类操作系统是无效的。

**4. IP Scan(IP 协议扫描)**

这种方法并不是直接发送 TCP 协议探测数据包,而是将数据包分成两个较小的 IP 协议段。这样就将一个 TCP 协议头分成好几个数据包,使过滤器很难探测。一些程序在处理这些小数据包时会有些麻烦。

**5. TCP Xmas Tree Scan**

这种方法向目标端口发送一个含有 FIN(结束),URG(紧急)和 PUSH(弹出)标志的分组。根据 RFC793,对于所有关闭的端口,目标系统应该返回 RST 标志。根据这一原理就可以判断哪些端口是开放的。

**6. TCP Null Scan**

这种方法与上一方法原理一样,只是发送的数据包不同而已。本扫描方案是向目标端口发送一个不包含任何标志的分组。根据 RFC793,对于所有关闭的端口,目标系统也应该返回 RST 标志。

**7. UDP Scan(UDP 协议扫描)**

在 UDP 扫描中,是往目标端口发送一个 UDP 分组。如果目标端口是以一个"ICMP port Unreachable"(ICMP 端口不可到达)消息来作为响应的,那么该端口是关闭的。相反,如果没有收到这个消息那就可以推断该端口是打开的。还有就是一些特殊的 UDP 回馈,比如 SQL Server 服务器,对 1434 号端口发送"x02"或者"x03"就能够探测得到其连接端口。由于 UDP 是无连接的不可靠协议,因此这种技巧的准确性很大程度上取决于与网络及系统资源的使用率相关的多个因素。另外,当试图扫描一个大量应用分组过滤功能的设备时,UDP 扫描将是一个非常缓慢的过程。如果要在互联网上执行 UDP 扫描,那么结果就是不可靠的。

**8. ICMP echo 扫描**

其实这并不能算是真正意义上的扫描。但有时的确可以通过支持 Ping 命令,判断在一个网络上的主机是否开机。Ping 是最常用也是最简单的探测手段,来判断目标是否活动。Ping 是向目标发送一个回显(Type = 8)的 ICMP 数据包,当主机得到请求后,再返回一个回显(Type = 0)的数据包。而且 Ping 程序一般是直接实现在系统内核中的,不是一个用户进程,更加不易被发现。

**9. 高级 ICMP 扫描技术**

Ping 是利用 ICMP 协议实现的,高级的 ICMP 扫描技术主要利用 ICMP 协议最基本的用途——报错。根据网络协议,如果接收到的数据包协议项出现了错误,那么接收端将产生一个

"Destination Unreachable"(目标主机不可达)ICMP 的错误报文。这些错误报文不是主动发送的,而是由于错误,根据协议自动产生的。

当 IP 数据包出现 Checksum(校验和)和版本的错误的时候,目标主机将抛弃这个数据包;如果是 Checksum 出现错误,那么路由器就直接丢弃这个数据包。有些主机比如 AIX,HP/UX 等,是不会发送 ICMP 的 Unreachable 数据包的。

向目标主机发送一个只有 IP 头的 IP 数据包时,目标主机将返回"Destination Unreachable"的 ICMP 错误报文。如果向目标主机发送一个坏 IP 数据包,如不正确的 IP 头长度,目标主机将返回"Parameter Problem"(参数有问题)的 ICMP 错误报文。

# 12.4　网络攻击的趋势

## 12.4.1　自动化程度和攻击速度提高

攻击工具的自动化水平不断提高,自动攻击一般涉及四个阶段,在每个阶段都有新变化。

(1)扫描可能的受害者。自 1997 年起,广泛的扫描变得司空见惯。目前,扫描工具有更先进的扫描模式来改善扫描效果和提高扫描速度。

(2)损害脆弱的系统。以前,安全漏洞只在广泛的扫描完成后才被利用。而现在,攻击工具利用这些安全漏洞作为扫描活动的一部分,加快了攻击的传播速度。

(3)传播攻击。在 2000 年之前,攻击工具需要人来发动新一轮攻击。现在,攻击工具可以自己发动新一轮攻击。红色代码和尼姆达这类病毒能够自我传播,在不到 18 个小时就达到全球饱和点。

(4)攻击工具的协调管理。随着分布式攻击工具的出现,攻击者可以管理和协调分布在许多 Internet 系统上的大量已部署的攻击工具。目前,分布式攻击工具能够更有效地发动拒绝服务攻击、扫描潜在的受害者、危害存在安全隐患的系统。

## 12.4.2　攻击工具越来越复杂

攻击工具开发者正在利用更先进的技术武装攻击工具,攻击工具的特征更难被发现。攻击工具有三个特点:反侦破,攻击者采用隐蔽攻击工具特性的技术,这使安全专家分析新攻击工具和了解新攻击行为所耗费的时间增多;动态行为,早期的攻击工具是以单一确定的顺序执行攻击步骤,今天的自动攻击工具可以根据随机选择、预先定义的决策路径或通过入侵者直接管理,来变化它们的模式和行为;攻击工具的成熟性,与早期的攻击工具不同,目前攻击工具可以通过升级或更换工具的一部分迅速变化,发动迅速变化的攻击,且在每一次攻击中会出现多种不同形态的攻击工具。此外,攻击工具越来越普遍地被开发,可在多种操作系统平台上执行。许多常见攻击工具使用 IRC 或 HTTP(超文本传输协议)等协议,向受攻击的计算机发送数据或命令,使人们区分攻击特性与正常、合法的网络传输流越来越困难。

### 12.4.3 发现安全漏洞越来越快

新发现的安全漏洞每年都要增加一倍,管理人员不断用最新的补丁修补这些漏洞,而且每年都会发现安全漏洞的新类型。

### 12.4.4 越来越高的防火墙渗透率

防火墙是人们用来防范入侵者的主要保护措施。但是越来越多的攻击技术可以绕过防火墙,如 IPP(Internet 打印协议)和 WebDAV(基于 Web 的分布式创作与翻译)都可以被攻击者利用以绕过防火墙。

### 12.4.5 越来越不对称的威胁

Internet 上的安全是相互依赖的,每个 Internet 系统遭受攻击的可能性取决于连接到全球 Internet 上其他系统的安全状态。由于攻击技术的进步,攻击者可以比较容易地利用分布式系统,对受害者发动破坏性攻击。随着部署自动化程度和攻击工具管理技巧的提高,威胁的不对称性将继续增加。

### 12.4.6 对基础设施将形成越来越大的威胁

基础设施攻击是大面积影响 Internet 关键组成部分的。由于用户越来越多地依赖 Internet 完成日常业务,基础设施攻击使人们越来越担心。基础设施面临分布式拒绝服务攻击、蠕虫病毒、对 Internet 域名系统(DNS)的攻击和对路由器攻击或利用路由器的攻击。

拒绝服务攻击利用多个系统攻击一个或多个受害系统,使受攻击系统拒绝向合法用户提供服务。攻击工具的自动化程度使得攻击者可以安装他们的工具并控制几万个受损害的系统发动攻击。入侵者经常搜索已知包含大量具有高速连接的易受攻击系统的地址块,电缆调制解调器、DSL 和大学地址块越来越成为计划安装攻击工具的入侵者的目标。由于 Internet 由有限且可消耗的资源组成,且 Internet 的安全性是高度相互依赖的,因此拒绝服务攻击十分有效。

DNS 是一种将名字翻译为数字 IP 地址的分布式分级全球目录。这种目录结构最上面的两层对 Internet 运行至关重要。顶层中有 13 个“根”名服务器,下一层为顶级域名(TLD)服务器,这些服务器负责管理“. com”,“. net”等域名以及国家代码顶级域名。DNS 面临的威胁包括:缓存区中毒,如果使 DNS 缓存伪造信息的话,攻击者可以改变发向合法站点的传输流方向,使它传送到攻击者控制的站点上;破坏数据,攻击者攻击脆弱的 DNS 服务器,获得修改提供给用户的数据的能力;拒绝服务,对某些 TLD 域名服务器的大规模拒绝服务攻击会造成 Internet 速度下降或停止运行;域劫持,通过利用客户升级自己的域注册信息所使用的不安全机制,攻击者可以接管域注册过程来控制合法的域。

# 12.5　口令安全

在用户所使用的计算机环境中，口令通常是保护用户帐户不被他人盗用的唯一方法。口令作为个人身份识别码(Personal Identification Code，简称 PIN)，通常是证明用户身份的唯一凭证。随着 Web 的普及，口令与 Web 的联系也越来越紧密：Web 平台的电子邮件使用口令访问，Web 电子商务中保护证书密钥的 passphrase 是一种口令，Web 平台的数据库操作需使用口令认证身份等。口令安全已经成为 Web 安全的一个重要组成部分，但是目前的口令安全状况并不乐观。用户通常不知道如何选择好的口令，为了便于记忆，他们往往以短小的词语为口令。一项调查显示，80% 的公司职员使用“golf”或“bogey”这样的常见字典单词作为口令。这样的口令很容易被攻击者破解，称为弱口令。入侵者如能获得弱口令，便可以获得一个合法用户的权利而访问系统。在 SANS 最新统计的十大脆弱性中，弱口令在 Windows 平台上列第七位，在 Unix 平台上列第十位。作为 Web 安全的一个重要组成，保护口令安全非常重要。

攻击口令安全的有效方法主要有社交工程和口令破解软件。社交工程是攻击者与目标用户交往，通过观察和调查，搜集相关信息，根据人们通常使用熟知事物的名称来作为口令的特点，猜测出口令。口令破解软件则是利用计算机的计算能力，使用口令字典搜索用户口令。这两种方法之所以有效，主要是用户选用的口令规律性太强，口令空间太小，容易被猜到或被搜索到。

## 12.5.1　软件破解和社交工程

用户选取的弱强度口令是威胁口令安全的根本原因。一方面，用户很少接受选择口令的专门培训；另一方面，用户对口令安全的重视不够，没有认识到口令安全和系统安全之间相互影响的关系。

社会工程学(Social Engineering)是把对物的研究方法全盘运用到对人本身的研究上，并将其变成技术控制的工具。社会工程学是一种通过对受害者心理弱点、本能反应、好奇心、信任、贪婪等心理陷阱进行诸如欺骗、伤害等危害手段，取得自身利益的方法。

社会工程学攻击就是利用人们的心理特征，骗取用户的信任，获取机密信息、系统设置等不公开资料，为黑客攻击和病毒感染创造有利条件。网络安全技术发展到一定程度后，起决定因素的不再是技术问题，而是人和管理。利用社会工程学进行网络攻击，有点像电影或者小说中的卧底，在获取足够有用的信息后，成功攻破网络。近年来社会工程学攻击已迅速上升至滥用的趋势，在病毒的扩展和传播过程中发挥了巨大的作用。例如 QQ 尾巴病毒、爱虫蠕虫病毒、MSN 病毒以及钓鱼攻击等。

## 12.5.2　网络中的社会工程学攻击

现代的网络纷繁复杂，病毒、木马、垃圾邮件接踵而至，给网络安全带来了很大的冲击。同时，利用社会工程学的攻击手段日趋成熟，其技术含量也越来越高。下面就一些典型的形式进行分析。

### 1. 地址欺骗

地址欺骗是指攻击者伪装或伪造各种 URL 地址、隐藏真实地址，以达到欺骗目标的目的。主要有以下四种形式。

（1）域名欺骗：https://mybank. icbc. com. cn/icbc/perbank/regtIP. jsp@ www. google. com，这种类型的网址对于经常上网的用户并不陌生，“@”之前的地址只是起到迷惑作用，其实真正的地址指向“www. google. com”。如果把后面的地址更改为带有攻击性或感染病毒的网页就会对用户的数据安全产生危害。

（2）IP 地址欺骗：在网络协议中，IP 地址能够转化为十进制数字来使用。例如主机“www. google. com”的 IP 地址是 66. 102. 7. 147，采用 66 ×256not;3 +102 ×2 562 +7 ×256 +147 的方式计算得到 1 113 982 867，在命令行下输入“ping 1 113 982 867”会发现有数据包回应。如果用十进制数字代替 IP 地址出现，就会具有很强的迷惑性。

（3）链接文字欺骗：网页中的链接文字并不要求与实际网址相同，点击链接时，首先指向的网站地址是攻击者提供的伪地址，用户在访问攻击者提供的伪地址后再访问实际的网站网址。攻击者可以在用户访问伪地址时进行用户名和密码的劫持等，危害极大。

（4）Unicode 编码欺骗：对于 Unicode 编码，它本身就有一定的漏洞，同时也给网址的识别带来了麻烦，例如“%20%30”这样的字符是很难被识别真正内容的。

### 2. 邮件欺骗

邮件欺骗指攻击者通过发送垃圾邮件说服目标相信某事件或引诱目标访问某链接，或者替换邮件中的附件为木马程序，或者直接捆绑木马程序到附件中，诱使目标运行，以达到某种目的。利用应用程序漏洞捆绑木马程序进行邮件欺骗攻击，隐蔽性强、成功率高、危害性大。

### 3. 消息欺骗

消息欺骗是指攻击者利用网络消息发送工具，向目标发送欺骗信息。最典型的就是利用一些聊天工具例如 QQ、泡泡、MSN 等。用户接到陌生人的消息可能会不予理睬，但如果接到好友发来的则不同。当目标正在使用聊天工具时，如果攻击者在某句话后加入或者补充与当前内容相关的消息，信息接收者就会放松警惕。攻击者会以发送文件、文字推荐等多种方式诱使目标访问网站或者执行木马程序，达到攻击的目的。

### 4. 软件欺骗

软件欺骗是指攻击者将附有恶意代码或病毒的软件发布到网上，一旦用户下载并安装了该软件，隐藏在其中的恶意软件就会发挥作用，由于用户是主动去执行，因此其危害性极高。

### 5. 窗口欺骗

窗口欺骗是指攻击者利用用户贪婪的心理，诱使用户按照攻击者预先指定的方式访问网页或者进行相关操作，达到入侵者预定的攻击目的。

**6. 其他欺骗**

这里主要介绍两种其他欺骗，一种是 Hosts 文件欺骗，在 WINOWS 下的 system32 找到 drivers 打开 etc 文件夹，用记事本打开 Hosts 文件，在里面添加：

XXX. XXX. XXX. XXX　　www. sina. com. cn

XXX. XXX. XXX. XXX　　WWW. ICBC. COM. CN

此时如果进入新浪和工商银行网银网站，都将进入 XXX. XXX. XXX. XXX 网站，这就是 Hosts 欺骗。

Hosts 文件的工作原理：首先通过 DNS 服务器把要访问的网络域名（XXXX. com）解析成 XXX. XXX. XXX. XXX 的 IP 地址，计算机才能对这个网络域名作访问。由于 DNS 做域名解析和返回 IP 都需要时间，访问网络的效率会降低。为了提高对经常访问的网络域名的解析效率，可以在 Hosts 文件中建立域名和 IP 的映射关系。根据 Windows 系统的规定，在进行 DNS 请求以前，Windows 系统会先检查自己的 Hosts 文件中是否有这个网络域名映射关系。如果有，则调用这个 IP 地址映射，如果没有，则向已知的 DNS 服务器提出域名解析。也就是说 Hosts 的请求级别比 DNS 高。

另一种是域欺骗，即在网络上和 Phishing 攻击齐名的 Pharming 攻击。这种欺骗主要是域名服务器（DNS）被劫，网络服务器将域名翻译成 IP 地址，黑客使 DNS 感染病毒改变一个域的具体记录，使一些访问的站点变成 IP 指定的其他站点。

国外对社会工程学攻击防范方面有很多研究，也提出了很多防范措施，国内外在防范技术上有着很多共性，如进行安全审核和教育培训，但由于国情不同，许多国外的防范方法并不适合中国。

## 12.6　本章小结

本章详细论述了国内外信息对抗理论与技术研究现状及发展趋势，常用攻击方法及原理，并结合当前主要的扫描技术介绍了扫描软件，最后从多个方面阐述了口令安全技术。

# 第 13 章　网络信息安全测试工具及其应用

## 13.1　如何评估和使用测试工具

安全事件大多与 Web 应用程序密切相关,许多单位和个人也由此看到了采取必要措施防护 Web 应用程序安全的重要性。因此有必要在采取防范措施之前先对自己的系统进行一次严格的渗透测试。因为一些专业的应用程序渗透测试工具和服务有助于防止自己的网站变成黑客和恶意软件的目标。

单位的网站即使有了 Web 防火墙也是需要其他保护措施的,因为攻击将越来越依赖存在于 Web 应用程序中的缺陷,这些缺陷通常都包含着易于被利用的漏洞。有关数据统计显示,多数支持外部访问的应用程序都是基于 Web 的,而其中的多数又都包含着可被利用的漏洞。所以,在将 Web 应用程序推向实际使用之前,最好先借助 Web 应用程序渗透工具测试一下。目前,这类工具多数都可以执行 Web 应用程序的自动扫描,它们可以实施一些威胁模式测试,从而揭示一些常见的漏洞,例如许多程序可以揭示 Sql 注入式攻击漏洞、跨站脚本攻击等。有时,这些工具还可以提供一些参数供用户修正所发现的漏洞。

当今的 Web 渗透测试已经被多数机构看作是一个保障 Web 应用程序安全的关键步骤,这种安全测试已经成为机构风险管理的至关重要的部分。

**1. 使用者**

Web 应用程序的安全性的责任分配给适当的人员并不是一件简单的事,对开发人员和咨询人员来讲,是一个新的概念。安全管理成员也许更熟悉网络问题,而不是应用程序问题。因此,由安全专家们实施测试,然后将结果交给开发人员的做法并不明智,甚至难以实施。

如有的信息安全专家就承担了 Web 应用程序安全的责任,他们相信维护和保障企业网络安全最终是他们的责任,所以不必由应用程序的开发人员解决漏洞问题。安全人员由于具备了专业的知识和技能,能够区分安全问题的优先顺序和严重程度,并可以编辑这些报告,便于开发人员实施修正措施。如果由开发人员自己解决这些问题,问题数量较大时,要判断哪些是高风险的漏洞,哪些是低风险的漏洞。

**2. 扫描的性质**

扫描的性质就是要看它是一种工具还是一种服务,用户可以购买相关工具,并投入资源来打造一个强大的测试机制,或者通过一个厂商来远程扫描企业的 Web 应用程序,验证所发现的问题并生成一份安全聚焦报告。由于控制、管理和商业秘密的原因,许多公司喜欢自己实施渗透测试和扫描,但专业的扫描服务将会不断发展壮大。

有的安全管理人员自己不使用安全测试,而是委托其他的专业厂商进行。特别是在发现自己的公司并没有这方面的专业人员来管理安全测试所生成的海量数据时,这应该是一个明智的选择。否则,企业会受到许多影响,并不能得到真正漏洞的完整报告分析。在逐渐熟悉这种服务或工具之后,企业可以扩展这种工具的使用,并且采取三步走的方法:第一步,开发人员测试代码,并与安全测试厂商协调。第二步,安全管理人员用安全测试工具进一步测试程序。第三步,将应用程序推向互联网,由专业的测试公司或工具来实施测试。

**3. 整合方法**

工具在通过本地化方式或通过应用程序接口(API)与开发人员或咨询团队所使用的其他系统整合后,将达到最佳运行状态。如与内容管理工具、项目管理工具等工具的整合,便于跟踪并修正其他方面的代码缺陷。与微软的可视化开发开台 Visual Studio. net 的集成,可使开发人员在桌面上执行扫描,它的使用界面类似于其开发工具的界面。

最好的工具应当能够将结果直接导出到一个静态代码扫描工具中。这正是 Web 应用程序测试工具可以告诉用户漏洞的性质,但却并不查明代码中有问题的位置的原因。

# 13.2　评估测试工具性能的标准

一款优秀的测试工具总有自身的独特性,但不同厂商的扫描技术原理大同小异,其不同点也不过在于下面的这些特性。

(1)与软件开发、生产过程、平台的高度集成。

(2)可管理部署的多种扫描器。

(3)针对不同环境进行调整的能力。

(4)提供除应用程序扫描之外的特性和服务,如扫描源代码、其他的一致性分析、自动漏洞修正等,还可对进程设计提供帮助。

(5)漏洞检测和纠正分析。

(6)持续有效地更新其漏洞数据库。因为总是有新的攻击出现,供应商应当根据新出现的漏洞更新其数据库。

(7)报告和分析。这种工具应当能够有助于对检测到的漏洞进行分类,并根据其严重程度进行等级评定。此外,还要有漏洞的详细解释、建议的解决方案、到达现有补丁的链接等。这种报告最好能够满足应用程序开发人员和不同水平的安全专业人士的需要。

(8)非安全专业人士也易于掌握。

(9)协议支持,如今的多数扫描器仅使用 HTTP 协议来探测支持 Web 的应用程序。然而,如果它还支持其他协议的话,如增加 SOAP 协议等,就会极大地增加其可用性。

(10)这种工具应当支持常见的 Web 服务器平台,如 IIS 和 Apache,以及 ASP,JSP,ASP. net 等网络技术。

# 13.3　使用渗透测试工具的四个注意事项

(1)要保证公司不仅仅要投资于扫描工具,还要加强培训、员工管理,并围绕着发现和修正漏洞制定强健的进程。有些单位在拿到工具之后,马上针对 Web 应用程序实施扫描和测试,却不教育测试人员如何测试、如何配置、如何使用相关的插件来强化这种测试,这是盲动的表现。

(2)开发人员不会马上就喜欢这种工具。许多开发人员可能对这些工具所提示的安全状态不屑一顾。企业应当关注如何让员工认识到所揭示内容的严重性和风险。

(3)要认识到这种工具的局限性。因为任何工具都不可能包含过去和未来的所有漏洞清单,单靠一种工具并不能发现所有的问题,用一种漏洞扫描工具发现的漏洞,用另外一种漏洞扫描工具却无法发现。所以还需要人力资源来确认问题的存在。

(4)安全并不是权宜之计,因为 Web 应用程序是动态变化的,企业需要经常地、不断地测试和检查,以保障不会出现新的漏洞。如有的单位每隔一个星期就扫描一下,只要人力、物力许可,经常检测是一件好事。

## 13.4 常见网络安全测试工具

下面介绍几种非常有用的网络安全测试工具来帮助网络管理员快速发现存在的安全漏洞,并及时进行修复,以保证网络的安全运行。

### 13.4.1 tcp/udp 连接测试工具——netstat

netstat 命令是 windows 内置的一种网络测试工具,通过 netstat 命令可以查看本地 tcp,icmp,udp 和 ip 协议的使用情况,以及各个端口的使用情况,活动的 tcp 连接,计算机侦听的端口,以太网统计信息,ip 路由表,IPv4 和 IPv6 统计信息等。

**1. netstat 命令语法**

netstat [ -a] [ -b] [ -e] [ -n] [ -o] [ -p proto] [ -r] [ -s] [ -v] [interval]

**2. 参数说明**

-a:显示所有连接和监听端口。

-b:显示包含于创建每个连接或监听端口的可执行组件。在某些情况下已知可执行组件拥有多个独立组件,并且在这些情况下包含于创建连接或监听端口的组件序列被显示。这种情况下,可执行组件名在底部的[ ]中,顶部是其调用的组件等,直到 tcp/ip 部分。注意此选项执行可能需要很长的时间,如果没有足够权限,可能失败。

-e:显示以太网统计信息,此选项可以与“ -s”选项组合使用。

-n:以数字形式显示地址和端口号。

-o:显示与每个连接相关的所属进程 id。

-p proto:显示 proto 指定的协议的连接;proto 可以是下列协议之一,tcp,udp,tcpv6 或 udpv6。如果与“ -s”选项一起使用可显示按协议统计信息,proto 可以是下列协议之一,ip,ipv6,icmp,icmpv6,tcp,tcpv6,udp 和 udpv6。

－r：显示路由表。

－s：显示按协议统计信息。默认显示 ip、ipv6、icmp、icmpv6、tcp、tcpv6、udp 和 udpv6 的统计信息。

－p：选项用于指定默认情况的子集。

－v：与"－b"选项一起使用时，将显示包含于为所有可执行组件创建连接或监听端口的组件。

interval：重新显示选定统计信息，每次显示暂停时间间隔（以秒计）。按【Ctrl＋C】组合键停止重新显示统计信息。如果省略，netstat 显示当前配置信息（只显示一次）。

## 13.4.2　netbios 名称解析工具——nbtstat

nbtstat 是解决 netbios 名称解析问题的一种有用工具。nbtstat 可以显示基于 tcp/ip 的 netbios（netbt）协议统计资料、本地计算机和远程计算机的 netbios 名称表和 netbios 名称缓存。而且，nbtstat 还可以刷新 netbios 名称缓存和使用 windowsinternet 名称服务（wins）注册的名称。

**1. 语法**

nbtstat ［－a remotename］［－a ip address］［－c］［－n］［－r］［－r］［－rr］［－s］［－s］［interval］

**2. 参数说明**

－a remotename：显示远程计算机的 netbios 名称表，其中，remotename 是远程计算机的 netbios 计算机名称。netbios 名称表是与运行在该计算机上的应用程序相对应的 netbios 名称列表。

－a ip address：显示远程计算机的 netbios 名称表，其名称由远程计算机的 IP 地址指定。

－c：显示 netbios 名称缓存内容、netbios 名称表及其解析的各个地址。

－n：显示本地计算机的 netbios 名称表。registered 的状态表明该名称是通过广播还是 wins 服务器注册的。

－r：显示 netbios 名称解析统计资料。在配置为使用 wins 且运行 windows xp 或者 windows server 2003 操作系统的计算机上，该参数将返回已通过广播和 wins 解析和注册的名称号码。

－r：清除 netbios 名称缓存的内容并从 lmhosts 文件中重新加载带有#pre 标记的项目。

－rr：释放并刷新通过 wins 服务器注册的本地计算机的 netbios 名称。

－s：显示 netbios 客户端和服务器会话，并试图将目标 IP 地址转化为名称。

－s：显示 netbios 客户端和服务器会话，只通过 IP 地址列出远程计算机。

interval：重新显示选定统计信息，每次显示暂停时间间隔（以秒计）。按【Ctrl＋C】组合键停止重新显示统计信息。如果省略，nbtstat 显示当前配置信息（只显示一次）。

## 13.4.3　网络共享资源扫描工具——NetSuper

NetSuper 是一款功能十分强大的网络共享资源扫描工具，它可以快速扫描局域网中各个计算机上的共享资源。目前,NetSuper 有很多绿色版本,双击直接运行即可。

进入程序主界面后,单击“搜索计算机”按钮,程序将扫描局域网内的计算机,并将搜索到的计算机名称、IP 地址、工作组名称、mac 地址等信息显示在最左侧的框中,如图 13.1 所示。

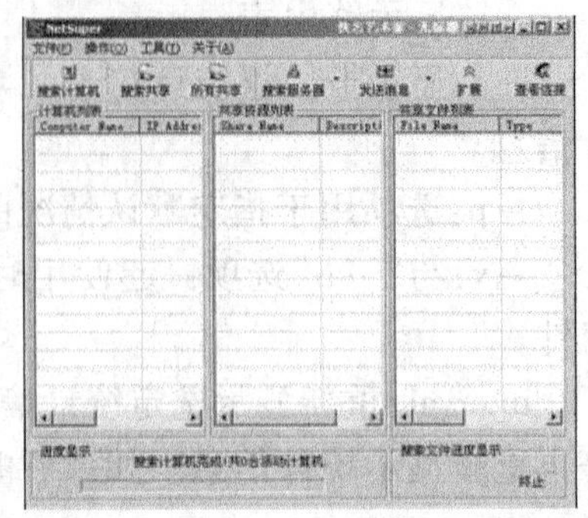

图 13.1　NetSuper 程序主界面

### 13.4.4　网络主机扫描工具——HostScan

网络主机扫描(HostScan)是一款功能强大的网络扫描软件,具有 IP 地址扫描、端口扫描和网络服务扫描功能。这三种扫描功能是递进使用的,其中,IP 地址扫描功能能够扫描到任意地址范围的 IP 地址;端口扫描功能可以扫描已发现的主机端口,并获得打开的端口信息,通过对端口分析可以得知计算机上是否留有“后门”;网络服务扫描功能可以扫描打开的端口上正在运行的网络服务信息。上述扫描完成后,程序会给出一份详细的网络扫描报告,这对网络管理员进行网络管理十分有用。

运行 HostScan 程序后,在主窗口左下方的 IP 地址框中,默认显示的是本地计算机的 IP 地址,选中“启动端口扫描”复选框,单击“扫描”按钮,程序就开始对该 IP 地址进行扫描。在主窗口左上方的“扫描信息”窗口中,显示了所扫描的主机数目、端口数目、打开的 socket、等待时间等信息;在右上方的窗口中显示了计算机的 IP 地址、主机域名、使用的时间、ttl、次数、成功率等信息;在右下方的窗口中显示了所扫描到的端口信息,包括端口号、端口使用的协议和服务、扫描该端口所用时间、次数等信息,如图 13.2 所示。

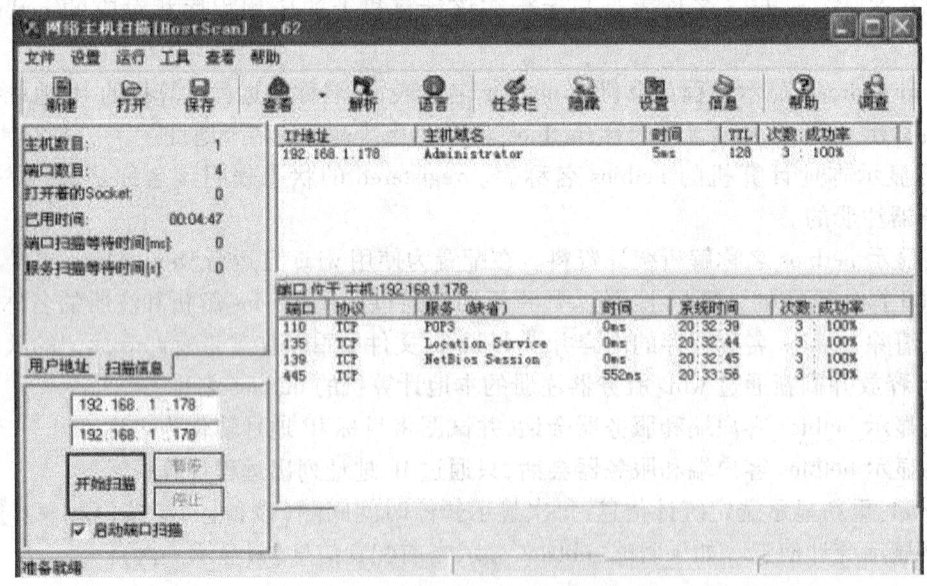


图 13.2　网络主机扫描界面

同样,该扫描完成后,也会生成一个扫描结果报告。管理员通过上述扫描可以了解到局域网中有哪些主机,这些主机开放了哪些端口,以及正在提供哪些服务等,从而根据网络情况设置相应的安全措施,防止木马病毒在主机上留下"后门"或者通过端口传输数据等。

### 13.4.5 端口检测工具——portqry

portqry是windows support tools 2003自带的一个工具,全名是portqry command line portscanner。利用portqry可以获取本地计算机或者远程计算机上目标tcp端口和udp端口的状态。

portqry通过以下三种方式获取tcp端口的状态。

(1)侦听:进程侦听所选中的计算机上的端口,并接收该端口的响应。

(2)未侦听:没有进程侦听目标计算机上的端口。portqry接收目标udp端口发回的icmp消息,或者目标tcp端口发回的tcp确认数据包。

(3)筛选:所选择的计算机上的端口被筛选。portqry收不到目标端口的响应,进程可能在侦听端口,也可能不在侦听端口。默认情况下,在报告目标端口被筛选之前,将对tcp端口查询三次,对udp端口查询一次。

**1. 语法**

portqry ? cn servername [ – p protocol] [ – e port || – r start port : end port || – o port, port, port…] [ – l filename] [ – s] [ – i] [ – q]

**2. 参数说明**

– n servername:指定目标计算机,可以是主机名或者IP地址。但是,主机名或者IP地址中不能包括空格。如果portqry无法将主机名解析为IP地址,此工具会报告错误,并退出程序。如果输入IP地址,portqry将它解析为主机名称,如果解析不成功,portqry会报告错误,但继续处理命令。

– p protocol:指定用于连接目标计算机上目标端口或者协议的类型。如果不指定协议,portqry使用tcp作为协议。protocol的有效参数为tcp,udp或者both(即同时包含tcp和udp)。

– e port:指定某个端口,取值范围为1 ~ 65 535。参数e不能与参数r或者o同时使用。

– r start port : end port:指定一个连续的端口范围,start port为起始端口值,end port为终止端口值,取值范围为1 ~ 65 535。参数r不能与参数e或者o同时使用。

– o port, port, port …:指定若干不相连的端口,取值范围为1 ~ 65 535。

– l filename:将portqry输出到文本文件filename,该文件位于运行portqry的文件夹。如果同名的日志文件已经存在,portqry将提示选择重新命令还是直接覆盖。

– s:portqry等待更长的udp查询响应时间。由于udp是无连接协议,所以portqry无法确定端口是响应缓慢还是端口被筛选。在portqry确定端口是未侦听还是筛选之前,此选项使portqry等待udp端口响应的时间加倍。

– q:使portqry取消除错误信息外的所有屏幕输入。在配置portqry以便在批处理文件中使用时,可以只输入正确的信息,屏蔽掉错误信息。根据端口的状态,此参数返回不同的输出 – 0(目标端口是侦听),1(目标端口是未侦听),2(目标端口为侦听或筛选)。该参数只能和参数 e 一起使用，不能和参数 o 或者 r 一起使用。

需要注意的是，只有具有管理员组权限的用户才可以使用该命令。

## 13.5 本章小结

操作系统存在的各种漏洞，被网络攻击者利用，通过 tcp/udp 端口对客户端和服务器进行攻击，非法获取各种重要数据，给用户带来了极大的损失，因此，网络安全已经越来越被人们重视。本节所介绍的各种安全工具能够对上述情况作出检查，从而使用户从根本上避免系统遭受攻击。

# 参 考 文 献

[1] (美)史蒂文斯.范建华译 TCP/IP 协议详解卷 1:协议[M].北京:机械工业出版社,2000
[2] (美)Robert J. Shimonski. Sniffer Pro 网络优化与故障检修手册[M].北京:电子工业出版社,2004
[3] 邓亚平.计算机网络安全[M].北京:人民邮电出版社,2004
[4] 冯元.计算机网络安全基础[M].北京:科学出版社,2004
[5] 程胜利.计算机病毒及其防治技术[M].北京:清华大学出版社,2004
[6] 刘真.计算机病毒分析与防治技术[M].北京:电子工业出版社,1994
[7] 袁家政.计算机网络安全与应用技术[M].北京:清华大学出版社,2002
[8] 李艇.计算机网络管理与安全技术[M].北京:高等教育出版社,2003
[9] (美)William Stallings.密码编码学与网络安全:原理与实践(第三版)[M].北京:电子工业出版社,2004
[10] 胡建伟.网络安全与保密[M].西安:西安电子科技大学出版社,2003
[11] 张仕斌.网络安全技术[M].北京:清华大学出版社,2004
[12] 姚顾波.黑客终结——网络安全解决方案[M].北京:电子工业出版社,2003
[13] 石志国.计算机网络安全教程[M].北京:清华大学出版社,2004
[14] 梁亚声.计算机网络安全技术教程[M].北京:机械工业出版社,2004
[15] 蔡红柳.信息安全技术与应用实验[M].北京:科学出版社,2004
[16] 陈三堰.网络攻防技术与实践[M].北京:科学出版社,2006
[17] 刘晓辉.网络安全设计、配置与管理大全[M].北京:电子工业出版社,2009
[18] 刘嘉勇.应用密码学[M].北京:清华大学出版社,2008
[19] 周峰.计算机操作系统原理教程与实训[M].北京:北京大学出版社,2006
[20] 德瑞工作室.黑客入侵网页攻防修练[M].北京:电子工业出版社,2008